种养技术和经管知识

白仕静 祁 婧 贾 宁 主编

中国农业出版社

北 京

目 录
CONTENTS

种植技术

小麦节水高产十环节 ……………………………… 钮力亚　白仕静（3）

旱薄碱区域小麦栽培技术 …………………………… 杨忠妍　钮力亚（12）

麦田主要病虫害种类及防治要点 …………………… 寇奎军　张丽萍（16）

玉米安全高产高效栽培技术 ………………………………… 白仕静（22）

夏玉米高产栽培技术 ………………………………… 杨忠妍　陈冰聪（28）

棉花品种与栽培 ……………………………………… 孙锡生　孙汝强（34）

棉花病虫害的发生与防治 …………………………………… 孙锡生（48）

棉花机采模式轻简化五统一种植技术 ……………… 祁　婧　刘贞贞（55）

蔬菜提质增效实用技术 ……………………………………… 张英明（59）

茄子栽培技术 ………………………………………………… 杨忠妍（67）

马铃薯品种与栽培 …………………………………………… 孙锡生（74）

大棚薄皮甜瓜高产高效栽培技术 …………………… 宋立彦　祁　婧（82）

主要食用豆高产栽培技术 …………………………………… 范保杰（87）

小杂粮（高粱、谷子、绿豆）生产技术 ……… 潘秀芬　李晓洋　巩长朋（94）

谷子品种与栽培技术 ……………………………… 孙锡生　杨忠妍（100）

油料作物栽培技术要点 ……………………… 刘福顺　吴娱　冯晓洁（107）

甘薯高产高效生产技术 …………………………………… 刘兰服（113）

旱碱区域农作物减肥增效技术 …………………………… 杨忠妍（121）

桃树优质高效栽培技术 …………………………… 刘进余　柳培育（125）

农药与植物保护 ………………………………… 孙锡生　杨忠妍（132）

土壤深松机械作业技术 …………………………………… 赵　巍（141）

养殖技术

蛋鸡标准化饲养管理 ················· 冀建军（147）
生猪饲养管理与疫病防控要点 ······· 吴志国　曹义宝　闫志勇（160）
肉羊实用养殖技术 ················· 刘　洁（168）
南美白对虾养殖转肝期主要调控措施 ······· 李春岭　李文敏（174）
微生态制剂在南美白对虾工厂化养殖中的科学使用 ······· 李春岭（177）
南美白对虾双茬轮作高产高效养殖技术 ······· 李春岭　孙福先（181）
南美白对虾工厂化养殖技术 ······· 王海凤　宋学章（184）
大宗淡水鱼养殖池塘套养南美白对虾养殖技术 ······· 高才全　张修建（188）
盐碱水质罗非鱼池塘套养南美白对虾技术 ······· 李春岭　宋学章（193）
海水池塘海蜇、半滑舌鳎、南美白对虾多品种
　混养技术 ················· 王艳艳　刘洪珊（196）
盐碱地水产养殖模式 ······· 王继芬　孙家强　刘　真（200）
贝类养殖技术 ······· 张爱华　刘　真（203）
养殖池塘环境修复与生态调控综合技术 ······· 高才全　孙福先（207）
渔业生态养殖与可持续发展 ······· 宋学章　王凤敏（212）
海蜇人工育苗及养殖技术 ······· 曹洪泽　王艳艳　张爱华（216）
池塘精准养殖系统的建立暨物联网在水产
　养殖中的应用 ················· 远全义　孙　炜（226）

经营管理

科技助力　乡村振兴 ······· 祁　婧　郑福禄（231）
休闲农业促进乡村产业振兴 ················· 张　昕（237）
农民专业合作社会计核算基础 ······· 白　玥　昝立亚（244）
农民专业合作社如何规范发展 ······· 殷文红　李　粲（252）
经济学理论知识解析 ················· 路　剑（259）
农产品地理标志登记申报与使用工作解读 ················· 张　毅（269）

目　录

高素质农民培训线上学习使用教程 ……………………… 刘子健（275）

农产品质量安全监管与执法 ……………… 李亚楠　张书林（279）

农产品电商营销 …………………………… 秦立杰　贾　宁（293）

理性认识农业转基因 ……………………………… 祁　婧（300）

种植技术

小麦节水高产十环节

钮力亚　　白仕静

一、选好种

1. 尽量选本地区或同纬度区育成品种　小麦品种有明显的区域适应性，同一个品种在此地是良种，在彼地就不一定高产。北部地区引种南部育成品种，需考虑能否安全越冬；南部地区引种北部育成品种，生育期延长、晚熟，需考虑能否抵御或规避干热风危害。将冀中南划为适宜种植区的品种不得种于定（定州）泊（泊头）线以北各县。

2. 不可盲目求新　新品种高价高风险！现在每年通过省级审定和国家审定的小麦新品种有很多，具体到当地小区域内，到底哪个品种最适宜其生产条件、栽培习惯，只有通过试验示范才能得知。尽管原则上讲通过审定、将当地划在适宜种植区内的品种就是适宜品种，但品种审定毕竟是有年限的，在审定期间不一定出现使品种缺陷表现出来的气候条件，同时审定品种在抗性鉴定方面也非面面俱到。

3. 所选品种不能有致命缺陷　品种缺陷不得与当地主要气候灾害及主要流行病虫害相重叠。优良品种虽具有较多的优点，却非完美，优良性状表现是有条件的和相对的。一些抗冻性、抗倒伏能力差以及高感某种病害或易穗发芽的品种，可能在风调雨顺年份产量不错，但还是慎种为宜。

种粮大户慎种旱地组审定的易倒伏品种。不少通过旱地组审定的品种容易倒伏，抗旱节水不是易倒品种进入生产的由头，耐旱节水品种不一定不抗倒，将易倒视为抗旱品种的正常特性是错误的。

4. 自留种必须提纯复壮　小麦可自留种以降低生产成本，但需做好田间去杂，建议抽穗前、齐穗后和收获前去杂 2～3 次。去杂时应整株拔除，较杂时可穗选扩繁。

5. 经常更换品种不利于保纯　每年机收小麦均会有落粒（尤其是秕粒），休眠期长的品种有相当一部分直到秋季才发芽，更换品种后，这部分落粒就会导致品种混杂。

> ⚠ **小知识** ·
>
> ### 审定编号中的信息
>
> 　　培育一个综合性状优良的品种是很难的，多渠道品种扩审，增大了因品种潜在致命缺陷导致生产事故的概率。如果介意品种审定渠道，可留意品种审定编号，品种审定编号由 3 个汉字（如"国审麦""冀审麦"）＋加 8 位数字组成。第一个汉字代表审定部门辖区，非国审省审的、未通过引种批准的、未将当地划在适宜种植区的品种，均为假种子，购种时要留意跨区销售问题。品种审定编号中第三个汉字指作物种类（麦、玉等）。后 8 位数字自左往右，前 4 位数字代表审定年份，后 3 位数字代表当年审定的品种序号，第五位数字与审定渠道有关，国审品种有 2 种情况："0"和"6"，"6"表示绿色通道，"0"表示其他。省审品种暂行 4 种情况："0"表示主渠道，"6"表示绿色通道，"8"表示联合体鉴定，"9"表示自主开展试验。

二、包好衣

　　杀虫、杀菌剂种子包衣是防治小麦系统性侵染病害如散黑穗病、腥黑穗病、秆黑粉病等及侵染根部、茎基部的病害和地下害虫的关键。也可包衣生长调节物质促进根系发育及分蘖。种衣剂中成膜剂对提高药剂在种子上的附着力、包衣后种子流动性等有重要作用。当前主流种衣剂是加成膜剂的悬浮剂。

　　杀虫剂推荐高浓度吡虫啉或噻虫嗪，杀菌剂推荐戊唑醇、烯唑醇、硅噻菌胺、咯菌腈、苯醚甲环唑、氟环唑等。40％萎锈·福美双是防根腐与茎基腐病的首选，每 100 千克种子可用 60％吡虫啉悬浮剂 133.5 毫升＋40％萎锈·福美双悬浮剂 267 毫升＋成膜剂 67 毫升包衣。

三、整好地

　　1. 造好墒　小麦足墒播种出苗整齐、高产。干旱年份，建议 9 月下旬（夏玉米收获前）浇地，一是促进玉米灌浆，二是为播麦造墒，三是诱萌田间部分杂草，并通过小麦播前整地灭之。

　　2. 细灭茬　上茬作物收获后用摆锤式秸秆粉碎机粉碎秸秆 2～3 遍，粉碎的秸秆长度以不大于 10 厘米为宜。

　　3. 足施基肥　小麦产量水平与地力相关，理想的小麦基肥品种特点是氮素营养高效长效，养分含量全面，尤其应含中微量元素。也可施用含杀虫剂的基肥品种来防治地下害虫。15-15-15的普通复混肥或掺混肥每亩*施40～50千克为宜。

可依照如下配方自己配制复混肥基施，经济实惠。亩用尿素10～15千克、磷酸二铵12.5～15千克、盖润美10千克（含32% K_2O、8.6% CaO、6.7% MgO、24.3% SO_3）、硫酸锌1千克、硼砂0.2千克。

有条件的农户建议每亩加施腐熟厩肥2～3米^3。有机肥有四大作用：培肥地力、改善土壤理化性质；提高养分有效性与持效性；提高有益微生物活性；有利于出苗。高产典型多出自养殖户承包田或刻意培肥的试验地。

勿仅用磷酸二铵作基肥，不建议施用采用企业标准的复合肥作基肥。

❗ **小知识** ┅┅┅┅┅┅┅┅┅┅┅┅┅┅┅┅┅┅┅┅┅┅┅┅┅┅┅┅┅

小麦基施肥料执行标准

复合肥（复混肥）：GB/T 15063—2020《复合肥料》。

掺混肥（BB肥）：GB/T 21633—2020《掺混肥料（BB肥）》。

NY/T 481—2002《有机-无机复混肥料》。

NY/T 525—2021《有机肥料》。

NY 884—2012《生物有机肥》。

❗ **小知识** ┅┅┅┅┅┅┅┅┅┅┅┅┅┅┅┅┅┅┅┅┅┅┅┅┅┅┅┅┅

肥料养分标识规则

在肥料行业中，只有氮磷钾可称作养分，在肥料包装上标识为"养分含量"或"总养分含量"，养分标识格式：××-××-××，代表N-P-K或N-P_2O_5-K_2O含量，其他不计入养分含量。标识为"总成分""有效成分""总指标值""总含量"等的，多将不是氮磷钾的成分计入其中，都是"忽悠肥"！

---

* 亩为非法定计量单位，1亩＝1/15公顷。——编者注

🛈 **小知识** ▪

土壤缺素诊断

玉米喜水喜肥，缺素易表现症状。可根据上茬玉米长势来判断土壤养分概况，在种植小麦时有针对性地施用基肥。

缺氮：下部叶片先黄枯。黄枯症状先从叶尖开始，沿中脉呈楔形向叶基部发展。

缺钾：下部叶片先黄枯。黄枯症状先从叶尖开始，沿叶缘向叶基部发展。

（注意：玉米前期感根腐病、茎基腐病，白轴的黄改系列品种下部叶片也会出现黄枯。）

缺磷：叶片、叶鞘出现暗紫红色。

（注意：玉米早期感根腐病、茎基腐病，部分红轴的美系品种叶片、叶鞘也会呈现紫红色；蓟马严重危害、春玉米遇低温冷害也会使玉米苗呈现紫红色。）

缺锌：叶片现失绿或浅绿色条纹，中脉两边最为明显，基本对称。

（注意：仅叶片中脉一侧出现失绿条纹非缺锌造成；田间常见的白化苗、黄化苗、黄绿苗多为基因突变造成，缺锌所致的罕见）。

缺硼：顶部生长点生长不正常或停止，侧芽生长，易分蘖，分蘖长出后，生长点也会坏死；叶片变厚并呈暗蓝绿色；结实不良。

缺硫：轻度缺硫时，小喇叭口期前后，新叶叶脉间变黄，叶基部症状重而顶端轻；严重缺硫时，植株矮小，上部叶片失绿变黄，老叶片叶尖、叶缘枯死。

缺钙：幼苗心叶展开不畅（类蓟马危害症状），叶片、叶鞘柔软。

4. 深旋耕　旋耕深度应大于 12 厘米，通常旋耕 2 次。当土壤质地黏重或含水量高时，旋耕次数增加 1～2 次；含水量高的还应延长每次旋耕的时间间隔，以便土壤散墒；最后一次旋耕时，旋耕机应再装一镇压辊，以防整地过于疏松、播种过深。

每旋耕 2～3 年后，建议深松或深翻 1 次。杂草较多的地块宜深翻，一般地块可深松。深松时应采用全方位深松犁，全方位深松后再结合动力耙整地，整地质量颇佳。

四、播好种

1. 播期　半冬性品种在定泊线以南最适播期为 10 月 5—10 日，不得早于

10 月 5 日，在定泊线以北可提早 1～3 天。

2. 播深与播量 播种深度以 3～5 厘米为宜。适期播种、整地质量好的每亩播种 11～12.5 千克，品种分蘖力强的取下限，弱的取上限；10 月 10 日后每晚播 1 天，亩增播量 0.5 千克，无论播期多晚，以每亩 25 千克为上限。抢墒播种、秸秆还田、整地质量差的地块在上述基础上再亩增播量 10%～20%。

3. 种植样式 采用等行距条播，行距≤15 厘米。

4. 播种速度 以播种机允许的作业速度播种，不可超速播种。

5. 擦耙与镇压 整地质量好、上虚下实的，播后及时擦耙与镇压；整地疏松的要先镇压（防止播种过深）、后播种、再擦耙。播后未及时镇压、土壤湿黏、种子萌发未出土的不宜镇压，等越冬前镇压。

6. 浇水 抢墒播种、墒情不能保证全苗或坷垃较多的地块，及时浇出苗水，不可浇蒙头水。

7. 黏土地播种程序 干整地（勿造墒）→播种→浇出苗水→浇冻水。

8. 秋季多雨年份播种 可借鉴稻麦两熟区经验进行撒播，也可用无垄联合播种机免耕播种。

五、除好草

1. 用药原则 要根据田间杂草优势种选择除草剂，河北麦田危害大的主要是各种越年生禾本科杂草和阔叶杂草，因此最好进行杂草秋治（尤其是禾本科杂草，每年 11 月上中旬、日平均气温降至 10℃、最低气温＞5℃时施药）。一年生或越年生阔叶杂草防治可选用苯磺隆、双氟磺草胺、2 甲 4 氯、氯氟吡氧乙酸、氟氯吡啶酯等，雀麦可用氟唑磺隆或啶磺草胺，节节麦用甲基二磺隆、野燕麦、看麦娘、小画眉草、菵草、硬草等用炔草酯。雀麦、野燕麦、看麦娘、大麦等还可用砜吡草唑于播后苗前封闭除草。

2. 施药技术

（1）一年生或越年生阔叶杂草化除 用 50 克/升双氟磺草胺悬浮剂 10 毫升＋56% 2 甲 4 氯可溶性粉剂 30 克（或 20% 氯氟吡氧乙酸乳油 50～66.7 毫升）＋75% 苯磺隆水分散粒剂 2 克茎叶喷雾。春季应在起身期施药，有麦家公（田紫草）、猪殃殃地块，宜用氯氟吡氧乙酸。拔节后，藜科杂草、苋科杂草或萹蓄等一年生阔叶杂草发生较重地块，喷施 20% 双氟·氟氯酯（10% 氟氯吡啶酯＋10% 双氟磺草胺）水分散粒剂化除，亩用 5～6.5 克。

（2）雀麦防治 亩用 70% 氟唑磺隆水分散粒剂（彪虎）3 克或 7.5% 啶磺草胺水分散剂（优先＋助剂）9.3～12.5 克茎叶喷雾。

（3）看麦娘、野燕麦、菵草、硬草等防治 防治看麦娘、野燕麦、黑麦草等，亩用 15％炔草酯（麦极）可湿性粉剂 20 克茎叶喷雾；防治菵草与硬草，亩用 15％炔草酯可湿性粉剂 30 克茎叶喷雾。

（4）节节麦防治　亩用 30％甲基二磺隆油悬浮剂（世玛）30 毫升茎叶喷雾。甲基二磺隆安全性差，不建议春季施药，勿加大药量、重喷，勿与 2,4-滴、有机磷农药混喷，用药后 4 天不可浇大水，高筋优质麦慎用，小麦分蘖前和弱苗田尽量不用，霜冻前勿喷，最低气温<5℃后不再施药。

3. 全草相麦田除草秋施方案　3％甲基二磺隆油悬浮剂 30 毫升＋70％氟唑磺隆水分散粒剂 1.8 克＋15％炔草酯乳油（麦极）15～25 克＋75％苯磺隆水分散粒剂 2 克＋50 克/升双氟磺草胺悬浮剂 10 毫升＋20％氯氟吡氧乙酸乳油 50～66.7 毫升茎叶喷雾。

4. 雀麦、野燕麦、看麦娘、大麦、繁缕等封闭化除　播后苗前，亩用 40％砜吡草唑悬浮剂（心马）25～30 毫升土壤处理。

5. 宿根性及攀缘性杂草化除

（1）宿根性及攀缘性阔叶杂草化除　麦收前 6 天喷施草甘膦。加喷 2 甲 4 氯可增加对莎草的防效，加喷氯氟吡氧乙酸可增加对葎草、打碗花、萝藦的防效，加喷二氯吡啶酸可增加对刺儿菜的防效。草少时也可涂抹施药。

（2）宿根性禾本科杂草防治　有芦苇、白茅或狗牙根的地块，应采用农艺加农化的方式来防治，方案有二：第一，麦季休耕，春季杂草出齐后，全田喷施草甘膦。该方法也可用于节节麦等禾本科杂草严重发生地块；第二，夏玉米改为夏大豆，大豆生长期间喷高效氟吡甲禾灵（盖草能）或精吡氟禾草灵（精稳杀得）。同理，冬小麦换种为油菜，油菜生长期间也可喷施防禾本科杂草药剂。

六、防倒伏

防倒伏措施主要有以下几方面：①慎种抗倒伏力差的抗旱品种。②分蘖力强的品种要严格控制播量。③正常麦田控浇返青—起身水，防止群体过大。④起身期是化控降秆的最佳时机，可用 100～150 毫克/千克的多效唑药液，对水 15～30 千克叶面喷雾。喷施化控剂，要宁漏喷不重喷，严格控制药量，防止出现药害。烯效唑与多效唑相比，安全性高、残留期短。⑤慎浇灌浆水。⑥渠灌区要控制单次水量，不可过大。

七、巧浇水

定泊线以北各县及浇出苗水地块应再浇冻水，不可冬季灌水！

把握好春季第一次追肥灌水时机对构建高产群体至关重要，该时机把握要做到"四看"：看苗情、看墒情、看气候、看水利条件。冬春严重干旱、冻害较重年份，播种早、播量大、冬前旺长冬后苗弱麦田以及晚播麦田均需早追肥浇水，水利条件差的开浇时间也应适当提前。墒情好的正常麦田（亩茎数 60 万以上麦田）起身后期至拔节初期追肥浇水，灌水早，易造成田间郁闭、"麦脚不利落"、重发白粉病和锈病、易倒伏。

1. 返青初期灌水　冬春季严重干旱、土壤墒情严重不足时，返青初期气温＞3℃时就可浇水。冻害严重，但无须毁种的麦田（亩茎数＞30 万）也应返青初期灌水并追肥，这类麦田水肥管理上应一促到底。

2. 晚播麦田　亩茎数＜60 万的晚播麦田墒情差的返青后期开始水肥管理，墒情适宜的起身初期开始水肥管理。

3. 正常麦田　起身后期至拔节初期追肥灌水。

4. 视天气情况和土壤墒情酌情浇灌浆水　需浇灌浆水时要在 5 月底之前浇。进入 6 月再浇，一是灌水效果差，二是容易引发倒伏。

八、追好肥

正常麦田春季追肥，以亩施尿素 15～20 千克为宜，少于 15 千克或大于 20 千克不利于高产。追肥时可每亩加施 1 千克磷酸二氢钾或 5～7.5 千克氯化钾、硫酸钾，钾肥对抗旱、防倒、防根腐茎腐病、防早衰有益。缺硫地块可换施硫酸铵。

冬春严重干旱、冻害较重年份，播种早、播量大、冬前旺长冬后苗弱的麦田以及晚播麦田推荐二次追肥法。第一次灌水时追施 50% 左右的氮肥，第二次追肥时再追施剩余 50% 的氮肥。

不推荐用氯化铵作追肥。执行 GB/T 2946—2018《氯化铵》的，内装的就是氯化铵。因普通氮肥均有相应的国家标准或行业标准，故也不推荐施用执行企业标准（标准号以字母 "Q" 打头）的氮肥。叶面喷施少量液体氮肥不能替代追肥！

!　小知识▪

主要氮肥执行标准

GB/T 2440—2017《尿素》。

GB/T 535—2020《肥料级硫酸铵》。

GB 3559—2001《农用碳酸氢铵》。

HG/T 4214—2011《脲铵氮肥》。

GB/T 2946—2018《氯化铵》。

预防晚霜冻害

每年 3 月下旬至 4 月上旬易发生晚霜冻害，4 月下旬发生的罕见。晚霜冻害可造成小麦不抽穗、冻死心叶致抽穗困难、麦穗被冻死、部分小穗被冻死或仅冻死小花。冻害危害程度除与晚霜冻发生时间、最低气温、低温持续时间有关外，还与群体大小、品种及其生育进程有关。群体小的麦田易受害；拔节后冻害发生越晚危害越重。晚霜冻通常为平流霜冻或平流辐射霜冻，冷空气夜间一扫而过，群体大时冷空气不易深入冠层内部冻伤生长点或发育的幼穗。晚播麦田、弱苗田要早追肥浇水，促群体发育，起身期喷施除草剂时加喷叶佳美等氨基酸类叶面肥及磷酸二氢钾，也可缓解晚霜冻害。

九、一喷综防

要做好抽穗后至开花前及灌浆初期这两个关键时段的一喷综防。抽穗期主要防治对象有吸浆虫成虫、白粉病、锈病、赤霉病；灌浆初期防治对象主要有吸浆虫幼虫、蚜虫、白粉病、锈病、早衰及干热风。

抽穗期一喷综防。抽穗 15％～30％时施药，推荐使用"全价处方"：25％吡唑醚菌酯悬浮剂 20 毫升/亩（1.6 元/亩），43％戊唑醇悬浮剂 20 毫升/亩（1.6 元/亩），29.5％高氯噻虫嗪悬浮剂 50 毫升/亩（2.5 元/亩），磷酸二氢钾 50 克/亩（1.2 元/亩），硼肥 10 克/亩（1 元/亩），42％液体氮肥 100 毫升/亩（俄罗斯优斯美，1.4 元/亩），叶佳美（叶面肥，美国赛多美公司）30 毫升/亩（5.5 元/亩），芸薹素（14-羟基芸薹素甾醇）10 毫升/亩（0.8 元/亩）。合计成本约 16 元/亩。

灌浆初期一喷综防。小麦籽粒发育至多半仁前后施药。可选吡唑醚菌酯、戊唑醇、高效氯氰菊酯·噻虫嗪、磷酸二氢钾、液体氮肥、叶佳美、芸薹素混合喷施。

防治吸浆虫的三个关键时期

1. 孕穗期撒 15％毒死蜱颗粒剂 1～2 千克，然后浇水防蛹；有麦根蝽或耕葵粉蚧危害的地块，改为结合浇水全田灌药，亩施 48％毒死蜱乳油 1～2 千克。

2. 抽穗后开花前喷药防治成虫。

3. 灌浆初期喷药防治幼虫。

!**小知识** ▪

防治赤霉病

扬花期遇雨及灌浆期遇连阴雨，易发生赤霉病。可选如下药剂雨后及时喷防：咪鲜胺亩用有效成分15～20克；氰烯菌酯亩用有效成分25～50克；12.5%烯唑醇可湿性粉剂20～30克/亩。勿用吡唑醚菌酯、醚菌酯、嘧菌酯防赤霉病！

十、安全生产防事故

主要措施有：①冬前禁止用唑草酮、乙羧氟草醚及其复配制剂化除阔叶杂草，低温下施药易出现严重药害。春季施用，也会灼伤叶片。②不推荐春施甲基二磺隆防治节节麦。春季要依据药害草害取其轻的原则施药，施药要尽早，且严格控制药量，加喷叶佳美30毫升/亩。不得喷施阔世玛（甲基二磺隆＋甲基碘磺隆钠盐），防止残留药害。③起身期化控防倒，要严格控制用药量及施药浓度，宁漏喷、不重喷。④拔节后不得单施2,4-滴异辛酯等激素类除草剂防治阔叶杂草。⑤一喷综防不可乱配"套餐"，盲目加大用药量。⑥用自走式施药机施药，更换喷头时喷头型号要保证一致，防止施药不均。

旱薄碱区域小麦栽培技术

杨忠妍　钮力亚

一、黑龙港流域土壤肥力（表1）

黑龙港河流经河北省境内的邯郸、邢台、衡水和沧州，流域土壤瘠薄盐碱化，地下水资源匮乏，秋、冬、春三季干旱经常发生，故称旱薄碱区域，是河北省小麦生产的特殊生态类型区。

表1　黑龙港流域土壤肥力

地区	有机质 （毫克/千克）	全氮 （毫克/千克）	有效磷 （毫克/千克）	速效钾 （毫克/千克）	pH
沧州	12.40	0.702	18.0	118.7	8.0
邯郸	15.59	0.950	21.0	128.1	7.9
邢台	15.32	0.898	19.7	114.9	8.0
衡水	14.24	0.927	20.2	128.5	8.1

二、河北省水资源形势

河北省是农业生产大省，种植的小麦、玉米、蔬菜等都是高耗水作物。2014年以前，种植方式都是大水大肥，而春、秋、冬三季又常遇干旱，所以大量开采地下水，连年超采，导致地下水位持续下降，形成了面积达5万千米^{2}的全国面积最大的地下水采空漏斗区。河北省人均水资源占有量远低于全国平均水平。

三、沧州市小麦生产概况

沧州市是河北省小麦生产的特殊生态类型区，常年播种面积550万～650万亩，保浇3水的有150万亩，保浇1～2水的有300万亩，旱碱麦田150万亩左右。土壤瘠薄盐碱化；水资源严重不足，人均184米^3，是全国平均水平的8%，降水仅能满足小麦耗水量的1/4；自然灾害频繁，秋、冬、春季干旱经常发生，冻害、旱害、干热风、病虫害等诸多自然灾害发生频繁。

四、小麦高产栽培途径

以主茎成穗为主的途径：通过增加播种量，从而增加基本苗（每亩 30 万～40 万），依靠主茎成穗获高产。亩茎蘖数 60 万～100 万，每亩有效穗数 40 万～60 万穗，单株成穗 1.2～1.5 穗，每穗 25～35 粒，千粒重 30～40 克。适合于晚播冬麦区。

主茎和分蘖并重的途径：通过采用中等播量（每亩基本苗 20 万），以主茎和分蘖成穗并重达高产。亩茎蘖数 60 万～100 万，有效穗数 40 万～60 万穗，单株成穗 2 穗，每穗 25～30 粒，千粒重 35～40 克。适合于冬麦区，宜选用分蘖中等、抗倒、穗型较大品种。

五、管理措施

1. 选种　目前沧州市旱薄碱区域种植的小麦品种仍以冀麦 32 为主，肥力较高的麦田可种植沧麦 6001、沧麦 6004 和晋麦 47、沧麦 6005、捷麦 19。

2. 蓄墒保墒

（1）小麦不同生育时期的耗水量不同，各生育期的耗水量见表 2。

表 2　不同时期耗水量

时期	阶段耗水量 （米³/亩）	日耗水量 ［米³/（亩·日）］	占总量的比例 （%）
播种—分蘖	16.8	0.542	4.8
分蘖—越冬	43.0	0.860	12.2
越冬—返青	20.8	0.416	5.9
返青—拔节	20.8	0.693	5.9
拔节—抽穗	106.4	3.02	30.3
抽穗—成熟	143.6	3.682	40.9
全生育期	351.4	1.497	100

（2）旱作小麦的水分来源

①促进降水向土壤水的转化。充分接纳降水，增加土壤贮水。调节土壤水库，深耕深松，抑制土面蒸发，覆盖（草盖、膜盖等）保墒。

②减少供水向蒸腾水的转化。减少土面蒸发，麦季覆盖保墒。

3. 科学施肥　纯旱地小麦合理施肥：每亩施有机肥 2 000 千克以上，纯氮

（N）10～12千克、磷（P_2O_5）8～10千克、钾（K_2O）6～8千克，硫酸锌1千克。所施肥料结合深耕全部作为基肥施入土壤。氮肥于第二年春季土壤返浆期开沟追施，或于小麦返青后借雨追施。亩施尿素10千克。

4. 种子处理 用50％辛硫磷乳油50毫升＋25％三唑酮乳油150毫升＋30％甲霜·噁霉灵水剂2.5毫升对水2～3千克，均匀喷洒在50千克种子上，堆闷3～4小时，晾干播种。或用种子重量的0.2％的种衣剂包衣播种。如果单防治蝼蛄，也可用1千克40％乐果乳剂对水40～60千克，拌种400～600千克，堆闷4小时以上。

目前市场常用的拌种剂有以下2类。

①杀菌类。咯菌腈、苯醚甲环唑、嘧菌酯、精甲霜灵、福美双、烯唑醇、甲基硫菌灵、多菌灵等。

②杀虫类。辛硫磷、吡虫啉、噻虫嗪、氟虫腈等。

注意：小麦纹枯病、全蚀病、根腐病必须通过拌种预防，后期防治效果不好。

5. 播种 播期为9月25日至10月5日。耕层土壤含水量应≥14％，根据墒情，适时早播。采用等行距条播，行距18～20厘米；或采取大小行种植的方式，大行距25厘米，小行距15厘米。播深在4～5厘米。要掌握早播宜深、晚播宜浅，沙土地宜深、黏土地宜浅，墒情差宜深、墒情好宜浅的原则。包衣种子要比未包衣种子播种浅一些。

播种量：在适播期内，播种量为每亩12千克。9月25日以前播种的，每早播1天减少0.5千克，但最少不少于每亩10千克。10月5日以后播种的，每晚播1天增加0.5千克，但最多不超过每亩18千克。

冬春镇压：冬季麦田土壤冻结后，在天气较晴暖的中午和下午进行镇压，压碎地面坷垃，使碎土覆盖地面，以利安全过冬。早春表土干旱时，应进行镇压提墒，提墒后再对表层进行锄划。

6. 化学除草 麦田杂草主要有播娘蒿、荠菜、麦瓶草、麦加公、打碗花、猪殃殃、雀麦、野燕麦、节节麦、刺儿菜、田旋花、小藜等。

麦田化学除草的原则：一是正确选用除草剂。根据作物及杂草的生育期，兼顾前后茬作物，科学选用对口、有效的除草剂品种。二是尽早施药。一般要在小麦拔节以前施药。早施药可避免或减少杂草造成的危害和损失，有利于小麦苗期健壮生长；再则杂草苗龄小，耐药力差，防除效果好。三是科学混配用药。选择能兼除多种杂草的除草剂品种或不同品种除草剂合理混配使用，做到一次施药兼治多种杂草。防除禾本科杂草的除草剂与防除阔叶杂草的除草剂混配使用时，应严格按照各自单用时的规定剂量确定用药量。四是安全用药。要严格掌握用药量、施药时期和用水量，喷雾要均匀周到。小麦拔节后（进入生殖生长期后）对药剂十分敏感，绝对禁止使用化学除草剂，以防发生药害。注意尽量使用手动喷雾器及扇形雾喷头施药，以保证防效。一些长残效、隐性药害严重的除草剂应慎用或不用。

麦田除草有 2 个最佳时机：即小麦幼苗期和返青期。

（1）冬前苗期防除杂草　于 11 月上中旬，小麦 3～4 叶期，日平均温度在 10℃以上时及时防除麦田杂草。阔叶杂草每亩用 75％苯磺隆水分散粒剂 1 克或 15％噻吩磺隆可湿性粉剂 10 克，抗性双子叶杂草每亩用 5.8％双氟磺草胺（麦喜）悬浮剂 10 毫升或 20％氯氟吡氧乙酸（使它隆）乳油 50～60 毫升，对水 30 千克喷雾防治。单子叶杂草每亩用 3％甲基二磺隆（世玛）乳油 30 毫升，对水 30 千克喷雾防治。野燕麦、看麦娘等禾本科杂草每亩用 6.9％精噁唑禾草灵（骠马）水乳剂 60～70 毫升或 10％精噁唑禾草灵（骠马）乳油 30～40 毫升，对水 30 千克喷雾防治。

（2）返青期防除杂草　小麦返青期，是麦田杂草防治的补充时期。对于冬前未能及时除草而杂草又发生严重的麦田，可以抓住这一时期及时进行化学除草。此期麦田化学除草剂的选择与小麦冬前苗期相似，最常用的除草剂有噁唑禾草灵、禾草灵、苯磺隆、2 甲 4 氯钠盐和麦草畏等。

7. 一喷多防　灌浆成熟期（5 月中下旬），影响小麦产量的主要有干热风、蚜虫、白粉病等。

防治措施：12.5％烯唑醇可湿性粉剂 10 克或 25％三唑酮可湿性粉剂 50～70 克，加 10％吡虫啉可湿性粉剂 1 000 倍液，加 0.2％磷酸二氢钾 45 毫升，对水 30～45 千克喷雾。

8. 适时收获　适宜收获时间：上午 9—11 时，下午 4—6 时。这两个时间段内小麦不潮湿，容易脱粒，且不过于干燥。

麦田主要病虫害种类及防治要点

寇奎军　张丽萍

近年来小麦病虫呈加重发生趋势，主要特点：一是常发性病虫居高不下，并且种类多、发生重、范围广；二是流行性和暴发性病虫发生频率增加，有些具有暴发性的病虫已成为常发性的灾害性病虫；三是有些新传入和新兴起的有害生物上升为优势种群，防治难度加大；四是多种有害生物交织发生，并且传播速度快。

麦田常见的病虫害种类：茎基腐病、纹枯病、根腐病、白粉病、赤霉病、全蚀病、锈病、丛矮病、吸浆虫、麦蚜、麦蜘蛛、麦叶蜂以及金针虫、蛴螬、蝼蛄等地下害虫。

一、茎基腐病

1. 症状及发生特点　小麦茎基腐病发病时，茎基部1～2节叶鞘和茎秆呈暗褐色，中后期造成植株死亡形成"枯白穗"。该病具有隐蔽性强、危害重的发生特点，受侵染的小麦植株在苗期一般没有明显症状，不易被发现，在拔节期后才逐渐显现症状，等到植株显症已经错过最佳防治时期，造成小麦大幅减产，因此茎基腐病被称为"小麦癌症"。

2. 防治方法

（1）种子处理　小麦播种期是预防小麦茎基腐病的关键时期，种子包衣或拌种是目前防控小麦茎基腐病的最有效措施。播种前可用含有苯醚甲环唑、咯菌腈、吡唑醚菌酯、灭菌唑、氰烯菌酯、精甲霜灵、戊唑醇等成分的药剂或者复配药剂进行种子处理，含有吡虫啉、噻虫嗪和噻虫胺等杀虫剂的多元复配种衣剂还可以有效控制地下害虫和穗期蚜虫危害。

（2）药剂防治　在返青拔节期结合化学除草防治效果最佳。通常选用三唑类杀菌剂。药剂防治茎基腐病时间一定要早，越早防治效果越好。

二、纹枯病

1. 症状及发生特点　小麦纹枯病是典型的土传病害。小麦被侵染后，在各生育阶段出现烂芽、病苗枯死、花秆烂茎、枯株白穗等症状。烂芽：芽鞘褐变，后芽枯死腐烂，不能出土。病苗枯死：主要发生在 3～4 叶期，初仅第一叶鞘上现中央灰色、四周褐色的病斑，后因抽不出新叶而致病苗枯死。花秆烂茎：拔节后在基部叶鞘上产生中央灰色、边缘浅褐色的云纹状病斑，病斑融合后，茎基部呈云纹花秆状。枯株白穗：病斑侵入茎壁后，形成中央灰褐色、四周褐色的近圆形或椭圆形眼斑，造成茎壁失水坏死，最后病株因养分、水分不足而枯死；发病严重的主茎和大分蘖常抽不出穗，形成"枯孕穗"，有的虽能够抽穗，但结实减少，籽粒秕瘦，形成"枯白穗"。

2. 防治方法

（1）种子处理　参照防治茎基腐病的药剂拌种技术。

（2）药剂防治　春季病株率达 15％时第一次用药防治，可用药剂为烯唑醇＋多菌灵，或三唑酮＋多菌灵，或三唑酮＋异菌脲＋多菌灵"三合一"。如果病情严重，7 天后再喷一次。

三、根腐病

1. 症状及发生特点　小麦根腐病主要在生长后期发病，病株易拔起，但不见根系腐烂，引起倒伏和形成"白穗"。感病种子胚局部或全部变褐色形成"黑胚粒"。种子表面也产生梭形或不规则形褐斑。根腐病往往和纹枯病、叶枯病等交织发生。

2. 防治方法

（1）种子处理　参照防治茎基腐病的药剂拌种技术。

（2）药剂防治　在苗期和小麦返青至拔节期，发现病株后及时用药防治，控制叶部病害发展或防止黑胚粒形成（与防治叶枯病结合进行）。

四、全蚀病

1. 症状及发生特点　小麦全蚀病只危害根部和茎基部第一、二节；苗期和成株期均可受害，苗期病株矮小，下部黄叶多，种子根和地中茎变成灰黑色，严重时造成麦苗连片枯死。

2. 防治方法　①不用带病种子。禁止从病区引种，防止病害蔓延。②轮作倒茬。与棉花或蔬菜等经济作物轮作。③选用耐病品种。④增施腐熟有机肥。⑤药剂防治。在小麦返青期用三唑酮点片挑治。还可兼治黑穗（粉）病和早期发生的茎基腐病、白粉病、锈病、根腐病、纹枯病等。

五、白粉病

1. 症状及发生特点　小麦白粉病发病初期在病部形成淡黄色的斑点，后逐渐扩大为圆形或椭圆形霉斑，霉斑表面有一层白粉状霉层，遇有外力或振动立即飞散。茎和叶鞘受害后，植株易倒伏。发病严重时植株矮小细弱，穗小粒少，千粒重明显下降。重病株通常矮缩不抽穗。在苗期至成株期均可受害。该病主要危害叶片，严重时也危害叶鞘、茎秆、颖壳和芒。种植密度过大田块发病严重。

2. 防治方法

①种植抗耐病品种，并进行包衣。②喷药防治。在小麦起身拔节期，当小麦白粉病病株率为3%～5%时，或小麦抽穗期病叶率达10%以上时，立即喷药防治。常用药剂为三唑类农药：三唑酮、烯唑醇、戊唑醇、氟环唑、丙环唑等。

六、赤霉病

1. 症状及发生特点 小麦赤霉病主要发生在穗期，造成穗腐，也可以于苗期引起苗枯、基腐等症状，有时使小麦不能抽穗或抽出枯黄穗。气候潮湿时病部可见粉红色霉层。最初在颖壳上呈现边缘不清的水渍状褐色斑，后逐渐蔓延至整个小穗，在高湿条件下，粉红色霉层处产生蓝黑色小颗粒。扬花期最易感病，抽穗期次之。

2. 防治方法 小麦抽穗扬花期一旦遇降雨或连阴雨天气，立即施药预防，降低赤霉病流行风险。选用三唑酮、甲基硫菌灵、氰烯菌酯、戊唑醇、烯唑醇、咪鲜胺、氟环唑等单剂及其复配制剂喷雾。

七、锈病

1. 症状及发生特点 小麦锈病包括条锈、叶锈和秆锈，"条锈成行叶锈乱，秆锈是个大红斑"。其中以条锈发生较为普遍。小麦条锈病病原菌主要侵染小麦叶片，一般可造成减产20%～30%，严重的达50%以上，甚至造成绝收。条锈病防治策略是发现一点防治一片，发现一片防治全田。

2. 防治方法 常用药剂有三唑酮、烯唑醇、戊唑醇、氟环唑、己唑醇、丙环唑、醚菌酯、吡唑醚菌酯等。

八、丛矮病

1. 症状及发生特点 丛矮病由灰飞虱传播，除危害小麦外，还侵染大麦、燕麦、谷子、糜子及野燕麦、早熟禾等。染病植株上部叶片有黄绿相间条纹，分蘖增多，植株矮缩，呈丛矮状。拔节后染病植株只有上部叶片显条纹，有的植株迟迟不能抽穗，有的即使能抽穗，其籽粒也很秕瘦。一般小麦播期偏早、麦棉套种田和秋田中杂草多的麦田丛矮病发生较重。

2. 防治方法 结合秋肥，彻底铲除田边的杂草，清除麦田周围灰飞虱栖息场所；出苗后喷药保护。在麦田四周 5 米内的麦苗上及外围杂草上喷约 10 米宽的药剂保护带，杀死灰飞虱和阻止灰飞虱侵入麦田。常用农药有 50％毒死蜱、菊酯类农药、10％吡虫啉或 3％啶虫脒等。施药时要喷于麦苗基部，利于提高灰飞虱防治效果。

九、吸浆虫

1. 发生危害特点　吸浆虫有红、黄两种，冀鲁豫京津发生的是红吸浆虫。一年发生 1 代或多年 1 代，以老熟幼虫入土结茧越夏和越冬。翌年小麦拔节阶段，越冬幼虫破茧上升到表土层。小麦孕穗时结茧化蛹。小麦开始抽穗时开始羽化出土，成虫白天在麦丛中交尾，雌虫在早晚飞到抽穗而未扬花的麦穗上产卵，卵多聚产在护颖与外颖、穗轴与小穗柄等处。该虫畏光，多在早、晚活动。初孵幼虫从内外颖缝隙处钻入麦壳中，附在子房或刚灌浆的麦粒上危害。后幼虫短缩变硬，开始在麦壳里蛰伏，抵御干热天气，这时小麦已进入蜡熟期。遇湿度大或有雨露时，老熟幼虫爬出颖外，弹落在地上并钻入 10 厘米深处结茧越夏或越冬。该虫个体小、隐蔽性强、危害大、防治关键期短。

2. 防治方法

（1）选用抗虫品种　护颖紧（口紧）的品种抗虫，因为幼虫不易钻入。往往高产的品种护颖松。

（2）调整作物布局，改善农田环境　推广小麦→大豆或小麦→棉花一体化种植模式，优化组装综防技术。

（3）狠抓关键期防治　一是蛹期撒毒土：小麦孕穗期（一般 4 月 15—25 日），用 5％毒死蜱颗粒剂或 50％辛硫磷乳油配成毒土均匀撒施在麦田。二是成虫羽化初期喷药：小麦抽穗杨花期（一般 5 月 1—10 日），用 40％乐果乳油、50％辛硫磷乳油、80％敌敌畏乳油、50％毒死蜱乳油或 2.5％溴氰菊酯乳油喷雾。乙酰甲胺磷＋啶虫脒（吡虫啉）喷治，既杀死吸浆虫又控制早期麦蚜。

十、麦蚜

1. 发生危害特点　麦蚜主要是麦长管蚜、麦二叉蚜和禾谷缢管蚜，是传播丛矮病的介体。以成虫、若虫刺吸植株汁液，致受害株生长缓慢，千粒重下降，还可传播病毒病，是小麦的重要害虫。年生数代，以无翅孤雌成蚜和若蚜在麦株根际或四周土块缝隙中越冬，有的可在背风向阳的麦田的麦叶上继续生活。麦长管蚜 4—6 月发生严重，主要危害穗。麦二叉蚜危害时间较早，多集中在叶片危害。

2. 防治方法

（1）生物防治　选用对天敌具有保护作用的药剂，如选用 0.2% 苦参碱水剂 400 倍液，或杀蚜霉素悬浮液（孢子含量 200 万个/毫升）250 倍液、50% 抗蚜威可湿性粉剂 1 500 倍液喷雾。同时，充分保护利用瓢虫、食蚜蝇、草蛉、蚜茧蜂、蜘蛛等天敌。

（2）化学防治　抽穗期百株平均蚜量 500～800 头，麦田天敌单位与麦蚜比超过 200：1 时（指麦蚜超过 200 头）时用 10% 吡虫啉可湿性粉剂、50% 抗蚜威可湿性粉剂、50% 马拉硫磷乳油、50% 杀螟硫磷乳剂或 2.5% 溴氰菊酯乳油、50% 毒死蜱乳油、3% 啶虫脒乳油喷雾。其中吡虫啉在小麦灌浆初期，蚜虫尚未达到防治指标，但已经在下部叶片上广泛分布时（河北 5 月 10 日前）喷施效果较好，不要晚，晚了单一使用效果不好。最好与低毒有机磷药剂合理半量复配喷施，可保持 10 天的药效期。以上药剂相互复配或与敌敌畏复配防治效果更好。

十一、麦蜘蛛

1. 发生危害特点　麦蜘蛛主要有麦长腿蜘蛛和麦圆蜘蛛。麦长腿蜘蛛喜温暖、干燥，多分布于干旱麦田，春旱少雨年份发生重。麦圆蜘蛛喜阴湿，怕高温、干燥，多分布在水浇地或低洼潮麦地。

2. 防治方法

（1）农业防治　麦收后深耕灭茬，可大量消灭越夏卵，压低秋苗的虫口密度；适时灌溉，同时振动麦株，可有效地减少麦蜘蛛的种群数量。

（2）药剂防治　在点片发生期，平均 33 厘米单行 200 头时用 15% 哒螨酮可湿性粉剂、50% 毒死蜱乳油、73% 炔螨特乳油、1.8% 阿维菌素可湿性粉剂、40% 乐果乳剂喷雾防治，以阿维菌素与上述药剂半量混配喷施效果好。起身—拔节期气候凉爽以麦圆蜘蛛为主，于中午前后在麦蜘蛛危害最盛时喷施。后期高温天气情况下以麦长腿蜘蛛为主，于上午 10 时前和下午 4 时后喷药。

十二、麦叶蜂

1. 发生危害特点　麦叶蜂在北方一年发生一代，以蛹在土中越冬，3 月中、下旬成虫羽化。以幼虫危害麦叶，从叶边缘向内咬成缺刻，严重时可将全部叶尖吃掉。影响小麦的光合作用，造成小麦产量下降。麦叶蜂在土壤湿度大的条件下容易发生，沙质土壤麦田比黏性土壤麦田受害重。近年来麦叶蜂发生危害呈加重发生态势。

2. 防治方法

（1）播前深耕　在小麦播种前进行深耕，把土壤中休眠的幼虫翻出，使其因不能正常化蛹而死亡。

（2）药剂防治　防治适期在3龄幼虫前，最晚不能晚于旗叶抽出。常用药剂包括氯虫苯甲酰胺、高效氯氟氰菊酯、吡虫啉、阿维菌素等。

十三、地下害虫

1. 发生危害特点　地下害虫主要有蝼蛄、地老虎、蛴螬和金针虫。蝼蛄一般将麦苗嫩茎咬成乱麻状，断口不整齐；蛴螬可将麦苗根茎处咬断，断口整齐；金针虫则钻食麦茎嫩心，被害部呈乱麻状，但外皮仍连在一起；地老虎低龄幼虫多群集在作物的顶心和嫩叶上咬食叶片，呈半透明白斑或小洞。大龄幼虫昼伏土中，夜出活动危害，5～6龄幼虫可从地面将作物幼茎咬断，然后将幼苗拉入土中取食。

2. 防治方法

（1）药剂拌种　用含有吡虫啉、噻虫嗪和噻虫胺等杀虫剂的多元复配种衣剂可以有效控制地下害虫。但注意不要在地面拌种，拌种后不可暴晒，以免降低药效。

（2）苗期防治　一是撒毒土：每亩用5％辛硫磷颗粒剂2千克，或3％辛硫磷颗粒剂3～4千克，或5％毒死蜱粉剂1千克，对细土（沙）30～40千克，拌匀后开沟施，或顺垄撒施后接着锄划覆土。二是集中浇灌药液：每亩用50％辛硫磷乳油0.5千克，对水60千克，顺垄浇施或喷灌，让药液渗入根部，可直接杀灭蛴螬、金针虫和耕葵粉蚧等。三是撒毒饵：用麦麸或饼粉10千克炒香后加入适量水和90％敌百虫粉剂1千克，拌匀后闷5小时制成毒饵，于傍晚撒在田间或用耧将毒饵串施于麦田，每亩2～3千克，对蝼蛄的防治效果可达90％以上。

玉米安全高产高效栽培技术

白仕静

　　玉米规模化生产因土地流转费、用工费等的发生，生产成本多增加一倍以上。故而，以"简化高效、安全生产"为核心，做好产前、产中、产后各项工作，严防生产事故，控制生产风险，最大限度地减少用工等成本，并且利用好政策与社会资源，才能实现经营利润最大化。

一、选种

　　要选择耐密、高产、易机收、无致命缺陷的品种，品种抗逆性、适应性在防灾减灾中有不可替代的作用。

　　1. 选密度适应范围广的品种　要选择适宜种植密度大于 4 000 株/亩的紧凑型耐密品种，适宜种植密度不足 4 000 株/亩的品种高产潜力有限，一旦密植还容易发生结实不良、倒伏等各种问题。

　　2. 选抗倒力强的品种　倒伏问题是玉米走密植高产途径最大的障碍，也是规模化生产应首先考虑的问题。品种必须能够立着长、站着死，以保证机收。倒伏玉米人工收获，生产成本难以控制。

　　3. 选用无致命缺陷的品种

　　（1）选抗腐霉茎腐病的品种　茎腐病不仅造成减产，还可能影响站秆机收。可引发玉米茎腐病的致病菌常见的有两类：镰孢菌（引起青枯型茎腐）和腐霉菌（引起黄枯型茎腐）。审定的品种中不乏抗鉴结论写着"抗或高抗茎腐病"，生产上却表现高感的品种，不少美系品种尽管抗禾谷镰孢菌茎腐，却高感各种腐霉茎腐。

　　（2）选耐高温品种　近年来因高温导致严重减产的实例屡见不鲜，根源在于选种的品种在耐高温方面有严重的缺陷。

　　（3）选抗穗粒腐病的品种。

　　4. 选籽粒脱水快的品种　喜欢存贮玉米、待价而沽的农户，应选种籽粒脱水快的品种，防止因含水量过大，玉米存贮期间霉变发芽。机收含水量过大的玉米时还易造成籽粒破损。

　　5. 选结实性好、出籽率高的品种　出籽率是玉米品种较为稳定的穗部性状，出籽率低的品种不具有高产潜力。

6. 选发芽率不低于 93% 的种子　出苗质量与种子质量直接相关。发芽率小于 93% 的种子对单粒播种而言，为不合格种子。

7. 因地制宜选品种　无十全十美的品种，适宜就是最好的。选择品种时应综合考虑当地种植习惯、生产条件、主要流行病虫害等。例如，冬季休耕地晚春播或早夏播玉米应选择苗期抗旱、抗耐病毒病、生育期长、丰产潜力较大的品种。晚播、密植加剧不耐高温品种对高温的反应，种植大户不能保证适期播种时，种植青贮玉米严禁选用不耐高温品种，要选用粮饲兼用品种，以防市场风险。

8. 不可盲目求新　新品种高价高风险，一个品种在当地是否高产稳产、是否符合当地种植习惯和生产条件，只有通过实际种植才能得知。

9. 如何获取正确的品种介绍信息　品种介绍的信息来自品种审定公告、包装说明及宣传资料、专家意见。品种审定公告内容包括审定编号、品种名称、申请者、育种者、品种来源、形态特征、生育期、产量、品质、抗逆性、栽培技术要点、适宜种植区域及注意事项等。包装说明及品种宣传资料的内容与审定公告的基本一致，但有的会删去与品种缺陷有关的抗鉴内容，高产潜力不着边际，风险提示也履行不到位。因此，当计划购买新品种时，最好查一下品种审定公告或咨询专家。

二、种子处理

推荐对种子进行二次包衣。原因有四：①有的包衣种子，种衣剂用药的有效成分单一，售往夏播区的多只有杀虫剂；②特殊病虫害需用针对性强的药剂来防治，如晚春播或早夏播玉米易受地老虎与病毒病危害，可选噻虫嗪＋溴氰虫酰胺种衣剂二次包衣，防治麦秆蝇最好用噻虫嗪种衣剂二次包衣，防治麦根蟓可用速拿妥（吡虫啉＋氟虫腈）二次包衣；③种子包衣的目的不仅限于防病治虫，加入生长调节物质、促进根系发育，也可取得明显的增产效果，如种佳美二次包衣；④有些种业公司选药质次价廉。

1. 杀菌剂包衣　未用杀菌剂包过衣的种子，可用 400 克/升萎锈灵·福美双悬浮剂按每 10 千克种子 30～50 毫升进行包衣，防治根腐病、苗期茎基腐病及后期茎腐病。曾发生过疯顶病的低洼地块，可用 35 克/升精甲·咯菌腈悬浮种衣剂来防治。注意，已用杀菌剂处理过的种子切不可再用杀菌剂二次包衣，防止发生事故。

2. 杀虫剂二次包衣　所有种子播前均可用 20% 溴氰虫酰胺·20% 噻虫嗪悬浮种衣剂按每 10 千克种子 30～45 毫升进行二次包衣，以防治地老虎、蛴螬、麦秆蝇、灰飞虱、蓟马和少量的二点委夜蛾。

三、精量播种免定苗

选择具备种肥同播、单粒播种、单体仿形、附带灭茬四项基本功能的播种机。

四、缓控释肥一次基施

缓/控释肥一次基施可免去追肥及因追肥灌水而产生的人工费与动力费，是玉米轻简栽培与节水栽培的核心内容之一，在没有设施灌溉条件、不能水冲施肥或无追肥机械的地块上均应采用。

1. 缓/控释肥类型

（1）缓释肥　通常把在生物或化学作用下可缓慢分解的有机氮化合物称为缓释肥，如脲甲醛等。

（2）控释肥　对生物和化学作用不敏感的、通过包被材料以物理控释原理控制速效养分溶解度和释放速率的称为控释肥。

（3）生化抑制型肥料　利用氮肥增效剂（硝化抑制剂、脲酶抑制剂）来延缓养分形态转化的称为生化抑制型肥料（稳定性肥料）。

2. 缓/控释肥选择与施用　缓/控释效果好的是硫包膜或树脂包膜的控释肥。夏玉米亩施含控释氮的复混肥 40～50 千克，晚春播玉米亩施 50～60 千克即可。不含中微量元素的可自行掺混中微量元素，通常亩施硼砂 0.2 千克、硫酸锌 1～2 千克、钼酸铵 30 克、硫黄粉 1～2 千克。

3. 施肥注意事项　不推荐用非缓/控释肥一次基施，盐碱地勿长期施用高氯肥料。GB/T 23348—2009 和 HG/T 4215—2011 都仅将缓/控释养分最低含量合格标准定在≥8%（玉米后期吸收氮约占吸收总量的 30%），也未对控释期达 60 天以上的养分含量做出强制规定，这对于仅含一种缓/控释养分（氮素养分）的产品且在土质肥沃的耕地上施用问题不大。但如果缓/控释养分是两种（氮、钾），合计含量只有 8%，且用在贫瘠或保水保肥力差的耕地上，后期难免脱肥。故而在贫瘠或保水保肥力差的耕地上，即便基施的是缓/控释肥，也需防止后期脱肥。

五、化学除草

施药"坚持能播前时不播后，能苗前的不苗后"的原则。

1. "玉草麦治"　为避免玉米苗期施用激素类除草剂造成药害，打碗花、刺儿菜、萝藦、茜草、酸模叶蓼和鸭跖草等多年生阔叶杂草及一年生葎草严重地块，可在麦收前 6 天之内，用 2 甲 4 氯、氯氟吡氧乙酸、嘧草硫醚甚至草甘膦对杂草喷雾或定向涂抹，还可用 75% 二氯吡啶酸可溶粒剂 10～15 克/亩喷雾防治刺儿菜。此时用药，对小麦产量无显著影响。

施药后能及时灌水的地块，施药时对水量不得少于 25 千克/亩；播种前后降雨能保证出苗、不需再浇蒙头水的地块，施药时对水量应在 40 千克/亩以上。

2. 杀灭大草　播前出苗大草较多时，勿急于播种，先全田喷施草甘膦杀灭大草。

3. "一封二杀"技术　普通地块机械施药只有两次机会，苗前或苗后。为防止苗后施药控草失败，不得不行间施药除草，普通地块应遵循"封闭为主、苗后为辅"的施药方针。推荐采用"一封两杀"技术，在除草同时兼防病虫害。"一封"，即用爱玉优（315 克/升异噁唑草酮·噻酮磺隆悬浮剂，该药可浇地前喷施，有抗性禾本科杂草的地块加喷异丙甲草胺，夏玉米加喷莠去津）25 毫升/亩封闭地表；"第一杀"即已出苗大草较多时加喷草铵膦；"第二杀"即夏玉米上加施氯虫苯甲酰胺等防治二点委夜蛾成虫、蓟马、灰飞虱、麦秆蝇。

4. 苗后化除　夏玉米苗后 3～5 叶期施药，应选择添加安全剂的烟嘧磺隆＋硝磺草酮＋莠去津三元复配的除草剂，30％烟·硝·莠去津可分散油悬浮剂亩用 180～200 毫升。加喷氨基酸类叶面肥如叶佳美可进一步缓解除草剂药害，毕竟苗后化除与人工除草相比，会造成减产。苗后化除时可加喷杀虫剂防治苗期各种害虫，但不得与有机磷农药掺混喷施。加喷氯虫苯甲酰胺治虫效果好；仅加喷菊酯类杀虫剂，苗期多需二次治虫。

因故推迟施药期或种植甜糯玉米的，可喷施苯唑草酮＋莠去津（苞卫）除草。

5. 农艺农化结合除草　改变种植制度与耕作制度，调整种植结构，轮作倒茬，再结合化除，是解决恶性杂草危害最有效的措施。两熟区宿根性杂草重发、选择性除草剂又难化除的农田，应积极承担休耕项目，耕作制度暂改为一年一熟或两年三熟制，在休耕期间喷施草甘膦等药剂；一年生杂草为主的地块也可在杂草出苗后借整地灭之。作物生长期间彻底防除草害有诸多不便，休耕期间则不需有太多顾忌，休耕期间是防除各种恶性杂草的最佳时机。休耕不是撂荒，休耕地适宜化除时要保证土壤墒情，使杂草充分出苗；不得在杂草结实后才采取灭草措施；不得喷施非耕地用除草剂和对休耕结束后种植作物有害的除草剂。非休耕地块，调整种植结构、轮作倒茬，可增加除草剂品种选择余地。如冬小麦-夏玉米田防治芦苇，可将夏玉米换种成夏播大豆，在大豆生长期间施药灭之。

六、高地隙机械田间管理

1. 机械选购　应选购四轮自走式高地隙施药机械进行田间管理作业，三轮的安全性差。植保无人机宜选用燃油动力的。

2. 化控　玉米 7～8 叶期（5～6 展叶期）是化控的最佳时期。不可施药过晚，在其他防倒措施到位情况下不建议施药。在未发生倒伏情况下，喷施化控剂通常会造成减产。

3. 防治病虫

（1）7 月上旬　以食叶螟虫为主时推荐亩施 20% 氯虫苯甲酰胺悬浮剂 5～10 毫升；需兼防蓟马时，改喷 60 克/升乙基多杀菌素悬浮剂 10～20 毫升/亩，种植易感褐斑病品种的此时还应加喷戊唑醇、烯唑醇等杀菌剂以防病。

（2）大喇叭口期　防治玉米螟、棉铃虫及蚜虫等，可喷施氯虫苯甲酰胺与噻虫嗪。

（3）籽粒建成期　主要是防治蛀穗螟虫、蚜虫及锈病、大斑病、弯孢叶斑病等，杀虫剂可选氯虫苯甲酰胺与噻虫嗪，杀菌剂可选戊唑醇、烯唑醇等。

七、设施灌溉与水冲施肥

1. 灌溉设施选择与安装　农户可根据自身条件安装自走式喷灌或立杆式喷灌的灌溉设备。安装立杆式喷灌，喷头不得在田间呈正方形棋盘式分布（喷头间距为 2 倍的喷头射程），相邻喷头应呈等边三角形布局，喷头行距为 1.5 倍的喷头射程加 1 米，行内喷头间距为 1.732 倍喷头射程加 1 米。

2. 灌水　要根据降水情况应变灌溉，沧州地区一般年份需灌水 2～4 次：蒙头水、提苗水、追肥灌水、灌浆水。

夏玉米播期一般以浇蒙头水之日算起。种粮大户浇蒙头水时推荐采用二次灌水法，第一次先浇小水，一遍将全部承包田尽快浇完，利于尽早出苗，浇完第一水后紧接着进行第二次灌水。

沧州地区多数年份至 7 月中旬才正式进入雨季，之前十年九旱。干旱年份需浇一次提苗水，否则减产 26% 左右。晚春播、早夏播玉米必须根据土壤墒情适时浇一次提苗水，否则干旱会严重影响产量，甚至造成绝收。

8 月下旬以后，土壤墒情低于 70% 时及时灌水。此时的水分管理，不是灌水能增产多少的问题，而是不浇会减产多少的问题。2019 年后期干旱，未灌水地块亩减产 75～100 千克。

3. 水肥一体化　有设施灌溉条件的可采取基肥＋追肥模式，水冲施追肥，大喇叭口期后每亩追施 15 千克尿素或其他水溶性肥料。水冲施肥不等同于一般根外追肥，施大量元素肥料要控制浓度，肥施完后还应持续喷 1 小时左右清水，防止肥烧苗。

八、机械化收获

晚春播或早夏播玉米，籽粒含水量＜25％、有烘干条件的可以考虑直接收粒。夏播玉米应尽量晚收，且尚无适合粒收品种，只能收穗。收获的果穗要及时上架存放，防止霉变。

夏玉米高产栽培技术

杨忠妍　陈冰聪

一、玉米的起源与现状

玉米起源于美洲大陆，在美洲已有 4 500 多年的栽培历史。公元 1492 年航海家哥伦布发现新大陆，把玉米带到西班牙，随着世界性航线的开辟，玉米向世界传播。传播到中国的时间在 16 世纪，至今有近 500 年的历史。18 世纪末，玉米由山西传入河北遵化一带，至今种植已有 200 余年。据 2020 年统计，我国玉米的产量占世界总产量的 23.1%，位居第二，仅次于美国（31.7%）。

二、玉米的高产与增产潜力

1. 玉米产量潜力高、增产潜力大　从玉米生产潜力看，作物干物重的 90% 以上来自光合作用，玉米籽粒产量的高低主要取决于光能利用率的高低，即光合产物中储存的能量占光合有效辐射能或占太阳总辐射能比例的高低。华北地区 6—9 月夏玉米生长期间的太阳辐射能为 216.304 千焦/公顷，据此推算夏玉米产量潜力为 1 692 千克/亩。

2. 全国夏玉米高产纪录　2014 年，山东莱州夏玉米单产1 335.81 千克/亩。

3. 河北省夏玉米高产纪录　2014 年，永年县夏玉米单产973.46 千克。/亩

三、玉米生长与时期

玉米的生育时期有：播种期、出苗期、拔节期、抽雄期、散粉期、吐丝期、成熟期等。一般划分为三个时期，即苗期（出苗—拔节期）、穗期（拔节—雄穗开花）、花粒期（雄穗开花—完熟期），也称为三个阶段，经历时长分别为 30 天、20 天、50 天左右。

四、实现玉米高产的关键技术措施

河北省玉米具有较大的增产潜力，夏玉米实现亩产 750 千克产量水平已经具备成熟的技术。

1. 选用紧凑耐密型品种

（1）高产型　选用产量潜力高、增产潜力大的优良品种是实现玉米高产的前提条件。特别是抗倒能力强、秸秆韧性好、根系发达、耐密性好、后期保绿度好、光合生产效率高的杂交种。如郑单 958、先玉 335、浚单 20。

（2）优质型　如纪元 128（夏播株高 230 厘米，穗位高 95 厘米，穗长 20～22 厘米，穗行数 16 行。出籽率 85%，千粒重 450 克）、纪元 101、纪元 168、连成 21。

（3）粮饲兼用型　如承玉 14、承玉 29、玉丰 102、诚信 MC220、葫新 338、源育 517、津青储 0603、铁研青储 458。茎秆粗，株高 3 米左右。

（4）耐盐碱品种　如山大耐盐 1 号，可在含盐量 0.4%～0.7% 的盐碱地种植，生育期 94 天。

2. 抢时早播、播后抢灌　晚播意味着穗分化时间的缩短，随播期推迟，玉米吐丝时间延迟，抢时早播可提早吐丝。6 月 10—25 日，播种期每提早 1 天，吐丝期平均提早 0.5～0.6 天。

抢时早播要注意几个问题：一是不要套种玉米。套种玉米播种时深浅不一致，株距不一致，出苗不整齐，不利于高产。二是提倡铁茬播种。小麦抢收，机收低留茬 20 厘米以内，麦秸铺散均匀，播种时要做到"深浅一致、覆土一致、镇压一致、行距一致"。播种作业适度控制在每小时 4 千米以内。播得好，苗子整齐度才高，这和增加产量高度正相关。三是播种期一般不晚于 6 月 15 日（6 月中旬播完）。四是早播是为了让种子早萌芽、早出苗，因此在干旱的年份或干旱的地块播种后要抢浇蒙头水。

3. 施足基肥　肥料一次性基施是发展趋势，其关键是缓释肥和控释肥质量一定要过关。目前生产当中出现的许多缓释肥、控释肥并不过关。重点是缓释氮要占 8% 以上。

4. 增加肥水投入　增加肥水投入是实现玉米高产的重要技术措施。在瘠薄的土地上，只要能保证对养分和水分的充足供应，同样也能高产。

（1）缺素症识别

①缺氮。上部叶片黄绿，下部叶片由黄变枯。症状从叶尖沿中脉呈楔形向基部发展。

②缺磷。老叶呈暗绿色，茎和叶暗紫色。抽穗开花延迟，灌浆不正常，千粒重低，品质差。

③缺钾。根系变小，易倒伏。叶片尖端发生褐斑，褪绿坏死，并沿叶缘向基部发展。抽穗和成熟显著提早，穗小粒少。

④缺锌。叶脉间失绿呈浅绿色、黄色甚至白色，中脉两边最为明显，严重时整株失绿变成黄、白化苗。

⑤缺硼。顶部生长点生长不正常或停止，侧芽生长，似感矮缩病，叶畸形、起皱、变厚并呈暗蓝绿色；叶脉间出现不规则的失绿症，叶、茎变脆；严重时，生长点坏死，开花期抽雄困难，雄花退化，雌穗发育不正常，果穗近茎秆的一面易出现缺粒或单性生殖粒。

（2）夏玉米需肥规律　玉米整个生育期内需要从土壤中吸收多种矿质营养元素，其中以氮素最多，钾次之，磷居第三位。一般每生产100千克籽粒需从土壤中吸收纯氮（N）2.5千克、五氧化二磷（P_2O_5）1.2千克、氧化钾（K_2O）2.0千克。氮磷钾比例一般为1∶0.48∶0.8（高氮、中钾）。亩产750千克夏玉米N投入一般不低于25千克/亩。高产条件下要特别注意氮钾的配合施用，K_2O一般不低于12~15千克/亩。高产玉米田氮肥要分次追施，花粒期要补施花粒肥。

（3）施肥量　依据土壤养分状况和生产实际，实施目标产量配方施肥方法。一般亩产500~600千克玉米，需施用N 13~18千克/亩，P_2O_5 7~9千克/亩，K_2O 10~14千克/亩，硫酸锌1~1.5千克/亩。

（4）施肥时期及方法　夏玉米分种肥、穗肥和花粒肥三次施用。

①种肥。对于铁茬播种的夏玉米，应施足种肥。播种时将全部的磷、钾、锌（微）肥和20%的氮肥作为种肥施入土壤。夏玉米基施肥比例为N∶P_2O_5∶K_2O＝26∶14∶12（滨海平原），宜用缓释肥。注意肥料与种子行要分开，应距离种子5厘米以上。

②穗肥。大喇叭口期（全株展开叶片11~12片）结合浇水追施穗肥，一般每亩追施尿素20千克左右。

③花粒肥。在抽雄至吐丝期结合开花水追施花粒肥，一般每亩追施尿素5~7千克。

（5）浇水　玉米不同生育时期对干旱的反应：苗期耐旱，吐丝最怕旱，干旱发生的时间离吐丝越近减产越严重。吐丝期是玉米需水临界期，"开花不灌，减产一半""前旱不算旱，后旱减一半"。高产田要注意大喇叭口期、吐丝期和籽粒灌浆期的水分供应，越是干旱的年份越容易获得高产。因为干旱年份光照充足，还可降低倒伏和病虫害发生的风险。

5. 加大种植密度　加大种植密度、提高亩收获穗数是实现玉米高产的重要途径。研究表明，亩产1 000千克产量水平，亩穗数绝大多数为4 800~6 000穗，平均达到5 421穗。河北省夏玉米亩产700千克以上产量水平的高产田，亩收获穗数都在4 800~5 300穗。河北省春玉米亩产1 000千克以上产量水平高产田，亩收获穗数为6 177穗。在加大种植密度的同时，防止倒伏是高产创建的关键。

6. 提高群体整齐度　提高群体整齐度，保证苗全、苗齐、苗匀、苗壮是实现玉米高产的重要手段。提高群体整齐度的关键在于提高播种质量、提高幼苗整齐度。做到出苗时间整齐一致、植株大小整齐一致、生长发育整齐一致。

7. 化学除草

（1）杂草种类 玉米田的杂草主要有：马唐、稗草、狗尾草、牛筋草、反枝苋、马齿苋、铁苋、藜（苗苗菜）、刺儿菜、田旋花、鸭跖草等。田间杂草在玉米苗期危害最大，可造成玉米植株矮小、秆细叶黄从而影响玉米产量，减产幅度最高可达 35％左右。

（2）玉米田除草剂使用方法

①播前混土处理。一般每亩混用 40％莠去津胶悬剂 100 毫升与 50％乙草胺乳油 75 毫升；或每亩用 40％乙·莠悬浮剂 200 毫升对水 50 千克均匀喷雾，然后混土 3～5 厘米。

②播后苗前土壤封闭。选用 40％乙·莠水悬浮剂 150～200 克/亩，杀草谱广效果好。也可以选用乙草胺、甲草胺（拉索）、莠去津等，使用量见说明书。封闭免中耕。

③苗后喷施除草剂。用选择性除草剂，可以同时喷施在杂草和玉米上，如烟嘧磺隆、莠去津、百草敌等。或每亩用玉宝（50％砜嘧·莠去津可湿性粉剂）90 克对水 30 千克在玉米 3～5 叶期全田喷施，5 叶后定向喷施。也可以用烟·硝·莠去津（烟嘧磺隆 2％、硝磺草酮 5％、莠去津 20％）。

④草甘膦、草铵膦等灭生性除草剂，可在地头、路边使用，灭草防虫。

（3）化学除草注意事项

①甜玉米、糯玉米、自交系、登海系列品种慎用烟嘧磺隆。

②特用玉米和敏感品种慎用磺酰脲类除草剂。可改用苞卫（苯吡唑草酮）。

③在有麦茬和秸秆覆盖的地块进行"封闭"化学除草时，应加大对水量，以保证药液能够透过秸秆覆盖层而到达地表。

④在麦田遗留杂草的地块，可采用"封杀结合"的方法进行除治。

⑤在喷施苗后除草剂时一定要加装防护罩，不喷心叶。

⑥一旦出现药害，亩用 3 克碧护对水 30 千克，全田均匀喷雾，可解药害。同时，能促进植株粗壮、抗倒、抗旱。

⑦小麦对阿特拉津（莠去津）、玉农乐（烟嘧磺隆）等敏感，玉米田用量过大（每亩超过 200 克）易导致下茬小麦黄叶死苗。如下茬种植小麦、马铃薯、棉花等，不能选用上述除草剂。常见除草剂在土壤中的半衰期见表 1。

表 1　除草剂在土壤中的半衰期（天）

除草剂	半衰期	除草剂	半衰期	除草剂	半衰期
莠去津	60	咪唑乙烟酸	60～90	苯磺隆	10
灭草松	20	氯磺隆	28～42	精喹禾灵	60
苄磺隆	10	异噁草酮	24	稀禾啶	5
2,4-滴丁酯	7	嗪草酮	30～60	高效氟吡甲禾灵	60～90
丁草胺	12	甲磺隆	30	百草枯	1 000
乙氧氟草醚	30～40	噁草酮	60	草甘膦	47

8. 病虫害防治

（1）地下害虫　玉米田的地下害虫主要有蛴螬、蝼蛄、金针虫和地老虎。一般采用农药拌种防治。方法是用吡虫啉、乙酰甲胺磷等杀虫剂配烯唑醇、三唑酮等杀菌剂拌种。杀虫剂用种子重量的 0.1％，杀菌剂用种子重量的 0.2％。可防治地下害虫、苗期害虫及土传、种传病害。

（2）玉米病害的防治　玉米的常见病害有 20 多种，而几年来发生较重、较普遍的是瘤黑粉病、丝黑穗病，其共同的特点是种子和土壤带菌，从胚芽、胚芽鞘、胚根、根部及幼嫩组织（或伤口）侵入（顶疯病、穗腐病、全蚀病也是如此），所以药剂拌种十分重要。药剂拌种可有效杀死种子带的病菌，又可阻断发芽期及幼苗期土壤中病菌的侵入。

①拌种。一是选用 70％福美双可湿性粉剂或 50％多菌灵可湿性粉剂，按种子量的 0.5％拌种。二是选用戊唑醇，按种子量的 0.03％（有效成分）拌种，堆闷 6 小时。三是防治茎基腐病，用 25％三唑酮粉剂按种子量的 0.2％拌种。四是防治全蚀病，用 25％三唑酮粉剂按种子量的 0.2％～0.3％拌种。五是防治疯顶病，用甲霜灵、噁霜·锰锌拌种。

②生长期病害防治。

叶斑病：叶斑病包括褐斑病、大斑病、小斑病。当病叶率 15％时，又遇连阴雨天气，就要进行防治。可先摘除玉米底部 1～2 片病叶集中销毁，然后喷洒 50％多菌灵可湿性粉剂或 70％甲基硫菌灵可湿性粉剂 500 倍液，或 75％代森锰锌水分散粒剂 500～800 倍液喷雾防治。

玉米茎腐病：又称茎基腐病，俗称玉米青枯病，是对玉米生产危害较重的病害。该病病情发展迅速，来势凶猛，对玉米产量影响极大。发现零星病株时，用多菌灵可湿性粉剂 500 倍液浇根，每株灌药液 500 毫升。

锈病：近些年由于气候的变化和病菌的迁移，锈病也逐渐成为危害沧州市玉米的主要病害。锈病可在初发期用 20％三唑酮乳油每亩 75～100 毫升喷雾防治。

（3）虫害防治　危害玉米的主要害虫有棉铃虫、玉米螟、蚜虫、黏虫、草地贪夜蛾等。防治时要做到科学合理用药。

①在卵孵化初期选择喷施白僵菌、绿僵菌、苏云金杆菌等微生物制剂以及苦参碱、印楝素等植物源农药。

②化学农药选用甲氨基阿维菌素苯甲酸盐、茚虫威、乙酰甲胺磷、氯虫苯甲酰胺、甲氨基阿维菌素苯甲酸盐·茚虫威、甲氨基阿维菌素苯甲酸盐·氟铃脲、甲氨基阿维菌素苯甲酸盐·虫酰肼等复配药剂，其中以甲氨基阿维菌素苯甲酸盐和茚虫威的复配制剂为首选。根据危害习性，施药时间选择清晨或者傍晚草地贪夜蛾活动取食阶段，注意喷洒玉米心叶、雄穗和雌穗等关键部位。

9. 适期晚收　收获时间越早，对千粒重的影响越大。调查显示，吐丝后35天收获，平均千粒重为284克；吐丝后40天收获，平均千粒重为318克；吐丝后45天收获，平均千粒重为338克；吐丝后50天收获，平均千粒重为341克。在河北省夏播栽培玉米，应保证50天以上的灌浆期，收获期应控制在9月30日至10月5日期间。

10. 玉米成熟判断的标准　一是玉米苞叶变白，苞叶上口松散。二是把玉米果穗剥开，再从中间掰断，可以看到籽粒上有一条黄色和乳白色的交界线，这就是乳线，黄色能占到2/3的比例表明成熟，也有的讲全黄、乳线消失表明成熟，但难做到。三是把籽粒脱下后，再将粒底部花梗去掉，如果可以看到底部有一层黑色物则表明已经成熟，这层黑色物称为黑层。四是籽粒呈现出品种特有的光泽。五是籽粒收获含水量在29%～34%，玉米的商品含水量为13%。

棉花品种与栽培

孙锡生　孙汝强

一、棉花生产概况

全世界有 80 多个国家种植棉花。其中，中国、美国、印度和巴基斯坦是最大的棉花生产国和消费国，产量和消费量约占世界棉花总产量和总消费量的 60％。我国主要有三大主产棉区，即：长江流域棉区、黄河流域棉区和西北内陆棉区。另外，北京、天津、广西、云南等地也有分散种植，但其产量不足全国的 1％。河北省属黄河流域棉区，分三个棉区：一是冀南棉区，包括邯郸、邢台及石家庄、衡水南部，无霜期 200～220 天，土壤为冲积壤土，土层深厚；二是冀中棉区，包括石德铁路以北的保定、沧州和廊坊的南部、衡水的北部，无霜期 200～210 天，土壤为冲积壤土、沙土和盐碱土；三是冀东棉区，包括唐山和廊坊的北部，无霜期 180～220 天。

二、棉花的特征特性

（一）棉花的栽培种

棉花的栽培种有四个，即陆地棉、海岛棉、亚洲棉和草棉。目前，我国生产上栽培的只是陆地棉和海岛棉。河北省种植的棉花均为陆地棉。

（二）棉花的生育时期

棉花从播种到收获经历五个生育时期：播种出苗期、苗期、蕾期、花铃期和吐絮期。棉花各生育时期出现的日期以及各生育时期的长短，因品种、自然条件、年份、种植制度及栽培条件等不同而有很大差异。

（三）棉花种子及其萌发

每千克棉花种子大约 10 000 粒。一般棉籽发芽需 18～24 小时。棉苗出土时间一般为 5～10 天。

（四）对环境条件的要求

1. 温度　棉籽萌发最低温度为 10～12℃，出苗需要 16℃以上。棉苗生长适宜温度为 20～25℃，现蕾最低温度为 19～20℃。温度升高，现蕾加快；若超过 30℃，反而减慢。开花、授粉及受精适温为 25～30℃，高于 35℃或低于

20℃时花粉生活力下降甚至丧失。棉铃成熟吐絮要求温度 20℃以上，日平均气温低于 15℃时，棉铃不能自然吐絮。

2. 光照 一般棉苗需要在日平均温度 20～25℃条件下，经过 18～30 天的 8～12 小时的短日照才能现蕾开花。在每天 12～14 小时的光照条件下，棉花发育最快。

3. 水分 棉花较耐旱。棉花不同生育时期的需水情况不同。苗期需水较少，仅占全生育期总需水量的 15％以下，沧州市地膜棉田在播前造足底墒时，苗期一般不必灌溉。棉花现蕾后，需水量占总需水量的 20％左右。棉花蕾期遇干旱，应及时灌溉，但浇水量要小些，每亩灌水量以 30 米³ 为宜。开花结铃期耗水量大，需水量占总需水量的 50％左右。吐絮期需水量占总需水量的 10％～20％。沧州市秋季多干旱，适时适量灌溉可防棉花早衰，每亩灌溉量 25～30 米³ 为宜。

4. 营养元素 棉花在整个生长发育过程中，需要碳、氢、氧、氮、磷、钾、硫、钙、镁、铁、硼、锰、锌、铜、钼、氯等营养元素。碳、氢、氧可从空气和水中获得，其他矿质元素来自土壤。氮、磷、钾因需要量较大，土壤中含量往往不能满足棉花生长发育的需要，必须通过施肥来补充。一般每亩产 50 千克皮棉从土壤中吸收氮、磷、钾的数量为 6～9 千克、2～3 千克、6～7.5 千克，比例大约为 3：1：3。棉花不同生育时期吸收养分的数量是不同的。棉花在苗期对养分的需要量很少，只占全生育期吸收总量的 3％，但对养分十分敏感，且吸收氮、钾的比例比磷高。蕾期的棉株生长加快，吸肥量增加，此时期氮、磷吸收量各约占全生育期吸收总量的 20％，钾约为 35％～40％。花铃期的棉株营养生长和生殖生长旺盛，是干物质大量积累时期，氮、磷、钾的吸收量均达到全生育期吸收总量的 60％左右。吐絮期的棉株，叶片和根系功能减弱，而棉铃发育迅速，磷的吸收比例增高，氮、磷、钾的吸收量分别减少为全生育期的 15％、20％、5％左右。在具体施肥管理中，氮肥 2/3 作为基肥施用，1/3 在棉花盛花期前施用；磷肥和钾肥全部作为基肥施用。

5. 土壤 棉花对土壤的适应性很广泛，且耐盐碱。

三、主要棉花品种

1. 农大棉 8 号 株高 83.1 厘米左右，生育期 133 天左右。单株果枝数 12.6 个左右，霜前花率 91.6％左右。转基因抗虫棉品种，抗枯萎病，耐黄萎病。河北省春播棉组区域试验中，平均皮棉亩产 88.9～101.1 千克，霜前皮棉亩产 81.8～95 千克。

2. 邯郸 885 株高 85.3 厘米左右，生育期 131 天左右。单株果枝数 11.8 个左右，霜前花率 94.4％左右。转基因抗虫棉品种，抗枯萎病，耐黄萎病。河北省春播棉组区域试验中，平均皮棉亩产 87.9～104.3 千克，霜前皮棉亩产 82.6～99.6 千克。

3. 国欣棉 3 号 转基因抗虫常规品种，黄河流域棉区春播生育期 125 天。株形松散，株高 98 厘米，单株结铃 15.8 个，霜前花率 91.6%。出苗早、苗壮，中期长势强，整齐度好，后期叶功能好，成铃吐絮集中，吐絮肥畅，耐枯萎病，抗黄萎病。黄河流域棉区春棉组品种区域试验中，籽棉、皮棉和霜前皮棉亩产分别为 237.1～239.7 千克、92.3～92.5 千克和 84.9～90.2 千克。

4. 国欣棉 6 号 黄河流域棉区春播生育期 126 天。株形松散，株高 98.3 厘米，单株结铃 16.9 个，霜前花率 91.0%。出苗较快，苗期较短，幼苗壮，耐枯萎病，耐黄萎病，抗棉铃虫。黄河流域棉区春棉组品种区域试验中，籽棉、皮棉和霜前皮棉亩产分别为 214.3～253.1 千克、89.2～103.4 千克和 81.2～100.2 千克。

5. 冀杂 1 号 转基因抗虫杂交一代品种，黄河流域棉区春播全生育期 135 天。株形较紧凑，株高 95.1 厘米，单株结铃 16.2 个，霜前花率 91.2%。出苗较快，前中期长势健壮、整齐，高抗枯萎病，抗黄萎病。黄河流域棉区抗虫春棉组区域试验中，籽棉、皮棉和霜前皮棉亩产分别为 221.1～278.9 千克、88.2～108.8 千克和 79.7～101.6 千克。

6. 冀杂 3268 株高 84.9 厘米左右，属中熟品种，生育期 129 天左右。单株果枝数 12.4 个左右，霜前花率 93.8%左右。该品种为转基因抗虫棉杂交品种，高抗枯萎病，耐黄萎病。河北省春播常规棉组区域试验中，平均皮棉亩产 91.2～111.1 千克，霜前皮棉亩产 86～103.1 千克。

7. 石早 1 号 株型筒型。株高 74.1 厘米左右，生育期 106 天左右。单株果枝数 10.4 个左右，霜前花率 90.3%左右。转基因抗虫棉品种。抗枯萎病，感黄萎病。河北省特早熟棉组区域试验中，平均皮棉亩产 54.1～58.4 千克、霜前皮棉亩产 49.1～53.5 千克。

8. 中棉所 58 转基因抗虫常规品种，黄河流域棉区夏播生育期 103 天。株形紧凑，株高 64 厘米，单株结铃 9.3 个，霜前花率 93.8%。出苗快，前、中期长势强，后期长势较弱，吐絮畅且集中。耐枯萎病，耐黄萎病，抗棉铃虫。黄河流域棉区夏播棉组品种区域试验中，籽棉、皮棉和霜前皮棉亩产分别为 194.2～208.1 千克、67.9～73.4 千克和 63.7～70.1 千克。

四、栽培技术

（一）水肥地棉花高产栽培技术要点

1. 地力要求 中壤土或沙壤土，0～20 厘米土层有机质含量大于 1%，全氮含量 0.08%～0.10%，碱解氮含量 70～80 毫克/千克，速效磷含量 15～

20 毫克/千克，速效钾含量 90～120 毫克/千克。

2. 播前准备

（1）施肥　亩施优质粗肥 3 000 千克，碳酸氢铵 25 千克，过磷酸钙 50 千克或磷酸二铵 15 千克，硫酸钾（有效含量 50%）或氯化钾 15～20 千克，硼砂 0.5～1.0 千克，硫酸锌 0.5～1.0 千克，抗重茬菌剂（棉花专用）1～2 千克。或每亩用棉花专用肥 75 千克。

（2）整地　秋耕深度 18～20 厘米，春耕深度 10～15 厘米。整地质量要求土地平整、细碎、上虚下实，田间持水量应达到 70%。

（3）化学除草　可用 48% 氟乐灵乳油或 33% 二甲戊灵乳油于棉花播前喷洒地面，并及时耙地与表土拌和，亩用量 100～150 毫升。或用 50% 乙草胺乳油于播后出苗前喷于表土，亩用量 75 毫升。播种未用除草剂的，也可于棉花出苗后杂草露头时，喷 108 克/升高效氟吡甲禾灵乳油等茎叶处理型除草剂，亩用量 50 毫升左右。

（4）选种　选用生育期 130 天左右的高产、优质、抗病的转基因抗虫棉品种，如 DP99B、冀丰 197、冀棉 298 等。种子应包衣。

（5）地膜　选择厚度为 0.006～0.01 毫米的地膜，宽度随行距而定。

3. 播种　一般情况下，沧州市地膜棉播种时间为 4 月 20—25 日，春播露地棉播种时间为 4 月 25—30 日。大小行种植，大行行距 80～90 厘米，小行行距 50～60 厘米，株距 20～25 厘米。播种深度 3 厘米左右，每穴 2～3 粒种子。每亩播种量 1.5～2.0 千克。每亩 3 800～4 000 株。

4. 田间管理

（1）放苗、定苗　棉苗出土后，要及时放苗，放苗时间选在晴天早上或下午 4 时后；阴天时可以全天放苗。棉苗出齐后，及时疏苗、间苗。2～3 片真叶时定苗。

（2）中耕、除草　膜间露地要及时中耕，破除板结，消灭杂草。膜下生草要及时用土压盖。

（3）揭膜　现蕾以后揭膜。揭膜应在早晨或阴天进行，并拾净残膜。揭膜后及时中耕除草、培土。

（4）浇水追肥　根据土壤墒情浇水。苗期一般不浇水，旱情严重必须浇水时要开沟浇小水。盛蕾期（6 月 20 日前后）至吐絮期遇旱浇水。追肥可于盛蕾期至初花期亩施尿素 10～15 千克。

（5）整枝　棉花现蕾后，要及时将下部疯杈全部去掉，但不要打掉主茎叶片。但地边地头、缺苗断垄处及由于雹灾、虫咬断头时，可以根据情况每株留 2～3 个疯杈。7 月 15 日左右打顶尖，打群尖要在 8 月 10 日前进行，每个果枝留 2～4 个果节。如棉田出现郁闭，要去掉主茎下部部分老叶，剪去空枝，以利于棉田通风透光。

(6) 化控　转基因抗虫棉多数品种对甲哌鎓敏感，如遇旱天，苗情长势差时不要化控；雨水较多，苗情长势好或有旺长趋势时，进行化控。化控要本着"少量多次"原则，一般棉田蕾期可亩用甲哌鎓 0.3～0.5 克，初花期 0.5～1 克，花铃期 2～3 克。阴雨天时可适当增加用药量。

(7) 叶面追肥　花铃期对有早衰趋势的棉田叶面追肥 2～3 次，以增加铃重。可用棉花专用叶面肥 500～600 倍液，或利多丰络合态微肥 600 倍液，或磷酸二氢钾 300 倍液，隔 7 天喷一次。

(8) 病虫害防治　主要防治苗期的立枯病、炭疽病和中后期的枯萎病、黄萎病与茎枯病等病害及棉盲蝽、蚜虫、黄蓟马、棉铃虫等害虫。

(9) 催熟　对成熟晚的棉田可在 9 月底或 10 月初喷施乙烯利催熟。

(10) 采收　棉花吐絮后，要适时采收，以棉铃开裂 7 天左右摘花为好。

(二) 旱、薄、碱地棉田栽培技术要点

旱地指无灌溉水源或只能浇一次底墒水，作物生育期靠"雨养"为主的耕地。薄地指土壤肥力状况（包括耕层养分含量）、耕性及透水透气和保水保肥等生产性能比一般土壤低劣，耕层土壤有机质含量在 0.7% 以下，全氮含量在 0.07% 以下的耕地。碱地是盐碱地的统称。

1. 施肥　亩施优质粗肥 2～3 米^3，尿素 10～15 千克（或 N 5～8 千克），过磷酸钙 50～75 千克（或 P_2O_5 5～7 千克），硫酸钾或氯化钾 15～20 千克（或 K_2O 6～10 千克，盐碱地不宜施氯化钾），硼砂 0.5～1.0 千克，硫酸锌 0.5～1 千克。以上肥料在整地前一次性基施，撒施或开深 10～15 厘米的沟施入均可。

2. 整地　采用"四墒"整地法，即：伏季纳雨蓄墒（地四周围埝），秋耕后耙轧保墒，春季镇轧提墒，播前盖膜保墒。要求土壤耕层上虚下实，平整无坷垃。

3. 选用品种　因为旱地播种时间没有保障，所以要选用播期弹性大、早熟不早衰的品种。如邯 368、国欣 4、DP99B 或其他高产、优质、抗病、生育期 130 天左右、株型紧凑的转基因抗虫棉品种。种子应包衣。

4. 化学除草　同高产棉田。

5. 覆膜与播种　选择厚度为 0.006 毫米的地膜。覆膜时间根据播期和土壤墒情决定。播前墒情较好时，可提前盖膜保墒，适播期打孔播种。适播期墒情较好时，边覆膜边播种或边播种边覆膜。适播期墒情较差时，有条件的可尽量造墒播种。无水浇条件、底墒足、表墒差的棉田可采取"水种包包"播种技术，即按规定行距开 40 厘米深的沟，顺沟淋水，然后按计划株距摆好棉籽，顺垄封 6.6 厘米高的土埂，待棉籽扎根后耧平放风即可。也可采用浇坑点种，

扎干种湿技术。中重度盐碱地实行开沟播种，沟、背各 66.6 厘米宽，背高 16.65 厘米，沟内种 2 行棉花。可采用机械或人工覆膜，做到膜面平直，前后左右拉紧，使地膜紧贴地面。膜边用土压实，每隔 3～5 米在膜上压一土带，防止风吹揭膜。播期根据土壤墒情和品种特性而定，偏早熟品种宜晚，一般年份为 4 月 20 日左右，盐碱地播期要适当推迟，防止地温偏低影响出苗。采用 50 厘米等行距，20 厘米株距，每亩 6 600 株左右，播种深度 3～4 厘米，包衣种子每亩播种量 1.5～2 千克。

6. 田间管理 地膜棉播种后要随时检查盖膜情况，如发现封膜不严、大风揭膜或破损，及时用土压严。先覆膜后播种田在出苗前遇雨要破除板结；先播种后覆膜田在棉苗出土后要及时人工打孔放苗，并埋严孔眼。棉花子叶期如发现缺苗立即用芽苗移栽或催芽补种；长出真叶后可采用棉苗带土移栽，栽后浇小水。苗出齐后，及时间苗。2～3 片真叶时定苗，盐碱地可晚 3～5 天定苗。行间露地有杂草时要中耕，膜下生草及时用土压盖。揭膜时间主要根据苗情和土壤墒情而定。一般棉苗进入蕾期后，如果土壤墒情已经很差，无墒可保，就要及时揭膜，然后进行中耕。若棉田底墒较好，就可等降雨前再揭膜。整枝和追肥同高产棉田。

7. 化控 天气干旱、棉苗长势差时不化控。雨水偏多、棉苗有旺长趋势时，进行甲哌鎓化控，但要注意少量多次，蕾期一般亩用甲哌鎓 0.3～0.5 克，初花期 0.5～1 克，花铃期 2～3 克。

8. 病虫害防治 及时防治枯黄萎病、茎枯病以及盲蝽、蚜虫、蓟马等各类病虫害。

9. 催熟 对成熟偏晚的棉田 9 月底或 10 月初喷施乙烯利催熟，每亩用量 200～250 克。

10. 采收 适时收获，收摘时实行"四分"，严防"三丝"，提高棉花质量。

（三）间作套种高效棉田栽培技术要点

1. 棉花-西瓜间作套种 棉花套种西瓜，一般可亩产籽棉 250 千克左右、西瓜 3 000 千克左右。

（1）土壤选择 选择土层深厚、保水保肥能力强、排灌条件好的壤土或沙壤土地块。

（2）施足基肥 中等以上地块亩施厩肥 3 米³、饼肥 100 千克、三元复合肥 30～40 千克，或亩施磷酸二铵 20 千克、45％硫酸钾复混肥 40 千克。施肥方法：土杂肥在耕地前撒施，饼肥可以和三元复合肥混匀后按 1.4 米行距开沟施入，沟宽 40 厘米，沟深 20～30 厘米，将肥与土充分混匀后回填到沟内。

（3）种植样式　1.4 米为一种植带，一行棉花一行西瓜，棉花与西瓜小行距 40 厘米，大行距 100 厘米。棉花株距 15～20 厘米，每亩 2 380～3 170 株；西瓜株距 50 厘米，每亩 950 株左右。

（4）西瓜品种选择　西瓜选择成熟早、产量高、品质好的郑杂系列、京欣系列、抗病早冠龙等。棉花可选择冀丰 106、国欣棉 3 号或其他生育期 130 天左右的高产、优质抗虫棉品种。

（5）西瓜种子处理　播前晒种 2～3 天，注意不能在水泥地、铁器上晒种。将晒好的种子放入 55℃温水中，连续搅拌 15 分钟，自然冷却后，再浸种 4～6 小时，洗净种子表皮的黏液，用湿纱布包好，将种子置于 25～30℃的条件下进行催芽，待种子露白后，即可播种。

（6）西瓜播种　播前浇足底墒水。小拱棚覆盖，每穴点 2 粒种子，播深 2～3 厘米，播好后撒毒饵。盖单层膜的 4 月初播种，盖双层膜的可于 3 月下旬播种。为提高地温，也可在播种前 5～6 天覆地膜，在膜口打孔播种。在地膜覆盖的基础上，再架拱高 50 厘米左右的小拱棚。

（7）西瓜田间管理

①苗期管理。西瓜出苗后及时查补苗。2 片真叶时定苗。棚内温度达到 35℃时放风，瓜苗长出 6～7 片真叶时去掉拱棚，瓜秧放出膜外，拱膜压在地面上作地膜盖好。

②整枝压蔓。采用双蔓整枝，即保留主蔓，再选留一条健壮侧蔓，其余侧蔓及时去掉。压蔓最好在下午进行，一般瓜前一刀要轻，瓜后一刀要重。

③人工辅助授粉。当西瓜第 2～3 朵雌花开放时，在早晨 6—8 时将雄花摘下与雌花柱头对涂，一朵雄花可对涂 2～3 朵雌花。如遇阴雨天气，可给雌、雄花带上纸帽，防止雨淋影响授粉。为使西瓜优质、高产，以选留主蔓第二雌花坐瓜为宜。

④肥水管理。西瓜团棵期每亩追施尿素 5 千克、饼肥 25 千克；在幼瓜长到鸡蛋大小时，每亩追施尿素 5～7.5 千克、硫酸钾 5 千克；当幼瓜长到碗口大时，每亩追施尿素 2.5～5 千克、硫酸钾 2.5～5 千克，并用 0.2%磷酸二氢钾与 0.2%尿素混合溶液进行叶面喷肥 1～2 次。追肥与浇水同时进行。

⑤病虫害防治。西瓜常见病害有枯萎病、炭疽病，病毒病等。枯萎病发病初期，发现零星病株时，可用 12%松脂酸铜乳油 500 倍液或 45%代森铵水剂 800～1 000 倍液灌根。炭疽病可用 70%代森锰锌可湿性粉剂 600 倍液或 58%甲霜·锰锌可湿性粉剂 500 倍液防治。病毒病可于发病初期喷施 20%吗胍·乙酸铜可湿性粉剂 500 倍液或 1.5%植病灵 1 000 倍液防治，每 5～7 天一次，连喷 3 次。西瓜主要害虫有蚜虫和白粉虱，可用吡虫啉防治。西瓜收获前 7～10 天禁止喷施农药。

（8）棉花套种 4月下旬按规定行、株距将棉花套种在西瓜行当中。需要注意的是，西瓜收获前，防治棉花病虫害需要用药时，严禁使用剧毒、高残留农药。6月上中旬西瓜收获后，及时清除瓜蔓、杂草，及时中耕，破除板结。整枝、化控、肥水管理等其他管理同平作棉田。

2. 棉花-洋葱间作套种 棉花与洋葱间作栽培，一般可亩产籽棉200～250千克，洋葱3 000～5 000千克。

（1）种植样式 1.7米一带，种2行棉花，4行洋葱。采用高垄低畦栽培，高垄垄顶宽70厘米，垄高20厘米，低畦畦底宽90厘米。高垄上种2行棉花，行距50厘米，株距25厘米，密度3 000株/亩，低畦栽4行洋葱，行距20厘米，株距15厘米，棉花和洋葱间距30厘米，亩栽洋葱10 500株。

（2）洋葱品种选择 洋葱选择美国太阳牌或国内高桩黄皮洋葱，也可用邯郸紫星洋葱。棉花选用冀丰197、DP99B等早熟不早衰的品种。

（3）洋葱栽培技术

①育苗。播前先用15℃凉水浸湿种子，然后放到50～55℃温水中浸泡15分钟，冷却到20℃再浸泡8～12小时。浸种后捞出洗净，进行催芽，25～28℃恒温下催2～3天，每天翻几次，并用清水淘洗2～3次。9月10日左右育苗，苗床选地势高、透性好、排灌良好、土质肥沃且不重茬的地块，按苗床与定植面积1：10的比例确定苗床面积，整地作畦，畦宽1.2米，长10～15米。整好畦后浇水，水渗后按种子与细沙土1：10的比例混合后撒播，每亩苗床播种量为进口精装种2～2.5千克，国产散装种子5～6千克。播后盖过筛土0.5～1厘米，再撒施农药，防治地下害虫。出苗前后注意及时除草，苗高4～5厘米时，进行间苗、补苗，保证苗距3～4厘米。畦面干燥时适量浇水，结合浇水追施尿素10～15千克/亩。

②定植。一般10月下旬定植。定植前亩施腐熟有机肥4米^3，磷酸二铵50千克，过磷酸钙50千克，深施整平。按行距20厘米，株距15厘米，大小苗分畦定植。定植深度以埋没小鳞茎1厘米且浇水后不漂秧为宜，结合开沟定植，用药剂防治地下害虫，定植后立即浇缓苗水，水渗后及时锄划，提高地温，促进根系再生。封冻前浇足冻水，进行地膜覆盖。

③田间管理。翌春返青后及时放苗，前期一般控制浇水，追肥以叶面喷施为主，当地下鳞茎长到4～5厘米时，肥水齐攻，保持湿润不干裂，至采收约需浇水4～5次，每次浇水都要追肥，前两次亩施尿素10～15千克，后两次亩施硝酸钾5～10千克。收获前10天停止浇水，遇雨及时排水。注意防治潜叶蝇、葱蓟马、根蛆、灰霉病、霜霉病等病虫害。

④采收及贮藏。6月上旬2/3植株叶片变黄，并开始倒伏，外层鳞片变干时要及时采收，然后带叶摊开晾晒，扎捆风干。待洋葱充分干燥后装筐于通风

处贮藏。

（4）棉花栽培技术　棉花于 4 月 25—30 日按规定株行距套种于洋葱行间，亩用种 1～1.5 千克。出苗后，及时放苗并进行查苗补苗，培育壮苗。洋葱收获后，及时中耕、松土、锄草，防治苗期病虫害。整枝、化控、肥水管理、病虫害防治等其他管理同平作棉田。

3. 棉花-大蒜间作套种　棉花与大蒜间作，一般亩产籽棉 200～250 千克，蒜薹 200～300 千克，蒜头 1 000 千克左右。

（1）种植模式　1.6 米一个种植带，起垄种植。垄高 20 厘米，垄宽 80 厘米，垄畦 80 厘米。在垄上种 2 行棉花，底上种植 5 行大蒜。棉花大行距 1 米，小行距 60 厘米，株距 25 厘米，每亩 3 330 株左右；大蒜行距 15 厘米，株距 10 厘米，每亩 2 万株左右。

（2）大蒜品种选择　大蒜选用山东苍山大蒜、早薹蒜或其他抗寒性强、抽薹率高、抗病、耐储存的优良早熟品种；棉花品种选用 DP99B、冀棉 298 等早熟不早衰的品种。

（3）播种　棉花、大蒜间作需肥量较大，基肥一定要施足。一般亩施优质粗肥 5～6 米^3、硫酸钾 50 千克，然后精细整地，起垄种植。大蒜种瓣的好坏与大小对蒜薹和蒜头的产量影响很大，因此播前要进行头选、瓣选，剔除伤瓣、小瓣、霉瓣，选用瓣大洁白、无伤口、无病斑、顶芽壮的作种瓣，并按蒜瓣的大小进行分级，分别栽种。大蒜的适宜播期是秋分至寒露，每亩用蒜种约 150～200 千克，适宜播种深度 3 厘米。播后要埋实，浇蒙头水，用地膜覆盖，将地膜两边拉紧埋实，以防风揭膜。棉花的适宜播期为 4 月 25—30 日，播种量 1～1.5 千克/亩，适宜播种深度 3 厘米，可以先覆膜后穴播，也可先播种后覆膜。

（4）田间管理技术

①大蒜。大蒜播种后 7～10 天出土，苗出齐后及时打孔放风。浇水掌握不旱不浇，一般年份在冬前应适当控制浇水。翌年春分后蒜叶生长转旺，气温高而稳定且墒情不足时，可以浇返青水，结合浇水亩追尿素 15～20 千克。大蒜退母后，地下部发出第二批新根，花芽和鳞芽开始分化，植株进入旺盛生长期。因此，最好在退母结束前 5～7 天浇水，而后每隔 7 天浇 1 次水。大蒜退母前后是蒜蛆主要危害时期，可用 90% 敌百虫晶体 800～1 000 倍液或 40% 乐果乳剂 800～1 000 倍液灌根，及时防治。蒜薹伸长期，追肥一般进行 2 次，第一次在甩尾期进行，隔 7～10 天后再追一次，每亩追施尿素 5～10 千克。采薹前 3～4 天停止浇水，以免采薹时脆嫩易折断。采薹后立即浇 1 次水，结合浇水每亩追施尿素 10 千克，以后每隔 5 天左右浇 1 次水，要小水勤浇，土壤不能干旱，直到收获蒜头前 5～7 天停止浇水，以防蒜头含水过

多，不耐贮藏。

②棉花。棉花出苗后及时放苗并注意查苗、补苗，培育壮苗，3 片真叶时定苗。大蒜收获后，及时中耕、除草、松土，7 月 15 日前后打顶尖，后期进行叶面喷肥、化控、整枝、肥水管理、病虫害防治同于平作棉田。

4. 棉花-马铃薯间作　棉花与马铃薯间作，一般亩产籽棉 200～250 千克，马铃薯 1 500 千克左右。

（1）种植形式　采用 140 厘米一带，起垄种植，垄面宽 60 厘米，垄高 20 厘米，垄上种植两行棉花，棉花行距 40 厘米，株距 25 厘米；垄底 80 厘米种植两行马铃薯，行距 40 厘米，株距 25 厘米，两边距棉花行 30 厘米。

（2）马铃薯品种选择　马铃薯选用优质、高产、早熟、株型紧凑的品种，如津引 8 号，种薯必须是脱毒马铃薯。棉花品种可选用 DP99B、冀丰 197 等早熟不早衰的品种。

（3）播种　选择有水浇条件、疏松肥沃的沙壤土或壤土，精耕细耙，耕前每亩基施优质粗肥 3～4 米^3、磷酸二铵 20 千克或过磷酸钙 60 千克、尿素 10 千克，硫酸钾肥 10 千克。马铃薯播前 20～30 天，选择健康、脱毒种薯于 15～20℃条件下（室内或大棚内）摊开进行催芽，待芽催出 80％时即可切块播种。每个切块至少一个芽眼，重约 25 克，稍晾后拌上草木灰播种，2 月底或 3 月上旬播种，地膜覆盖，亩用种薯 100 千克左右。棉花于 5 月 1—5 日播种，播后覆盖地膜，或先盖地膜再打孔播种。

（4）田间管理

①马铃薯。出苗后，及时破膜放苗，封垄前中耕除草培土 2～3 次。第一次在苗高 10 厘米时（约在 4 月 25 日后）撤膜浅培土 5～6 厘米高，同时浇一次半沟水；苗高 25 厘米时第二次培土，浇一次 2/3 沟水，并亩追施尿素 10 千克；封垄前要再培土。现蕾期浇 1 次平垄水，盛花期保持地面见干见湿，收获前 10 天停止浇水。幼苗至封垄前叶面喷施 0.2％磷酸二氢钾 3～5 次。如发现植株有徒长现象，可喷 100 摩/升的多效唑 1～2 次。6 月上中旬，视市场价格收获。

②棉花。棉花出苗后及时放苗并注意查苗、补苗，培育壮苗，3 片真叶时定苗。马铃薯收获后，及时中耕、除草、松土，7 月 15 日前后打顶尖，后期进行叶面喷肥、化控、整枝、肥水管理、病虫害防治同于平作棉田。

5. 棉花-甘蓝间作套种　棉花、甘蓝间作，一般亩产籽棉 200～250 千克，甘蓝 2 500 千克左右。

（1）种植模式　1.5 米为一种植带，上垄宽 70 厘米，垄底宽 80 厘米。垄上种 2 行棉花，垄底定植 2 行甘蓝。棉花地膜覆盖大小行种植，大行距 100 厘米，小行距 50 厘米，株距 25 厘米，每亩 3 500 株左右；甘蓝大行距

110 厘米，小行距 40 厘米，株距 25 厘米，每亩 3 550 株。

（2）甘蓝品种选择　甘蓝采用早熟、高产、耐寒品种，如春早 40、精选 8398、中甘 11 等；棉花选择优质、高产、抗病、早熟不早衰的品种，如 DP99B、冀丰 106、冀 589 等。

（3）甘蓝栽培管理要点

①育苗。甘蓝育苗一般采用温室或阳畦育苗，育苗时间 12 月下旬至 1 月上旬。将充分腐熟的农家肥洒在苗床表面，翻耕，踏实耙平，浇透水后干籽播种。每 10 米² 播种子 100 克，可定植 1 亩左右。待水渗下后，均匀盖一层 0.5 厘米厚的细土，最后在畦面上盖一层地膜，苗出土后，撤掉地膜。苗期适宜生长温度为白天 10～25℃，夜间 6～8℃。整个苗期注意放风，降低湿度。

②定植。冬耕前，亩施农家肥 3～5 米³，磷酸二铵 50 千克，耕后及时平整土地，按 150 厘米的带距起垄，按 1 米间距插好竹片，埋好立柱，浇好越冬水。定植前 20 天盖好小拱棚烤畦。当苗龄 6～7 片真叶时低温炼苗 5～7 天准备定植。3 月上中旬选择比较暖和的天气进行带土坨定植。定植后立即浇水（定植稳苗水），迅速把小拱棚的棚膜盖好压实，缓苗期（定植后 10 天内）不要放风。

③田间管理。缓苗后选晴暖天气，中午揭开棚膜，进行中耕。定植后 10～15 天浇第一次水（缓苗生长水），结合浇水亩施尿素 7～10 千克。莲座结球时浇第二水，结合浇水亩追施尿素 15 千克、硫酸钾 10 千克。结球膨大期浇第三水，亩追施尿素 15 千克。注意浇水施肥后放风，防止氨中毒。定植后期适宜生长温度为白天 15～25℃，夜间 10～15℃。定植后放风按照"循序渐进、先小后大"的原则，中午揭开棚膜放风。

3 月底外界温度超过 10℃时，逐渐加大放风量，直至全天放风。4 月底至 5 月初，当球叶基本长成时，根据市场情况收获上市。

（4）棉花管理技术　4 月 30 日左右，按预定行株距在垄上播种两行棉花。田间管理措施同平作棉田。

6. 棉花-天鹰椒间作套种　棉花与天鹰椒间作，一般亩产籽棉 200～ 250 千克，天鹰椒 200 千克左右。

（1）种植样式　2 米为一种植带，种植 2 行棉花，2 行天鹰椒。棉花小行距 60 厘米，大行距 140 厘米，株距 20～25 厘米，每亩 2 800～3 000 株，天鹰椒套种在棉花大行中间，小行距 40 厘米，大行距 160 厘米，穴距 20 厘米，每穴 2～3 株，每亩 7 000 株左右。

（2）天鹰椒品种选择　天鹰椒选择株型紧凑、生长势强、结果率高、早熟、高产、抗病的品种，如新抗 1 号等。棉花选择高产、优质、抗病的中早熟品种，如 DP99B、冀丰 106 等。

（3）天鹰椒栽培管理技术

①育苗。育苗时间在 3 月上旬。选择土质肥沃、排灌良好、背风向阳的地块。采用东西走向半地下式苗床。用腐熟鸡粪掺入适量全元复合速效化肥配制床土，铺 4～5 厘米厚，搂平，浇透水备播。将天鹰椒种子用 55℃温水浸泡 30～40 分钟后，在 35℃左右的环境下保温催芽 2～3 天，待大部分种子萌动露白时，均匀撒在苗床上，筛细土覆盖 1～1.5 厘米，并用薄膜封严，苗龄 50 天左右。苗子出齐后，注意喷水保湿，长到 3 片真叶时开始放风，苗长高后，经常揭膜炼苗，用竹片支撑薄膜，防止秧苗顶膜灼伤。

②整地与移栽。秋季翻耕蓄墒，开春每亩基施优质有机肥 3～4 米^3，硫酸钾全元素复合肥 50～60 千克，灌足底墒水，然后盖膜，4 月底至 5 月初，选择无风晴好天气，用一头削尖的木棍在地膜两侧扎洞移栽，小行距 40 厘米，大行距 160 厘米，穴距 20 厘米。栽后浇小水缓苗，浇水倒伏的秧苗应及时培土扶正。

③田间管理。缓苗后，在椒苗基部培土，适度蹲苗。顶端现蕾及时摘心，促进侧枝发育，是提高产量的重要措施。单株有效侧枝 10～12 个，每侧枝 2～3 簇天鹰椒。夏季高温阴雨时，要做好软腐病、细菌性角斑病的预防工作，防止落叶、落花、落果等现象发生。遇强降雨时，注意排除田间积水，并注意中耕散墒，防止渍害死苗。7 月下旬天气干旱普浇一水，促进棉花与天鹰椒开花现蕾。病害防治：防治炭疽病，可用 75%百菌清可湿性粉剂 800 倍液，隔7～10 天喷一次，连续 2～3 次；防治疫病，用 72.2%霜霉威盐酸盐水剂600～800 倍液或 64%噁霜·锰锌可湿性粉剂 500 倍液，每隔7～9 天喷一次，连续2～3 次。一般在早霜到来前，植株叶片变黄、椒果红透时，即可收获。

（4）棉花栽培技术　棉花与天鹰椒同期盖膜，以保住底墒，利于节水，4 月 20—25 日播种，每穴 2～3 粒种子，最后留一株健壮棉苗。其他管理与一般地膜棉相同。

7. 棉花-小拱棚韭菜间作套种栽培技术　棉花与小拱棚韭菜间作，一般产籽棉 145 千克/亩，韭菜三茬总产 4 500 千克/亩，纯效益 6 500 元/亩左右。

（1）种植样式　棉花与小拱棚韭菜间作，小拱棚韭菜畦宽 2.2 米，东西向；畦间作业道宽 1.2 米，种两行棉花。棉花行距 60 厘米，株距 25 厘米，密度 900 株/亩。

（2）品种选择　韭菜选用抗寒性强、分蘖力强、叶片宽厚、假茎粗壮的平韭 6 号、独根红等。棉花选用 DP99B、冀丰 106、冀 589 或其他高产、优质、抗病的基因抗虫棉品种。种子应包衣。

（3）小拱棚韭菜栽培管理技术

①小拱棚建造。小拱棚随用随建。在畦埂上每隔 50 厘米呈拱形插一根 4 米长竹片，插入深度 30 厘米，拱高 1.2 米，每 5～6 米设一根立柱，立柱上方拉一根直径 10 毫米钢丝，小拱棚两头各挖一深坑，钢丝两端坠石块等重物埋入坑中，小拱棚上面盖韭菜专用膜，每隔 1～3 米用压膜线压固，15～20 米设一通风口，膜面覆盖草苫或二层膜。

②播种。播前先按 2.2 米宽的埂作畦起土 5～7 厘米，放在作业道上，然后施足基肥，每亩施用优质腐熟有机肥 3 000 千克、硫酸钾复合肥 30 千克，浇足底墒水，每亩浇 60～70 米³，作畦整地，畦长 20 米以上。播前晒种，然后冷水浸种 5～6 小时，取出沥干，待播。播种时间一般在 4 月 10—20 日，东西向播种，行距 31～33 厘米，播量每亩 5～6 千克，播后覆土 1 厘米厚，每亩喷施除草剂 150 毫升，最后盖地膜，出苗后及时去膜，防止烧苗。4 月 20 日以后播的可不盖膜。

③田间管理。出苗后，第三片真叶出现时，可浇第一水，6 月下旬前以促为主，6 月下旬至 8 月上旬以控为主，不特别干旱不浇水，雨大时排水，防倒伏。立秋后天气渐凉，适合韭菜生长，以促为主，使韭菜根部贮存更多营养，供冬季生长利用。可根据天气及墒情浇 2～3 水，每次每亩灌水量 20～30 米³，结合浇水亩施硫酸钾复合肥 50～60 千克，施肥后培土。立冬后，韭菜进入休眠期，要把地上部干枯残株清除干净，结合浇冻水，亩施饼肥 200 千克或腐熟鸡粪 1 000 千克，磷酸二铵 25 千克，浇水量以备足扣棚生产利用为度。浇冻水后，喷施韭菜专用除草剂。11 月中旬扣棚，此时，韭菜已完全进入休眠期。一是土壤化冻后进行行间松土，提高地温。二是剔根紧撮，治韭蛆。1～2 年生韭菜可不紧撮，但必须治韭蛆。三是培土，韭菜长到 7～8 厘米高时培土，高度以 5 厘米为宜。四是调节温湿度，冬季以保温为主，看天气灵活掌握揭盖草苫时间，进入严冬晚揭早盖。阴雪天不揭，连阴暴晴，即晴即揭，中午要回苫。一般棚温控制在白天 20～24℃、夜间 12～14℃，长到 10 厘米高后，白天 15～20℃、夜间 6～10℃，低于 5～6℃时应增加二层膜保温。以后一茬、二茬收获后管理同样遵循前高后低原则，以利于韭菜生长和防病。浇水后及时放风，空气湿度掌握在 60%～70%。第一茬一般不浇水。二、三茬在苗高 7～8 厘米时各浇一水，结合浇水亩追施硫酸钾复合肥 15 千克。第一茬从扣棚到收割约需 50 天，第二茬需 30 天，第三茬 25 天。一般在清晨不揭苫收割，收割茬口不要过低，一般在地皮以上 2～3 厘米，收割后及时松土晒根。春分前后，收下第三茬韭菜时及时拆棚，拆棚后以养根壮秧为中心，不再收割，开花后在花薹幼嫩时及时采收，以利于培养健壮根株，为下年冬季生产做好准备。每年春季 3 月和秋季 9 月为韭蛆危害盛期，可用韭保净灌根，扣棚后再防治一次。

防治灰霉病可亩用 75％百菌清可湿性粉剂 500～600 倍液或 50％腐霉利可湿性粉剂 1 000 倍液喷雾防治。

（4）棉花栽培管理技术　拆棚后，在作业道上每亩条施优质粗肥 500 千克，磷酸二铵 10 千克，尿素 10～12 千克，深翻，整平，4 月 25—30 日穴播。采用简化整枝与化控相结合的方法，单株留 2～3 个叶枝作为结果枝，提高单株结铃率。其他管理与平作棉花相同。在韭菜扣棚生产前拔除棉花，恢复韭菜作业道。

棉花病虫害的发生与防治

孙锡生

一、棉花主要害虫

在棉花上危害的害虫主要有棉铃虫、棉蚜、棉红蜘蛛、棉蓟马、棉盲蝽、叶蝉和烟粉虱。

(一) 棉铃虫

棉铃虫是一种广泛分布于世界各地的害虫,寄主很广,除棉花外,主要危害茄科作物和豆类、瓜类,还可危害小麦、玉米、高粱、芝麻、向日葵、苹果、梨、桃、葡萄等。成虫多昼伏夜出,有趋光性和趋化性。棉铃虫产卵多喜已经现蕾和生长高大的植株。幼虫首先在嫩叶危害,2龄开始蛀蕾、花和果。

目前,棉田防治棉铃虫主要依靠抗虫棉。抗虫棉对棉铃虫、玉米螟等鳞翅目害虫具有较好的抗性,但是也存在着很多问题。一是品种繁多、市场混乱,不同品种抗虫性差异大。二是棉铃虫对抗虫棉也能产生抗性。长期使用,棉铃虫对抗虫毒素也会产生抗性。三是抗虫棉在不同生育期对棉铃虫的抗性差异较大。抗虫棉在生长前期(即苗期和蕾期)杀虫蛋白基因量较高,对棉铃虫的抗性强。因此,抗虫棉对二代棉铃虫控制效果较好,一般发生年份不需要进行防治;对三、四代棉铃虫的控制效果较弱,必须加强监测并酌情开展药剂防治。四是抗虫棉并不是无虫棉,抗虫棉仅对棉铃虫、造桥虫、玉米螟等鳞翅目害虫具有抗性,对棉蚜、棉红蜘蛛、棉蓟马、棉盲蝽、叶蝉、白粉虱等刺吸式害虫没有抗性。一般来说种植了正规的抗虫棉,二代棉铃虫不需要防治,主要防治三代。

1. 农业措施

(1) 种植玉米诱蛾产卵　用玉米诱蛾产卵,在玉米上集中防治。

(2) 杨树把诱虫　用半萎蔫的杨树把诱虫,消灭成虫。

(3) 灯光诱杀成虫　用高压汞灯、黑光灯诱杀成虫。

2. 化学防治　根据以上抗虫棉的特点,防治三、四代棉铃虫应选用以下农药:6%阿维·氯虫苯甲酰胺悬浮剂2 000倍液;5%氟啶脲乳油(抑太保)

1 000 倍液（提前 2～3 天施用）；1％甲氨基阿维菌素苯甲酸盐（甲维盐）乳油 2 000 倍液；2.5％多杀菌素水悬浮剂 1 000～1 500 倍；44％丙溴磷乳油＋2.5％高效氯氟氰菊酯（功夫）乳油 1 000 倍液。用药技术（包括防治时间、施药器械、用药液量、药液均匀度）是防治效果的关键。喷药时间以傍晚为最佳，应在幼虫 3 龄前用药。

（二）棉盲蝽

棉盲蝽种类有绿盲蝽、三点盲蝽、苜蓿盲蝽等，以绿盲蝽为主，主要危害棉花、枣树、葡萄、玉米、苜蓿等作物。

1. 绿盲蝽活动规律 绿盲蝽成虫有转移迁飞的习性和趋光性，上午 9 时以前或下午 5 时以后，在棉株顶部活动，中午多在棉株的中部及叶背面休息，夜间活动取食，但阴雨天能整日活动，绿盲蝽成虫具有较强的飞翔能力，多在夜间产卵活动。

2. 绿盲蝽习性 喜欢温暖潮湿，温度在 25～30℃，相对湿度在 80％左右时，最适宜其繁殖。

3. 发生规律 河北省 1 年发生 5 代，以卵在枣树等果树内越冬，4 月中、下旬越冬卵开始孵化并危害繁殖。主要危害枣树及其他早春作物。6 月上旬第二代成虫开始羽化，多数飞到棉田危害并产卵，高峰期为 6 月中、下旬。卵多产在棉花嫩茎、叶脉等组织中，一般每处数粒至数十粒。一般生长旺盛的棉田落卵量多，有趋向现蕾开花植物产卵的习性，成、若虫均有趋嫩绿、顶端和繁殖器官危害的习性。一般播种早、苗壮早发、地膜覆盖、生长旺盛、现蕾早的棉田，盲蝽进入早、危害重。密植的、植株高大茂密的，生长嫩绿、含氮量高的棉株受害重。与其寄主作物间作、套种或前后茬的棉田，盲蝽的发生量也很大。7 月、8 月除了一部分还在棉花上危害之外，有些扩散到其他作物及杂草上进行危害，其扩散特点包括两个，即趋嫩和逐花。9 月初开始又陆续由棉田或其他作物田返回枣树，并产卵越冬。绿盲蝽对棉花的危害时间长，从幼苗一直到吐絮期，危害期长达 5 个月，以花铃期第二、三代棉盲蝽危害最为严重。

4. 危害症状 以刺吸式口器刺吸棉株嫩头、幼芽、生长点、幼嫩花蕾及果实汁液，造成种种危害状。

（1）生长点被害 侧生许多不定芽，形成"破头疯"或"扫帚苗"。

（2）幼叶被害 叶子长大后，形成破洞，俗称"破叶疯"。

（3）幼蕾、幼铃被害 先变成黄褐色至黑褐色，最后干枯脱落。

（4）花顶部受伤 形成无头棉，以后形成多头棉。

5. 防治措施 采取"狠治二代成虫"的策略，提前防治，重点放在 6 月中下旬成虫迁入期。喷雾要均匀周到，重点喷棉花顶尖和花蕾。保证喷施的药液量，一般药液量为棉花前期 50 千克/亩左右，中、后期 75 千克/亩左右。

用药品种：以触杀和内吸性较强的药剂混合喷施效果最好。可选用的药剂有：45％马拉硫磷乳油、40％辛硫磷乳油、10％吡虫啉可湿性粉剂等。药剂混配防治效果更佳。

防治时间：第二代成虫迁飞期，即 6 月中下旬绿盲蝽成虫迁入棉田始期。以 5～7 天的间隔喷药三次。

（三）棉蚜

棉蚜是棉花产区的主要害虫之一，也是影响棉花产量和品质的主要因素之一。

1. 危害特点 棉蚜以刺吸口器刺入棉叶背面或嫩头，吸食汁液。苗期受害，棉叶卷缩，开花结铃期推迟；成株期受害，上部叶片卷缩，中部叶片现出油光，下位叶片枯黄脱落，叶表有蚜虫排泄的蜜露，易导致霉菌滋生。蕾铃受害，易落蕾，影响棉株发育。

2. 棉蚜种类 无翅蚜和有翅蚜。

3. 生活习性 棉蚜在棉田按季节可分为苗蚜和伏蚜。苗蚜发生在出苗到 6 月底，5 月中旬现蕾以前，进入危害盛期。苗蚜适应偏低的温度，气温高于 27℃繁殖受抑制，虫口迅速降低。伏蚜发生在 7 月中下旬至 8 月，适应偏高的温度，27～28℃大量繁殖，当日均温高于 30℃时，虫口数量逐渐减退。

4. 防治方法

（1）农业防治 冬春两季铲除田边、地头杂草，早春往越冬寄主上喷洒化学杀虫剂，消灭越冬寄主上的蚜虫。

（2）种子处理 用 60％吡虫啉悬浮种衣剂、70％吡虫啉水分散粒剂或 10％吡虫啉可湿性粉剂拌种，有效成分用量 50～60 克拌棉种 100 千克。

（3）喷药防治 用 10％吡虫啉可湿性粉剂 1 000 倍液、5％啶虫脒乳油 1 000 倍液等进行及时防治（兼治可能同时发生的蓟马和绿盲蝽）。

（四）棉红蜘蛛

1. 发生规律 棉红蜘蛛在棉花上发生主要有三个高峰：一是苗期，二是干旱的伏天，三是初秋季节。棉红蜘蛛在高温干旱时发生严重，危害从下部叶片开始。

2. 防治措施

（1）农业防治措施

①清洁田园，破坏棉红蜘蛛越冬场所，对棉田周围防护林的残枝落叶进行清除，开春前对堆放的棉秸进行处理，消灭越冬雌红蜘蛛。

②清除杂草。铲除杂草有利于破坏棉红蜘蛛的越冬场所。

（2）**药剂防治**　可用 1.8％阿维菌素乳油 3 000 倍液、15％哒螨灵乳油 1 500 倍液等。

（五）烟粉虱

1. 发生规律　烟粉虱 6 月中旬开始迁入棉田，7 月中下旬以后大量迁入棉田，随着温度的升高其种群数量迅速上升，分别在 8 月中、下旬和 9 月中旬达到高峰。

2. 危害特点　以成虫、若虫直接在棉花叶片刺吸汁液、大量消耗同化物，造成植株衰弱，导致受害叶片褪绿，严重时叶片失水枯死脱落，棉株中上部掉蕾落铃。若虫和成虫分泌蜜露，诱发煤污病。烟粉虱还可传播病毒病。

3. 防治方法　70％吡虫啉水分散粒剂 2 000 倍液；100 克/升联苯菊酯乳油 1 500 倍液；50％吡蚜酮水分散粒剂 3 000 倍液；1.8％阿维菌素乳油 1 000 倍液；25％噻虫嗪水分散粒剂 1 000 倍液；1％甲氨基阿维菌素苯甲酸盐乳油 1 500 倍液。

二、棉花主要病害

（一）棉花病害发生概况

我国已发现的棉花病害有 40 多种。其中常见的有立枯病、炭疽病、红腐病、枯萎病、黄萎病、茎枯病、疫病、黑斑病、红粉病、细菌性角斑病、猝倒病、黑果病、白绢病、生理性凋枯病、根结线虫病等 15 种。从病原来看，棉花病害主要是真菌性病害。从危害程度来看，以枯萎病和黄萎病危害最为严重。

（二）棉花病原菌的主要传播途径

1. 种子带菌　在病株上收下来的种子以及健康种子与带菌种子混合收、轧、储藏传染引起。

2. 土壤带菌　病种子生长的土壤，其病株残体散落在土壤中污染的结果，连茬种植多年后，辗转侵染，土壤中带菌量累积越来越多，导致恶性循环。

3. 粪肥带菌　用带病植株残体沤制土粪肥，未能经高温杀死病原菌，施入土地后继续污染土壤和种子。

4. 气流传播　大风雨不仅携带病原菌，并且也能造成植株摩擦成伤口，有利于病菌直接侵染。

5. 昆虫传播　害虫咬食植株后，造成伤口，通过气流和昆虫携带病原菌而侵染。

6. 人为活动　调运未经检疫的种子，是人为传播病害的主要途径。

在上述 6 种传播途径中，种子带菌是最主要的，病株残体是土壤和粪肥的直接污染源，应作为控制病害的着眼点。

（三）棉花苗期病害

棉花苗期病害是一类由多种病菌侵染的、分布广泛、危害棉花种子萌发和幼苗生长的病害。主要有立枯病、猝倒病、炭疽病、红腐病、棉苗疫病、黑斑病等，严重发生年份烂种、烂芽和死苗情况严重，造成田间缺苗断垄，甚至毁种重播。发生轻时，棉苗生长迟缓，形成弱苗，影响棉花产量。

1. 立枯病　种子出土前可造成烂种烂芽，棉苗出土后，在接近地面的幼茎基部出现黄褐色病斑，逐渐扩大，凹陷，严重的可以扩展到茎的四周，凹陷加深，常成缢缩状，颜色变为黑色。

2. 猝倒病　种子出土前可造成棉籽水渍状腐烂，棉苗出土后，在幼茎基部呈现黄色水渍状病斑，严重时病部变软腐烂，颜色加深呈黄褐色，幼苗迅速萎蔫倒伏。与立枯病不同的是，猝倒病棉苗茎基部没有褐色凹陷病斑。

3. 炭疽病　发生在幼苗茎基部或稍偏上的茎部，出现紫红色至紫褐色条纹，后扩大成梭形病斑，稍凹陷，严重时失水纵裂，幼苗萎蔫死亡。潮湿时，病斑上产生橘红色黏性物质。叶受害时，叶缘产生半圆形褐色病斑，边缘深红褐色，严重时落叶枯死。

4. 红腐病　幼芽染病，造成烂芽，呈红褐色。幼苗染病，首先由根尖发病，以后蔓延到全根，土面以下受害的嫩茎和幼根变粗是该病的重要特征。棉铃染病，病斑形状不规则，外有红粉，再后常粘在一起成为粉红色块状物，重病铃不开裂，成为僵瓣。

5. 黑斑病　苗期子叶或真叶发病时，叶面产生红绿色小点，随后逐渐扩展成红褐色病斑，近圆形或不规则，无明显同心轮纹。天气潮湿时，病斑表面产生明显的黑色霉层。子叶叶柄受害时，出现黑褐色条斑，常造成子叶脱落，成株期发病，叶片多为圆形或近圆形，有同心轮纹，病斑可干裂破碎，病叶枯萎脱落。

（四）棉花枯、黄萎病

棉花枯、黄萎病是棉花生产上的严重病害，被列为检疫性对象。目前，这两种病害在中国各棉区都已出现。生产上多属于二病混生类型。

1. 枯萎病发病规律及危害症状　土温20℃左右开始侵染棉苗，随着地温上升，田间枯萎病苗率显著增加，北方棉区在6月底至7月初地温达到25～30℃，枯萎病达到发病高峰。夏季土温≥33℃以上时，病势暂停发展，进入潜伏期。当土温适宜时，雨量也是影响发病的一个重要因素。一般6月雨量大和分布均匀，则发病严重；雨量小或降雨集中，则发病较轻。发病程度与棉花的生育期也有很大关系。研究表明，虽然棉花在苗期就可感病死亡，但棉花枯萎病在棉花现蕾前后达到发病高峰。

枯萎病具毁灭性，一旦发生很难根治。该病常使棉苗枯死、植株畸形，叶片功能下降。重病株于苗期或蕾铃期枯死，甚至毁种改茬；轻病株发育迟缓，结铃少，纤维品质和产量下降，造成巨大损失。通过育种家的努力，已经筛选出大量的高抗枯萎病棉花品种，随着这些抗病品种种植面积的扩大，各棉区基本上控制了棉花枯萎病的危害。但是近几年枯萎病又有所抬头，其原因可能有两个，一是枯萎菌发生了变异，二是新品种的选育对抗枯性有所忽视。

2. 黄萎病发病特点及危害症状 发病原因主要有种子带菌、根部侵染。发病最适条件：25～28℃和湿度≥70%。病原菌可在土壤中长期存活，80%在0～40厘米耕层，为初侵染源。寄主范围广，包括棉花、茄子、马铃薯、番茄、杏树、鳄梨树、桃树、菊花、玫瑰花等。

病株由下部叶片开始发病，逐渐向上发展。发病初期，病叶边缘和叶脉之间的叶肉部分局部出现淡黄色斑块并发软，形状不规则。随着病势的发展，淡黄色的病斑颜色逐渐加深，呈黄色至褐色。病叶边缘向上卷曲，主脉和主脉附近的叶肉仍然保持绿色，整个叶片呈掌状枯斑，即常说的"鸡爪状"。严重感病的棉株，整个叶片枯焦破碎，脱落成光秆。有时在病株的茎基部或落叶的叶腋处，可长出赘芽和枝叶。

（五）棉花铃期病害

棉花铃期病害症状主要表现为烂铃和僵瓣，棉田中发生极为普遍。烂铃多发生在中下部的棉铃，因此对产量的影响很大。通常我国北部棉区比南部棉区烂铃轻。主要种类有棉铃疫病、炭疽病、黑果病和软腐病。

（六）棉花生理性早衰

棉花红（黄）叶枯病常造成棉花生理性早衰。一般在蕾期开始发病，盛花期普遍发生，结铃期严重发生，吐絮期成片死亡。一般年份发病率10%，严重年份达90%，个别田块绝产。造成棉花生理性早衰的原因主要为土壤（多发生在瘠薄土壤）、气候（棉花生长前期雨水多，地上部生长快，但根系浅，吸收养分能力差，发病重；7—8月干旱又遇暴雨骤晴，蒸腾作用旺盛，出现生理失调，发病重）、连作、钾肥不足。

三、棉花病虫害的综合治理

（一）包衣或拌种

目前市场上的包衣剂、拌种剂多含有福美双、多菌灵、克百威等有效成分，具有一定效果。但是对棉蚜、黄枯萎病都达不到较好的控制效果。建议在其基础上，再加拌吡虫啉和菌净。70%吡虫啉可分散粒剂15克拌种子1.5～2.5千克，微生物农药菌净（有效成分含量为每克10亿芽孢）可湿性粉剂按种子量10%拌种，可有效防治棉花枯萎病和棉花黄萎病。苗期虫害主要是棉蚜，以及可能发生的蓟马、红蜘蛛。用吡虫啉拌种的棉花棉蚜发生较晚，可节省1～2次喷药。喷药选择吡虫啉，可兼治蓟马等，要求喷匀喷透。如发生红蜘蛛，喷施哒螨灵防治。苗期若遇到低温多雨天气，应喷施50％多菌灵可湿性粉剂或70％代森锰锌可湿性粉剂500～700倍液防治。

（二）化学防治

1. 现蕾期 如果选择了优质的抗虫棉，这一代棉铃虫无须防治。但如果抗虫性差，则在6月底至7月初喷施甲氨基阿维菌素苯甲酸盐、氯虫苯甲酰胺等药剂防治。6月中下旬是绿盲蝽外面的成虫向棉田迁入的关键时期，应重点防治。田埂及路边杂草是很多害虫和病菌的中间寄主或初侵染来源，应在杂草基本出齐苗后、结实前使用灭生性除草剂处理。

2. 花铃期 此阶段的防治重点是几种害虫，选择的药剂最好能够兼治。甲氨基阿维菌素苯甲酸盐能兼治棉铃虫和绿盲蝽；吡虫啉能兼治棉蚜和绿盲蝽；氯虫苯甲酰胺对棉铃虫高效。根据害虫实际发生情况选择应用，但一定要注意喷药的质量。

3. 吐絮期 这一阶段时间较长，棉铃虫和烂铃病是防治重点。烂铃病发生初期可通过喷施百菌清、多菌灵等进行防治，同时要做好化控、防倒伏。入秋后雨水减少可能导致红蜘蛛发生，可用阿维菌素防治。

棉花机采模式轻简化
五统一种植技术

祁　婧　刘贞贞

一、技术基本情况

依据环渤海及黑龙港区域淡水资源匮缺，春季干旱、夏季雨丰、秋季日照充足的生态条件和棉花生育特点，针对盐碱旱地棉花生产保苗难、管理繁、烂铃多、难以实现机械化采收的问题，历时七年不同气候年型试验研究，三年示范验证，创新旱碱地棉花集雨节肥省工提质增效五统一技术，制定了《旱碱地棉花集雨增效种植技术规程》，2017年审定，居国内领先水平，编号：DB13/T 2534—2017。一膜双沟垄作集雨机采种植模式，把春季无效降水变为有效降水，解决春季干旱保苗难的技术问题；晚播种、增密度、早摘心，基本没有伏桃和晚秋桃，显著减少烂铃和霜后花，不仅提高品质也降低株高，利于机械化采收；根叶同补，控氮增磷，有机配方肥代替化肥，不仅保障棉株稳长，减少赘芽滋生，也有利于持续增产；抑芽增铃，化学整枝，全程机械化管理，提高技术的可操作性和规范性，并与棉纺织企业产销无缝对接，促进棉花生产种植规模化、全程管理机械化、整枝化学化、产品订单化及未来远程管理数据化。

二、技术示范推广情况

2016—2021年，在沧州市东光县、吴桥县、海兴县、南大港产业园区累计示范推广面积达15万亩以上，2018年列入河北省主推技术。

三、提质增效情况

一膜双沟、垄作集雨、宽幅错位播种机采种植模式，有效利用春季无效降水，春季降水利用率提高1.38～2.21倍，既解决旱碱地棉花因盐碱或表墒不足造成的出苗难问题，又改善棉田采光条件，简化疏苗定苗环节。"晚、密、矮、减、免"关键技术集成，调控的株型由"高大粗"变为"细矮软"，基本没有烂铃和晚秋桃，依靠群体优质结铃期多结铃，在降低氮肥施用15%、节省80%整枝用工条件下，增产15%以上，也有利于机采一次收获。2018年和2019年连续两年经河北省农业农村厅组织同行专家进行现场检测，均增产15%以上。

四、技术成果

（1）2021年棉花"晚、密、矮、减、免"五统一栽培技术获得国家发明专利。专利名称：一种适于滨海盐碱旱作区气候类型的棉花栽培方法。专利号：ZL201910588709.0。

（2）2018年一膜双沟垄作种植模式获得国家发明专利。专利名称：一种适用于盐碱旱地的棉花种植方法。专利号：ZL201510400595.4。

（3）2017年，制定河北省地方标准《旱碱地棉花集雨增效种植技术规程》，经专家审定，居国内领先水平，标准编号：DB13/T 2534—2017。

（4）2016年研制的配套播种机，取得国家实用新型专利。专利名称：盐碱地开沟起垄多功能棉花播种机。专利号：ZL201520927773.4。

五、技术要点

1. 土壤基础

中等肥力，速效氮35毫克/千克以上，速效磷15毫克/千克以上，速效钾100毫克/千克以上。环渤海区域土壤一般缺磷富钾，应注重增施磷肥。

2. 种植模式

（1）盐碱旱地　采用一膜双沟垄作集雨抑盐机采模式（图1），地膜宽140厘米覆盖两个播种沟，行距63厘米＋13厘米，即隔63厘米开宽13厘米播种沟，沟内土内翻于膜内形成微垄，沟内品字形双行精量点播，小行距13厘米，穴距40厘米，隔穴双株。

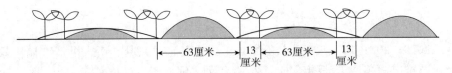

$$63厘米 \quad 13厘米 \quad 63厘米 \quad 13厘米$$

图1　一膜双沟垄作集雨抑盐机采种植模式

（2）非盐碱地　具备播前造墒条件，采用微沟机采膜内微垄模式（图2），即间隔63厘米，将13～15厘米表层干土内翻与行间形成微垄，大行距63厘米，小行距13厘米，株距40厘米，隔穴双株。

3. 关键技术控制点：晚、密、矮、减免

（1）晚播种　适宜播种期4月25日至5月5日，最佳播种期在5月1—5

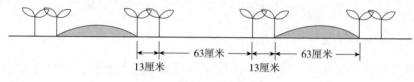

图 2 微沟机采免地膜模式

日。增密度：大行距 63 厘米，小行距 13 厘米，穴距 40 厘米，隔穴双株，密度每亩 6 000 株左右，亩成铃 6 万个左右。早打顶：10～12 台果枝（7 月 10—15 日）打顶。

（2）根叶同补，持续增产　根叶同补技术就是增施生态有机配方肥、喷施叶面肥，减少氮肥，防止营养生长过旺，减少无效生长量，保障棉株稳长。具体施用技术：中等肥力，基肥亩施生态有机肥 50～75 千克，现蕾—开花期（6 月 15 日至 7 月 20 日），每 7 天喷施一次 200 陪夜生态有机叶面肥，结合治虫喷施 4～5 次保叶增铃。

（3）抑芽增铃，化学整枝见表 1。

表 1　正常甲哌鎓调控

棉花生育时期	甲哌鎓用量
苗期	5～6 叶期，0.5～0.8 克/亩
蕾期	盛蕾期，1～1.5 克/亩
初花期	甲哌鎓用量 2～3 克/亩；喷施 7～10 天后再次喷施甲哌鎓，用量 3～5 克/亩，一般在 7 月 13 日左右进行
盛花期	打顶 7～10 天，8～10 克/亩

4. 其他措施

（1）品种选择　株型紧凑，赘芽弱，果枝上冲，中早熟；抗病虫，耐旱耐盐；纤维品质达到国家 2 型标准的品种，如沧棉 666、农大 kz05、冀棉 169、国欣棉 16 等。

（2）及时治虫　现蕾期以后，根据田间害虫发生情况喷施杀虫剂，重点控制伏蚜、盲蝽、三代棉铃虫、烟粉虱、红蜘蛛。不同作用方式药剂注意轮换使用，避免产生抗药性。多种害虫混发时，尽可能选择广谱性药剂，以减少农药用量。

六、适宜区域

本标准适用于环渤海雨养旱作区域和具有造墒条件的黑龙港区域棉花

种植。

七、注意事项

使用此项种植技术，需配备一膜双沟多功能棉花播种机，增加技术的可操作性及规范性。

蔬菜提质增效实用技术

张英明

为进一步提高蔬菜标准化生产技术水平，为产业发展提供强有力的技术支撑，围绕实现蔬菜生产"三节一增"（节水、节肥、节药、增效）目标，针对蔬菜生产的关键环节，依据河北省重点推广的十项先进实用技术，结合沧州市蔬菜生产实际，归纳出以下内容供大家参考。

一、棚室结构优化技术

棚室结构优化技术，包括对新建蔬菜棚室进行科学设计、规范建造，对老旧棚室进行合理升级、优化改造，以增强棚室的采光、蓄热、通风等性能和抗灾能力，提高土地利用率，营造适宜蔬菜生长的设施环境，为实现设施蔬菜周年生产提供保障。该技术要点有三。

1. 科学设计结构参数 河北省节能型日光温室合理采光屋面角为 27°～30°，后屋面仰角 40°～45°，后屋面水平投影 0.6～1.1 米；温室方位为坐北朝南，正南正北或南偏西 5°；日光温室跨度一般为 7.5～10 米，对应的脊高为3.5～5 米，长度 60～100 米；栽培床不下挖或下挖 0.5～0.8 米；设置腰部、顶部和后墙三道通风口。塑料大棚跨度一般为 8～12 米，脊高 2.2～3.5 米，以南北延长为宜。

2. 选择优良耐用的材料 骨架材料选择抗灾性能好的钢材和水泥，科学设置立柱；保温覆盖物选择透光率高、耐老化、防雾滴性好的优质多功能薄膜和保温性好、使用寿命长的保温被和草苫等。

3. 增强日光温室的蓄热保温能力 墙体采用导热系数小、蓄热和隔热性能好的土墙或异质复合砖墙等，土墙上端面厚度以当地冻土层加 1 米倍为宜，防止墙体过薄影响保温，或过厚浪费耕地；后屋面采用干土和秸秆等隔热物，厚度 0.7 米左右为宜；复合墙体和后屋面内部采用蓄热性能好的材料，外部采用导热系数小的材料；同时还可通过设置作业间、增加室内二层膜覆盖、挖防寒沟等方法减少棚室散热。

二、选择优良品种

（1）选择抗病、抗逆性强、产量高、商品性好的蔬菜优良品种。

（2）合理安排与品种相适宜的种植茬口。

三、集约化育苗技术

集约化育苗技术是以穴盘为主要育苗容器，以草炭、蛭石、珍珠岩等为育苗基质，在温室等可控环境条件下进行精量播种的一种育苗方式。可用于黄瓜、茄子、甜椒、番茄、西瓜、甜瓜、西葫芦等适宜移栽定植的蔬菜种类。

集约化育苗具有省工省时，节肥节药，提高抗病性、抗寒性、抗逆性，促进苗齐苗壮和提前上市等优点，是实现蔬菜育苗规模化、商业化和专业化的有效途径。该技术要点有三。

1. 选用适宜的基质与穴盘　选用的草炭要表层蜡质少，吸水性好，pH 5.0 左右。选用的蛭石要粒径 2～3 毫米，发泡好。要根据不同蔬菜种类对基质进行合理配比。穴盘根据不同蔬菜的育苗特点选用，如黄瓜、西瓜可选用 30 孔、50 孔或 72 孔穴盘；番茄、茄子可选用 72 孔穴盘，青椒及中熟甘蓝可选用 128 孔穴盘。

2. 注重苗期管理　首先是加强水分管理，在蔬菜整个育苗期间要采取控水的方法，保持育苗穴盘不湿不干，确保秧苗不萎蔫、不徒长。其次是控制苗期温度在 18～28℃。还要根据秧苗长势进行倒盘，确保秧苗生长均匀。

3. 进行科学嫁接　首先要选择亲和力强，抗病、抗逆性好的优良嫁接砧木。例如：茄子嫁接砧木选用托鲁巴姆、茄砧 1 号等，番茄嫁接砧木选用科砧 1 号等。其次是选择适宜的嫁接方法，如瓜类蔬菜常用插接法、劈接法、靠接法等嫁接方法；茄科蔬菜常用劈接法、斜切法。第三是要根据砧木和接穗的生育阶段掌握好嫁接的时期，确保嫁接成活率。

四、设施土壤活化技术

设施土壤活化技术就是通过高温闷棚和沟施秸秆等措施，抑制或杀死病菌，增加土壤有益生物，减轻设施土壤盐渍化程度和土传病害发生，恢复土壤活力的技术。高温闷棚是指在夏季休闲期，用塑料薄膜密封棚室，在强光照射下，使棚室内迅速升温到 60℃ 以上，并保持一定时间，利用高温杀灭棚室土壤中的根结线虫和其他有害病菌，达到减轻土壤土传病害发生和传播目的的一项基本技术。沟施秸秆是通过在棚室土壤内埋施作物秸秆（麦秸、玉米或其他作物秸秆），并加入菌种促进秸秆发酵产生土壤有益微生物、热量、CO_2 以及促进蔬菜生长的多种有机质和微量元素的一项简便实用技术。其中，土壤有益微生物可以分解土壤中残留的化肥、农药等化学成分，减轻土壤板结和盐渍化程度，抑制和灭杀土壤病原菌；秸秆发酵产生的热量可以提高棚室内地温 $1\sim 3℃$，产生的 CO_2 可以提高棚室内 CO_2 浓度，增加蔬菜光合产量。该技术要点有三。

1. 高温闷棚 一是蔬菜拉秧后将棚室内作物的病残体清除干净，避免将带病菌的枯枝残叶翻入土壤底层。二是深翻土壤 $25\sim 30$ 厘米，并可结合深翻施入基肥。三是闷棚期间要保持大棚的密闭性，确保棚内保持较高温度。四是根据栽培作物情况及其相应病菌的抗热能力来确定高温闷棚的时间，一般闷棚时间要在 7 天以上。

2. 沟施秸秆 一是顺棚室定植沟挖 60 厘米×60 厘米左右的深沟，开沟后施入经充分晾晒的作物秸秆（每亩约需秸秆 3 000 千克）和菌种，并搭配少量尿素，用土填平、覆盖地膜，灌水沉实后定植蔬菜。二是应用秸秆生物反应堆技术，可采用内置、外置及内外置相结合的方式。

3. 改良土壤

（1）深翻、晒垡 利用夏季日光温室、冬季塑料大棚倒茬空闲期，进行深耕晒垡，改良土壤，减少土壤病虫源。

（2）增施生物有机肥和腐熟优质有机肥料 如枯草芽孢杆菌菌剂、蜡质芽孢杆菌菌剂、巨大芽孢杆菌菌剂、侧孢芽孢杆菌菌剂等。生物有机肥营养元素齐全，可抑制有害菌生长，达到提高土壤肥力、改善土壤团粒结构和微生态环境，有效降低土壤盐渍化程度，减轻土传病虫危害，保护生态环境。

五、节水降湿灌溉技术

节水降湿灌溉技术就是通过应用膜下沟灌、滴灌和喷灌等节水灌溉技术，实现节水、降湿、高产，应用该项技术不仅节约水资源，提高水资源利用率，还可有效降低棚室湿度，实现水肥一体化，减少蔬菜病害的发生，是蔬菜节本增效和提高蔬菜产品质量的一项关键技术。

目前，河北省主推的蔬菜节水灌溉技术主要有膜下沟灌、膜下微灌、膜下滴灌和喷灌四种方式。其中，除喷灌主要适用于露地蔬菜生产外，其他三种灌溉方式既适于设施蔬菜生产，也适于露地蔬菜生产。可与地下水压采蔬菜水肥一体化一同推广。

1. 膜下沟灌 膜下沟灌是在蔬菜起垄定植的基础上，在两小行之间覆膜，在膜下沟中进行灌溉。此种灌溉方式投资最少，操作简单，每亩可比传统畦灌节水 30% 以上。

2. 膜下微灌 膜下微灌是在蔬菜作物行间铺设微灌、微喷软管，管上覆膜，软管上设有出水口，水在一定压力下微流或微喷在作物根部进行灌溉。此种灌溉方式一次性投资较少，每亩比传统畦灌节水 50% 以上。

3. 膜下滴灌 膜下滴灌是将水加压、过滤，通过低压管道送达滴头，在滴灌管（带）上覆盖地膜，水以点滴方式滴入作物根部，同时还可将肥料加入滴灌系统实现肥水同灌。此种灌溉方式一次性投资较高，但节水、节肥、省工效果明显，每亩比传统畦灌节水 70% 以上，节肥 30% 以上。

4. 喷灌 喷灌需配备动力机、水泵、管道等设备把水加压送到喷灌地段，通过喷头将水喷射到空中形成细小的水滴后均匀散落田间，主要用于露地叶菜的灌溉，可比畦灌节水 30%～50%。喷灌不宜在白天温度高和风力较强时进行，防止水分蒸发过快和喷灌不均匀。

六、保花保果技术

保花保果技术就是根据不同蔬菜种类的生物学特性而采取的促进蔬菜授粉、减少落花、提高坐果率的技术措施，促使蔬菜正常花器官形成和精品果实发育，从而提高产量及品质。目前生产中，重点推广熊蜂授粉、电动采粉授粉器、合理使用激素三项技术措施。

1. 熊蜂授粉技术 熊蜂授粉就是利用熊蜂自然迁飞、采取花粉来完成蔬菜作物的授粉，具有省工省力、授粉率高、授粉均匀的特点，可以有效提高坐果率 8%～9%，增加产量 15%～20%，促进果实提早成熟 5～10 天，还可大大降低空洞果和畸形果率。在应用中一要避免强烈振动或敲击蜂箱，防止熊蜂蜇人；二要合理使用农药，严禁施用具有缓效作用的杀虫剂、可湿性粉剂、烟熏剂及含有硫黄成分的农药，防止熊蜂中毒。

2. 电动采粉授粉器应用 电动采粉授粉器操作简单，采粉后可以一朵一朵地点授，也可以连续不断地大面积广授，同时喷粉量和喷射距离都可进行微动式调控，并且模拟大自然授粉方式，不会对花蕊造成直接的伤害，让花粉得到充分利用，工作效率是人工授粉的 8 倍以上，果型和口感更好，次果率大幅降低。也可用电动振动授粉、电吹风或手摇授粉。

3. 合理使用激素 一是要针对不同的蔬菜种类和品种选择适宜的植物激素并科学使用。坐果激素的使用通常采用涂抹法、蘸花法和喷雾法。要严格按照规定浓度使用激素，严禁过量施用激素或将激素喷染到叶片、芽等作物营养器官，避免产生毒害作用。二是要选择合理的蘸花时期。在蔬菜生长前期花少，要每隔 2～3 天蘸一次花，盛花期要每天或隔天蘸花，防止重复蘸花出现畸形果。三是要加强蔬菜坐果期的管理。在使用激素之后，要科学合理地追肥及加强管理，第一穗果使用坐果激素后，其他各穗果都应使用，避免第一穗果实大量吸收养分，后面的果实得不到必要的养分，导致落花落果现象的发生。四是要严格遵守激素使用安全间隔期，在间隔期内严禁产品上市，确保蔬菜产品质量安全。

七、沼肥综合利用技术

沼渣和沼液含有丰富的有机质、腐植酸、氮、磷、钾和多种微量元素，是缓速兼备的优质有机肥，同时还含有抑菌和提高植物抗逆性的激素、抗生素等有益物质，用于防治蔬菜病虫害和提高作物抗逆性作用明显。同时，利用沼气灶或沼气灯燃烧后产生的 CO_2 作气肥，可补充温室中 CO_2 的不足，满足蔬菜光合作用的需要，还可以为温室增温。利用经充分晾干的沼渣可配制育苗基质或无土栽培基质。使用过程需注意：沼气在燃烧前要经过脱硫处理，同时要控制好燃烧沼气开始的时间和燃烧的时间，阴天可将点燃时间适当延长。利用沼液沼渣作肥料，沼液沼渣必须从正常发酵 2 个月以上的池内取用。沼液可作叶面追肥，喷施叶面时需稀释并经纱网充分过滤，以不堵塞喷嘴为宜。喷施要以叶背面为主，喷施的时间要选择在晴天的早晨和傍晚。沼渣可用作基肥和追肥，作基肥时要与秸秆、杂草、树叶等有机质进行堆沤腐熟后方可施用。

八、病虫害生态防控技术

病虫害生态防控技术是指利用物理和生物的方式对蔬菜害虫进行诱杀、阻隔或利用天敌进行灭杀，杜绝病虫害传播发生的综合技术。集成推广病虫害生态防控技术，是减少化学农药使用、改善果实品质、保障产品质量安全简单而有效的手段，是实现蔬菜提质增效的重要途径。目前河北省主推的病虫害生态防控技术主要有防虫网、粘虫板、杀虫灯、性诱剂和丽蚜小蜂应用技术，其中防虫网、粘虫板、丽蚜小蜂主要用于设施蔬菜生产，杀虫灯、性诱剂则主要用于露地蔬菜生产。

1. 防虫网应用　目前主要用于设施蔬菜生产，通过对温室和大棚通风口、门口进行封闭覆盖，阻隔外界害虫进入棚室内危害，以减少病虫害的发生。防虫网也可用于对露地蔬菜进行搭架全覆盖的网棚生产。防虫网使用中，一是要根据不同的防治对象选择适宜的防虫网目数。如 20～32 目可阻隔菜青虫、斜纹夜蛾等鳞翅目成虫，40～60 目可阻隔烟粉虱、斑潜蝇等小型害虫。二是防虫网要在作物整个生育期全程严密覆盖，直至收获。

2. 粘虫板应用

（1）要根据诱杀的害虫种类选择适宜颜色的粘虫板。黄色粘虫板主要诱杀粉虱、斑潜蝇、蚜虫等害虫，蓝色粘虫板主要诱杀蓟马等害虫

（2）粘虫板悬挂高度要高出植株顶部 20 厘米左右，一般情况下 25 厘米×40 厘米粘虫板每亩悬挂 20 块。

（3）粘虫板悬挂时间要在蔬菜苗期和定植早期无虫害时进行悬挂，以确保防治效果。四是设施中防虫网和粘虫板必须配套使用，以达到最佳防治效果。

3. 杀虫灯应用　一是要确定适宜的防控范围，一般在菜田内以80～120米为诱虫半径设置杀虫灯；二是要选择合理的挂设高度，杀虫灯高度一般为接虫口离地100～140厘米，当防治对象为小菜蛾等飞行高度较低的害虫时，高度降低至80～100厘米；三是要适时开灯，一般在目标害虫开始羽化时挂灯，天黑后开灯6～10小时或根据虫情开关灯。

4. 性诱剂应用　一是根据不同防治对象选择使用；二是要在害虫发生早期、虫口密度较低时开始使用；三是要及时更换诱芯和适时清理并深埋诱捕器内的死虫，一般诱芯一个月更换一次；四是要根据蔬菜面积大小，设置合理数量的性诱剂及诱捕器。

5. 丽蚜小蜂应用　丽蚜小蜂是蚜虫、白粉虱等害虫的天敌。应用丽蚜小蜂，一是要控制好温室的温度和湿度，营造丽蚜小蜂最佳的生长环境，确保丽蚜小蜂最长寿命；二是要确定好放蜂量，一般每1 000头尚未羽化出蜂的"黑蛹"可供30～50米^{2}温室防治白粉虱，放蜂量以每株作物5～10头为宜；三是要在白粉虱发生初期释放丽蚜小蜂，保持寄生蜂与白粉虱种群之间低密度的平衡状态；四是合理使用农药，避免农药对丽蚜小蜂造成伤害。

九、多层覆盖增温技术

多膜覆盖即采用两层或两层以上薄膜覆盖以提高棚室温度，主要用于冬春设施栽培。两层覆膜即棚架上面覆盖塑料薄膜，再用地膜覆盖菜苗。多层覆膜是在大棚或温室内设小拱棚，地面再覆盖地膜。

十、轻简栽培技术

轻简栽培技术是通过运用先进实用的电动机器设备，改变或优化传统技术措施，从而简化蔬菜种植作业程序，减轻劳动强度，实现蔬菜生产节本减耗、提质增效。该项技术有利于实现蔬菜规模化生产统一管理，是发展现代蔬菜产业的必然要求。

在蔬菜生产中逐步推广使用的轻简栽培设备有：卷帘机、开沟筑畦机、小型旋耕机、蔬菜条播机、耕地铺膜机、蔬菜施肥机、卷膜机、自动绑蔓机、自动嫁接机、小型钵苗半自动移栽机、工厂化育苗自动播种机、田园管理机（起垄、铺膜、开沟）等，大大提高了蔬菜机械化水平。有条件的可采用智能化生产管理系统，通过信息采集系统、中心计算机控制系统的运行，实现自动灌溉、自动放风、自动遮阳、自动保温等。

十一、灾害天气应对技术

灾害天气应对技术是指通过采取调节作物生长方式或调整设施管理的方法，避免或减少暴雪、强风、暴雨、连阴雾等极端灾害性天气给设施蔬菜带来的损失，是提升蔬菜设施综合抗灾生产能力，促进产业持续平稳发展的重要技术。该技术要点如下。

1. 高质量覆盖保温覆盖物　夜间温室内最低气温降至15℃时，及时安装保温覆盖物，采用四层防雨牛皮纸被＋草苫（5千克/米²）＋塑料薄膜（或彩条布）进行保温覆盖。

2. 张挂反光膜　冬季在距日光温室后墙5厘米处张挂1.0米左右宽的镀铝镜面反光膜，能大大改善栽培畦中北部作物的光、温条件。

3. 科学运筹肥水　冬季要严格水的管理，在外界最低气温−15℃以下的季节，一般不浇水；在最低气温−10℃以上季节选择晴天浇透水，覆盖地膜保墒；如果蔬菜缺水时，应选寒流刚过、天气晴朗的上午，采用膜下滴灌或膜下沟灌浇小水。深冬季节尽量少进行土壤追肥，但可适当进行叶面追肥，一般可叶面喷施0.3%磷酸二氢钾加0.3%硝酸钙、1%的葡萄糖液；冬末初春天气转暖后，适当增加浇水和施肥次数。

4. 强化控湿防病　深冬或持续低温雨雪天气，温室内空气湿度大，易诱发病害，应在中午短时间通风排湿，控制病害发生；特别注意室内15～25℃温度范围空气相对湿度控制在90%以下。发病后可选用烟雾剂、粉尘剂防治。

5. 适当控制结果　持续低温雨雪天气，植株生长发育弱，要及早采收果实和适当疏花疏果，以免加重植株负担，使植株生育更弱，降低抗逆能力。天晴后，逐步转入正常管理。

6. 加强大风防范　扣膜时，用专用压膜线扣紧压牢棚膜；傍晚盖苫后，按东西向压两根加布套的细钢索，防止夜间草苫（连同外覆膜）吹起；大风天，将通风口、门口密闭，避免大风吹入室内、吹破棚膜降温。

7. 加强大雪防范　雪前要在草苫上覆盖塑料薄膜，防止打湿草苫。事先准备备用立柱，如遇大雪，及时补充立柱，以防压塌温室；中小雪可在雪后清扫积雪，但大雪应随下随清扫积雪，防止积雪过厚压塌温室；及时清除温室周围的积雪，并清沟排水，预防融雪危害。

8. 加强久阴乍晴后的管理　在连阴天结束后，要通过揭盖草苫缓慢提高棚室内温度和光照，尽量不要浇水，同时可选用促根药剂进行灌根，以促进根系缓慢恢复。

十二、高档蔬菜栽培技术

高档蔬菜栽培技术，就是要从生产源头上抓起，树立精品菜栽培理念，从品种选择到提质栽培再到分等定级各个环节严格控制，确保蔬菜高品质、高效益。该技术要点如下。

1. 选择适宜发展的高档蔬菜品种 外观好、品质优、抗逆性强的品种是生产高档蔬菜的基础。要根据当地生产实际和市场需求，适量发展串收番茄、彩椒、水果黄瓜、串铃冬瓜等精特菜品种，实行农超对接，提高种植效益。

2. 大力推广果实套袋技术 果实套袋可以有效防止农药对蔬菜产品的污染，可操作性强，是生产高档蔬菜的直接有效方法。对适宜套袋栽培的果菜类蔬菜，要根据品种特征特性选择适宜大小和材质的塑料薄膜袋，确定最佳的套袋时期和采摘时期，保持袋内果实通风透光良好，严禁农药直接喷施到果实上，确保产品质量和品质。

3. 推广应用基质栽培技术 蔬菜基质栽培技术可以有效避免土壤连作障碍，具有省工省力、省水省肥等特性。要根据不同蔬菜种类的栽培特性，合理利用本地资源，科学配制营养基质，及时追肥补充营养，以保障植株生长所需养分。

4. 大力实施蔬菜产品分等分级 蔬菜产品分等分级就是按照蔬菜产品的健全度、硬度、整洁度、大小、重量、色泽、形状、成熟度、病虫害和机械损伤程度等把产品分成若干等级，制定出各等级的标准，并按不同标准分别包装、分别销售。等级高的蔬菜产品纳入高档蔬菜，以获得较高收益。

茄子栽培技术

杨忠妍

一、概况

茄子具有很强的适应性，耐热、耐湿，生长势强。我国栽培茄子悠久。在北方，露地栽培的供果期是从盛夏到晚秋。随着温室大棚生产的发展，现在已实现了四季生产、周年上市。

二、茄子的生物学特性

1. 茄子喜温、耐热、怕霜。茄子生长发育的适宜温度为 $20\sim30℃$，发芽出苗期适宜温度为 $25\sim30℃$，苗期适宜温度为 $18\sim25℃$。

2. 茄子喜光，对光照要求比较高。光照不足时茄子生长弱，产量低，品质差。

3. 茄子既喜水又怕湿度大，对水分要求比较严格，土壤含水量在 $14\%\sim18\%$ 为宜。如果空气相对湿度长期在 80% 以上，茄子易得病，开花授粉困难，落花落果严重。地面积水易使茄子根尖腐烂。

4. 茄子适宜生长在土层深厚、富含有机质、土质疏松、排水良好、中性至微碱性的沙壤土地块。

5. 茄子生长期长，产量高，需肥量较高。吸收氮磷钾的比例为 $3:1:4$，整个生育期都需要氮肥；苗期施用磷肥，可促进根系发育和花芽分化；结果期施用钾肥，可提高产量和品质。

三、茬口安排（表1）

表1　茬口安排情况

栽培形式	茬口	播种期	历日苗龄（天）	定植期	上市时间
露地栽培	早春茬地膜	1月中、下旬	$80\sim100$	4月中、下旬	6月上旬至8月下旬
	夏秋茬	4月中、下旬	$50\sim60$	6月中旬	8月上旬至11月上旬

（续）

栽培形式	茬口	播种期	历日苗龄（天）	定植期	上市时间
地膜＋小拱棚	春提前	12 月下旬至 1 月上旬	80～100	3 月下旬至 4 月初	5 月上旬至 8 月上旬
塑料大棚	春提前	12 月上、中旬	80～100	3 月中、下旬	5 月上旬至 7 月下旬
	秋延后	6 月中、下旬至 7 月上旬	35～40	7 月下旬至 8 月中旬	9 月中旬至 11 月下旬
日光温室	秋冬茬	7 月上、中旬	35～40	8 月上旬至 9 月上旬	10 月下旬至 1 月下旬
	冬春茬	10 月中、下旬	80～90	1 月下旬至 2 月上旬	3 月上旬至 7 月下旬
	越冬茬	8 月中旬	50～60	10 月中旬至 11 月上旬	1 月上旬至 7 月上旬

四、品种选择

选择茄子品种应注意的问题如下。

1. 根据棚室的类型、种植模式选择茄子品种。早春季栽培选择茄杂 1 号、茄杂 2 号、茄杂 6 号、农大 601、黑丽圆 307 等；越夏栽培选择耐热品种如茄杂 6 号、黑茄王、紫光圆茄、黑金圆 309 等；越冬茬选择耐低温、耐弱光的品种如茄杂 8 号、茄杂 12 等。

2. 根据消费市场、消费习惯、销售渠道和价格优势选择茄子品种。

3. 选择当地经过试验示范已认可的品种，不能只追求新、奇、特。

五、栽培管理

（一）肥、水管理

每生产 1 000 千克茄子，需吸收氮 3 千克、五氧化二磷 0.8 千克、氧化钾 4.9 千克。另外，需要钙、镁也比较多，吸收氧化钙 1.2 千克、氧化镁 0.5 千克。

1. 基肥　亩施腐熟有机肥 6～8 米³，尿素 15～20 千克，磷酸二铵 20～25 千克，硫酸钾 20～30 千克。撒施后深翻 25～30 厘米。

2. 追肥　追肥不宜施磷肥，尤其是后期，会导致果实种子变硬，加速老化。重点追施氮、钾肥。当门茄瞪眼期开始追肥，亩追尿素 10 千克；对茄四门斗期追肥，每次亩追尿素 10～15 千克或硫酸铵 15～20 千克；盛果期追肥加 10 千克硫酸钾。盛果期叶面追肥，喷施 0.3％尿素、0.3％磷酸二氢钾溶液。

3. 浇水　定植水紧浇，一周后视墒情浇缓苗水；然后蹲苗。门茄"瞪眼期"浇一次水，最寒冷季节不浇水，温度较低时浇小行沟，当地温 18℃时开始浇水，3月下旬以后每7天浇一次水。温度高时浇大水。采取膜下暗灌，滴灌等节水和肥水一体化技术。保证土壤含水量在14％～18％，放顶风降湿，空气相对湿度在80％以下。

（二）嫁接育苗

1. 播期　温室茄子一般8—9月播种育苗，元旦至春节上市（越冬茬），采收可延续到来年6月。利用拖鲁巴姆作砧木，托鲁巴姆要比接穗品种早播20～30天。

2. 浸种催芽　播种前用5 000倍的赤霉素浸种，接穗品种浸泡10～12小时后再用清水浸种10～12小时，托鲁巴姆用赤霉素浸泡24小时后再用清水浸种24小时，然后捞出催芽，要采取变温催芽促进发芽整齐。在16～20℃的环境条件下催芽16小时，再在25～30℃环境条件下催芽8小时，50％种子露白时即可播种。托鲁巴姆的育苗时期在6月10日至7月1日，根据当地雨季对温室生产和育苗的影响决定，播种后15～20天，托鲁巴姆第一片真叶1厘米大小时播种接穗品种，接穗品种播种30～35天可以嫁接。接穗催芽的适宜温度为25～30℃，在此温度下6～7天可出芽，催芽时每天至少要淘洗种子2次，淘洗后稍微晾晒一下再继续催芽。

3. 嫁接　茄苗嫁接的主要目的是防土传病害。通常采用劈接法或插接法嫁接。目前，应用较多的是劈接法，插接法主要应用于苗茎尚小的小苗嫁接。

劈接法对嫁接用苗的要求：接穗苗有真叶4～5片，苗茎粗壮，节间短而敦实，无病虫危害。砧木苗有真叶5～6片，苗茎粗壮，色深，苗茎高度10厘米左右。

插接法对嫁接用苗的要求：接穗苗有真叶2片左右，无病虫危害。砧木苗有真叶3片左右，苗茎高度6厘米左右。

劈接法嫁接过程分为起苗、茄苗削切、砧木苗平茬和劈切口、插接和固定接口几个环节，其操作要点如下：

①起苗。接穗苗应带土从苗床中起出，以减少从起苗到嫁接过程中的失水。为便于起苗，苗床干旱时应于起苗的前一天将苗床浇透水。起苗时要按茄苗的大小分别起苗。砧木苗也要按苗子的大小分类取苗，使茄子苗与砧木苗在大小上搭配恰当。

②砧木苗平茬和劈切口。取砧木苗，用刀片把苗茎从距地面5～6厘米处水平切断。苗茎上保留一片生长良好的叶片，其余的叶片及腋芽要全部抹掉，保留叶片的腋芽也要抹掉。用刀片在苗茎断面的中央向下劈切一口，切口贯穿全茎，深度稍大于茄苗的切面长。

③插接和固定接口。把接穗苗的苗茎切面与砧木苗的切口对齐、对正后插入，然后用嫁接夹把接口固定牢固。

注意事项：切面要一刀削成；砧木与接穗茎粗要基本一致，接穗稍细于砧木；接穗的切面不能用手接触；用锋利的刀片，勤换刀片；接穗与砧木要接正，防止接穗接偏，影响成活；嫁接夹要轻轻夹住，不要用力过猛；嫁接夹与接口要齐，嫁接夹偏下容易把接穗挤出；嫁接夹要夹实。

嫁接苗管理要点如下：

①温度管理。嫁接后头 3 天，对温度的要求比较严格，白天温度应控制在 20～30℃，中午前后的温度不超过 32℃，夜间温度不低于 15℃。温度过低时要采取保温和增温措施，温度偏高时要对苗床遮阴。3 天后可放宽温度管理，白天温度不超过 35℃，夜间温度不低于 15℃。1 周后，当嫁接苗开始明显生长时，白天温度 25～32℃，夜间温度 12～15℃。嫁接苗定植前 1 周，降低温度进行低温炼苗。

②放风管理。嫁接苗成活前要保持苗床内较高的空气湿度和土壤湿度，一般嫁接后头 1 周内，应使苗床内的空气湿度保持在 85%～95%，同时保持土壤湿润。从第四天开始对苗床进行适量的通风，使苗床内白天的空气湿度下降到 80% 左右，防止苗床内全天的空气湿度过高，引起苗茎和苗叶腐烂。嫁接苗成活后，加强苗床通风，将苗床内白天的空气湿度下降到 70%～80%，减少发病。

③浇水管理。秋季茄子嫁接育苗期间的温度比较高，需水量大，要勤浇水防止苗床干燥。

④光照管理。除了嫁接后头 3 天内要对苗床进行遮阴外，其他时间内要尽量保持苗床比较长的光照时间和比较充足的光照。一般从第四天开始就要让嫁接苗接受直射光。初期的见光时间要短，主要是在早晚接受直射光照，以后逐渐过渡到全天不遮阴，转为自然光照管理。

通常如果嫁接苗只是叶片稍有萎蔫表现，可不需遮阴，如果叶柄也开始发生萎蔫，表明光照过强，要对苗床进行遮阴。

⑤抹杈、断根。砧木苗打掉生长点后，苗茎上容易长出侧枝，要及早抹掉。另外，茄子苗茎上一旦发出不定根，也要及时切断。

（三）定植与密度

1. 整地　温室嫁接茄子的栽培时间比较长，根系入土深，要深翻地，翻地深度不浅于 20 厘米。

2. 作畦　温室嫁接茄子应起垄畦栽培。大垄距 80～90 厘米，小垄距 60～70 厘米。为确保浇水的质量，利于透水以及减少冬季的浇水量，小垄沟宜浅，沟深 15 厘米，大垄沟应该深一些，沟深 18～20 厘米。冬季在小垄沟内浇水。

3. 定植方法　嫁接茄子一般采取营养钵育苗方式，在底墒充足时采取开穴点浇水法定植，底墒不足时可在定植后将小垄沟放满水。嫁接茄子苗要求浅栽苗，起好垄后用地膜将小垄沟连同两垄背一起覆盖严实。

4. 定植密度　温室嫁接茄子的栽培期比较长，要稀植，适宜的行距为70～80厘米，株距为33～40厘米。

越冬茬一般用中晚熟、晚熟品种，耐低温弱光，亩600～2 200株；秋冬茬、冬春茬采用早熟、中早熟品种，亩1 800～2 500株；春秋塑料大棚行株距（50～55）厘米×（33～40）厘米；露地行株距（50～55）厘米×（40～45）厘米（早熟品种如丰研2号）。

5. 定植要求

（1）要浅栽苗　要求苗茎的嫁接部位距离地面的高度不低于5厘米。

（2）大小苗要分区定植　小苗应栽到温室的后半部。大苗应栽到温室的前半部。

（3）要保护好根系　定植过程中，要防止苗坨散土。定植时苗土比较干时，应于定植前一天将育苗钵浇透水。

（4）要保护好嫁接部位　茄子的嫁接部位比较脆硬，容易折断，茄子苗穗也容易从砧木的劈口中脱落，搬苗定植时要求轻拿轻放，嫁接夹也不要从苗茎上摘下。

6. 摘夹　嫁接苗茎上的嫁接口固定夹应在茄子苗定植缓苗后及早摘除，避免长时间夹住嫁接部位，妨碍该部位的正常加粗生长。

7. 温度　定植后一周内应保持比较高的温度，适宜温度为白天30℃左右，夜间15℃以上。一周后，当新叶开始明显生长后，降低温度，防止植株生长过旺，到结果前白天温度保持在25℃左右，夜间温度控制在12℃左右。温室栽培的在春季温度回升后，要加强通风，防止温度过高。

8. 通风　温室内的空气湿度过高时会加重病害，要加强温室的通风管理。白天当温室内的温度升高到25℃以上后开始通风，夜间温室外的温度不低于15℃时，也要进行通风。阴天以及浇水后的几天里，温室内的空气湿度也容易偏高，应延长通风时间。

（四）应用生长调节剂防止落花

1. 生长调节剂的种类　应用生长调节剂可防止茄子落花，尤其是在低温及弱光下的落花，有明显的效果。目前应用的主要有：2,4-滴（2,4-二氯苯氧乙酸）、防落素（对氯苯氧乙酸）、赤霉素、萘乙酸以及复合制剂。

2. 生长调节剂的使用浓度　使用生长调节剂处理时，应根据不同品种、温度、时间、作物长势以及生长调节剂的种类等选择适宜的浓度。一般温度高，浓度要低些；温度低，浓度要高些；植株长势较旺，浓度要大些，植株长势较弱时，浓度要小些；如果第一穗果刚刚坐住，第二花序已开放，处理时浓度要小些，如果第一穗果已膨大，第二花序才开放，处理时浓度要大些。

3. 生长调节剂使用的时期　最好是在开花前后 1～2 天。

4. 生长调节剂的使用方法　可采用涂抹法。应用 2,4 - 滴时常采用此法。首先根据说明书将药液配置好，并加入少量红或蓝色染料作标记。然后用毛笔蘸取少量药液涂抹花柄的离层处或柱头上。这种方法需一朵一朵地涂抹，比较费工。另外，2,4 - 滴处理的花穗果实之间生长不整齐，或成熟期相差较大。使用 2,4 - 滴时，应防止药液喷到植株幼叶和生长点上，否则将产生药害。

5. 使用生长调节剂注意事项　配制药液时不要使用金属容器。溶液最好是当天用当天配，剩下的药液要在阴凉处密闭保存。配药时必须严格掌握使用浓度。浓度过低效果较差，浓度过高易产生畸形果。使用时应避免重复处理，药液应避免喷到植株上，否则将产生药害。处理花序的时期最好是花朵半开至全开时期，从开花前三天到开花后 3 天内使用生长调节剂处理均有效果，过早或过晚处理效果都降低。

六、病虫害防治

（一）温室育苗期消杀

用 1.8％阿维菌素乳油 2 000～3 000 倍液灌定植穴，每穴灌液 100 毫升左右，防止苗坨中残存的根结线虫侵入土壤，防效可达 80％以上。

（二）定植前土壤消毒

氰氨化钙（又称石灰氮）对土壤中的真菌、细菌、线虫等有害生物有广谱性杀灭作用。使用方法：前茬蔬菜拔秧前 5～7 天浇一遍水，拔秧后立即将 60～80 千克/亩的氰氨化钙均匀撒施在土壤表层（也可将未完全腐熟的农家肥或农作物碎秸秆均匀地撒在土壤表面），旋耕土壤 10 厘米使其混合均匀，再浇一次水，覆盖地膜，高温闷棚 7～15 天，然后揭去地膜，放风 7～10 天后可起垄定植。

（三）生长期病虫害防治

1. 根结线虫　可用 1.8％阿维菌素乳油 1 500～2 000 倍液，每株灌药 250 毫升左右，每 10～15 天灌一次，连灌 2～3 次。也可以随水漫灌，每亩用 1.8％阿维菌素乳油 500 毫升，连灌 2～3 次。

2. 黄萎病　俗称半边疯。用 60％琥铜·乙膦铝可湿性粉剂 500 倍液与 50％多菌灵可湿性粉剂 500 倍液加磷酸二氢钾 300 倍液混合灌根，每株在发病初期浇灌 2～3 次，每次每株浇 300 毫升左右。

3. 绵疫病　主要危害果实，造成腐烂，长出白色絮状菌丝，影响产量。

发病初期喷 75％百菌清可湿性粉剂 500～600 倍液，或 40％三乙膦酸铝可湿性粉剂 200 倍液，或 64％噁霜·锰锌可湿性粉剂 600 倍液。上述药剂可交替使用。

4. 灰霉病　用 75％百菌清可湿性粉剂 500 倍液喷雾，7～10 天一次。

5. 绵疫病　用 72.2％霜霉威盐酸盐水剂 800 倍液或 80％代森锰锌可湿性粉剂 600 倍液喷雾，7～10 天一次。

6. 茶黄螨　用 1.8％阿维菌素乳油 3 000 倍液喷雾。

7. 蚜虫和飞虱　用 5％啶虫脒乳油或 25％噻虫嗪水分散粒剂 2 000～3 000 倍液喷雾。

马铃薯品种与栽培

孙锡生

一、马铃薯的种植历史与概况

马铃薯又称为土豆，原产于南美洲。在 16—17 世纪，由传教士带入中国。在我国已有 400 多年的栽培历史。北方地区（主要包括黑龙江、吉林和辽宁省除辽东半岛以外的大部，河北北部、山西北部、内蒙古全部以及陕西北部、宁夏、甘肃、青海和新疆的天山以北地区）是我国马铃薯的主产区，种植面积占全国的 49% 左右，也是重要的种薯繁育基地。该区域生产的种薯大量调运到中原和南方冬种区。辽宁、河北、山西三省的南部，河南、山东、江苏、浙江、安徽和江西等中原地区马铃薯种植面积占全国的 5% 左右。北方地区主要采用机械化高产配套栽培技术、旱作高产栽培技术（包括地膜覆盖结合优质种薯、种薯处理、平衡施肥、病虫害综合防治、膜下滴灌等）。中原地区主要采用早熟马铃薯与粮、棉、瓜、菜、果等作物间套种，早春地膜覆盖、小拱棚和大棚栽培技术。

马铃薯营养价值丰富，富含糖类、粗蛋白、粗脂肪和纤维素等营养成分。马铃薯单位面积上的蛋白质产量是小麦的 2 倍、水稻的 1.3 倍、玉米的 1.2 倍。马铃薯的维生素 C 含量是苹果的 10 倍，B 族维生素含量是苹果的 4 倍。

二、品种与选择

（一）按用途分

1. 淀粉加工　一般说来，任何马铃薯品种都可用于淀粉加工，但用不同淀粉含量的马铃薯作原料时，淀粉加工成本差异很大。淀粉加工专用马铃薯品种，其淀粉含量一般应在 18% 以上，而且单位面积的产量不能低于当地一般品种。

2. 炸片加工　炸片加工对马铃薯品种的要求较高，并非所有的马铃薯品种都可以用于炸片加工，通常用于炸片加工专用品种最基本要求是：薯块形状为圆形或近似圆形，薯肉白色，还原糖含量较低（一般 0.2% 以下为宜），干物质含量适中（20%～25%），这与品种特性有关，也就是说只有特定的品种才能用于炸片。

3. 炸条加工　炸条加工对马铃薯品种的要求也是很高的，通常用于炸条加工专用品种最基本要求是：薯块形状为长椭圆形，薯肉白色，还原糖含量较低（一般也为 0.2% 以下为宜），干物质含量适中（19%～23%）。

4. 全粉加工　马铃薯全粉是一种完全不同于马铃薯淀粉的产品，按其采用的加工工艺和产品的外形不同而分成两种类型：一是马铃薯雪花全粉，二是马铃薯颗粒全粉。一般来说，加工马铃薯片和马铃薯条的原料是完全可以进行全粉生产的，而且对块茎形态和大小的要求没有炸片和炸条严格。

5. 鲜薯食用型马铃薯　为鲜薯食用的品种一般要求其薯形好、薯块整齐、芽眼浅、表皮光滑、皮色亮丽、食味优良等。根据烹制方法不同如炒食、煮食（炖食）和蒸食，对干物质含量要求有所不同。作为炒食用马铃薯品种干物质含量在 18%～20% 为宜，而用于煮食（特别是炖食）时，要求干物质含量适当高一些，一般应在 20% 以上为宜。此外，在选择鲜薯食用品种时，应当考虑挑选蛋白质和维生素 C 含量较高的品种。由于鲜薯食用型商品的外观特别重要，因此在疮痂病经常发生的地区，应尽可能选择抗此病的品种，以提高其商品价值。

（二）按生育期分

根据生育期（从出苗至成熟的天数）的不同，可将马铃薯品种划分为极早熟品种（生育期 60 天以内，如早大白）、早熟品种 [生育期 61～70 天，如费乌瑞它、粤引 85‐38（又名鲁引 1 号）、津引 8 号、荷兰 15、集农 958 和中薯 3 号]、中早熟品种（生育期 71～85 天）、中熟品种（生育期 86～105 天，如克新 3 号，）、中晚熟品种（生育期 106～120 天，如克新 1 号）和晚熟品种（生育期 121 天以上）。

1. 极早熟品种

（1）早大白　极早熟菜用型品种出苗后 55 天收获。株高 45～50 厘米，花冠白色。块茎圆形或椭圆形，大而整齐，薯皮、薯肉皆为白色，表皮光滑，芽眼较浅。淀粉含量 11%～13%。亩产 2 000 千克左右。种植适宜密度 5 000～5 500 株/亩，栽培中应注意防治晚疫病。

（2）中薯 4 号　极早熟，生育期 55～60 天。花冠淡紫色。块茎长椭圆形、芽眼少而浅，薯皮光滑、浅黄皮浅黄肉。结薯集中。种植密度 4 000～5 000 株/亩。结薯期和块茎膨大期遇旱浇水。

（3）中薯 2 号　极早熟，生育期 50～60 天。花冠紫红色。块茎扁圆形、芽眼较浅，薯皮光滑、淡黄皮淡黄肉。结薯集中。薯块大而整齐、休眠期极短（40 天）食用品质优良、耐储藏。种植密度 4 000～5 000 株/亩。抗花叶和卷叶病毒病，易感重型花叶病毒病、晚疫病。结薯期干旱时，及时浇水，以免发生二次生长。

2. 早熟品种

(1) 费乌瑞它 又名鲁引 1 号、津引 8 号、荷兰 7 号、荷兰 15、津引 8 号，鲜食早熟品种。株高 60 厘米左右，花紫红色。出苗后 60～70 天收获。薯块（块茎）长椭圆形、大而整齐、芽眼少而浅，薯皮光滑，黄皮黄肉，结薯集中。该品种易感青枯病、环腐病和晚疫病，抗疮痂病和马铃薯病毒病。一般亩产 2 500 千克左右。适宜在内蒙古、辽宁、广东、福建和广大的中原春秋二季作地区间作套种。种植密度 5 000～5 500 株/亩，应及时防治晚疫病。该品种对光敏感，收获、运输和贮藏过程中，应注意遮光。

(2) 克新 4 号 早熟，出苗到收获 60～70 天。花冠白色。块茎椭圆形、芽眼深浅中等，黄皮淡黄肉。食味好。每亩 4 500～5 000 株。适应性广。

(3) 中薯 3 号 早熟，生育期 60～70 天。分枝少，株高 60 厘米，茎绿色，生长势强。花冠白色。块茎卵圆形、芽眼少而浅，薯皮光滑、黄皮黄肉。块茎大而整齐，耐储藏、食用品质好。每亩 4 000～5 000 株。结薯期遇旱浇水。

3. 其他（生育期较长）

(1) 紫玫瑰 1 号 出苗后 80 天左右收获。花冠淡紫色。块茎椭圆形、大而整齐，薯皮、薯肉皆为黑紫色，表皮光滑，芽眼浅。花青素含量高，鲜薯有防癌、延缓衰老等作用。适于大棚等保护地种植。栽培要点：施足基肥，适期早播，苗期早追肥，块茎膨大期间勤浇水，始终保持土壤湿润。种植密度 4 200～5 000 株/亩。生长期培土 2 次。第一次于植株 5～6 片叶时进行，第二次封垄前进行，培土厚度 20～25 厘米。及时防治病虫害。

(2) 黑玫瑰 2 号 紫皮紫肉高营养鲜食品种。出苗后 100 天左右收获。株高 70 厘米左右，花冠白色。块茎长椭圆形、大而整齐，薯皮光滑，芽眼浅。花青素和多酚类含量高，有防癌、延缓衰老等作用。适合大棚种植，亩产 3 000 千克左右。栽培要点：播种前催芽、芽长 0.5～1 厘米时疏芽，每个种植块茎留 1～2 个壮芽。结合整地，施足基肥；播种时施马铃薯专用颗粒做种肥，如需追肥，应在苗期早追。块茎膨大期注意浇水，保持土壤湿润。种植密度为 3 000～3 200 株/亩（株距：30 厘米）。培土（同紫玫瑰 1 号）。

(3) 黑玫瑰 1 号 出苗后 110～120 天收获。株高 60～70 厘米，花冠蓝紫色。块茎长椭圆形，大而整齐，薯皮、瘦肉皆为黑紫色，表皮光滑，芽眼浅。花青素含量高，有防癌、延缓衰老等作用。栽培要点：催芽播种适期早播，密度 3 500～3 800 株/亩。肥水管理及培土同紫玫瑰 1 号。

(4) 红玫瑰 1 号 出苗后 80 天左右收获。花冠白色。块茎椭圆形、中等大小，薯皮薯肉皆为深红色，表皮光滑，芽眼浅。花青素含量高，有防癌、延缓衰老等作用。播种及管理同黑玫瑰1号。密度4 000株/亩左右。

（5）红玫瑰2号 中早熟高营养鲜食品种。出苗后80天左右收获。株高55～60厘米。花冠紫红色。块茎椭圆形，大而整齐，薯皮光滑，芽眼浅。红皮红肉、花青素和多酚类含量高，有防癌、延缓衰老等作用。适合大棚和大田地膜种植，亩产3 000千克左右。

（6）夏波蒂 适于加工薯条，出苗后100天左右收获。块茎长椭圆形，大而整齐，薯皮薯肉皆为白色，表皮光滑，芽眼浅，结薯集中。也适于加工全粉。种植密度3 500株/亩以上。一般亩产量为1 500千克左右。适于机械化栽培。

（7）克新1号 中熟菜用型品种。生育日数为95天左右。花淡紫色。块茎扁椭圆形，白皮白肉，表皮光滑，芽眼中浅。结薯集中，块茎大而整齐，块茎休眠期长，耐贮藏。一般每亩产量为1 500～2 000千克。种植密度为3 500～4 000株/亩。

（8）大西洋 适于炸片和加工全粉，出苗后90～100天收获。块茎圆形或短椭圆形，结薯集中，薯皮黄褐色、粗糙有网纹，薯肉白色，芽眼浅而少。该品种不耐干旱和高温，在干旱高温条件下，块茎内部易产生褐色斑点，块茎过大时易产生空心，影响炸片品质，种植密度4 500～5 000株/亩。应注意防治晚疫病。

（三）良种选用原则

1. 根据不同的种植区域选用良种 二季作区宜选用结薯早、块茎前期膨大快、休眠期短的早熟或中熟品种。同时要针对各地主要病害选用抗病性强的品种。

2. 根据不同种植方式选用良种 如间作套种要选用株型直立、植株较矮的早熟或中早熟品种。

3. 根据不同用途选用品种 出口产品要求薯形椭圆、表皮光滑、芽眼极浅、红皮或黄皮黄肉的品种；炸条、炸片加工要求淀粉含量不低于14%、还原糖不超过0.3%、芽眼浅、顶部和脐部不凹陷的品种；淀粉加工要求含淀粉高的品种等。

（四）种薯质量要求

选用脱毒薯种，质量要求见表1、表2。

表1 各级种薯的质量要求

项 目	允许率（%）			
	原原种	原种	一级种	二级种
混杂	0	1.0	5.0	5.0

（续）

项　目		允许率（%）			
		原原种	原种	一级种	二级种
病毒	重花叶	0	0.2	1.0	5.0
	卷叶	0	0.2	1.0	5.0
	总病毒病	0	1.0	5.0	10.0
青枯病		0	0	0.5	1.0
黑胫病		0	0	0.5	1.0

表 2　各级种薯块茎质量要求

项　目	允许率（%）			
	原原种	原种	一级种	二级种
混杂	0	1.0	5.0	10.0
湿腐病	0	0	1.0	2.0
软腐病	0	0	1.0	2.0
晚疫病	0	0.1	2.0	3.0
干腐病	0	1.0	2.0	4.0
普通疮痂病	0	1.0	5.0	10.0
黑痣病	0	1.0	2.0	5.0
马铃薯块茎蛾	0	0	0	0
外部缺陷	1.0	3.0	6.0	10.0
冻伤	0	1.0	2.0	2.0
土壤和杂质	0	1.0	2.0	2.0

三、马铃薯的生产

（一）深耕整地

马铃薯适合沙壤土种植，深耕可使土壤疏松，透气性好，并可提高土壤的蓄水、保肥和抗旱能力，改善土壤的物理性状，为马铃薯的根系充分发育和薯块膨大创造良好的条件。马铃薯的须根穿透力差，土壤疏松有利于根系的生长发育，根系在土壤中发育得愈好，植株生长势愈强，产量愈高，土壤疏松对前期生长比较缓慢的品种尤为重要。因此，深耕是保证马铃薯高产的基础。试验证明，耕层愈深，增产效果愈显著。一般耕深不浅于 25 厘米。若土壤墒情不好，要提前灌溉一次，再进行深耕。

（二）肥料准备

马铃薯是喜肥作物，尤喜有机肥。因为有机肥既可以提供全面的营养，又可以改善土壤物理结构。所以播前要准备好肥料。根据生产经验，一般亩施有机肥 1 000～2 000 千克（或农家肥 5 000 千克左右）、过磷酸钙 50 千克、硫酸钾 40 千克、尿素 10 千克。播种前最好一次施足基肥，特别是有机肥和磷钾肥在播种前施入效果更好。因为磷钾肥与有机肥混施有利于提高磷、钾肥的肥效，减少土壤对磷的固定，以便马铃薯根系充分发育后，土壤能不断提供植株所需的养分。氮肥要根据土壤肥力情况施入，在土壤肥力水平高的情况下，为避免植株徒长，可将全部氮肥的 2/3 作为基肥施入，留 1/3 做追肥用。一般氮肥当年利用率为 55%，磷肥当年利用率为 15%，钾肥当年利用率为 60%。土壤肥料供给系数 0.8。因为马铃薯的品种不同，其需肥特性也有所不同。实际应用时，应当考虑到当地土壤的养分状况，适当调整各种肥料的用量。生产 1 000 千克马铃薯需吸收 N 4.8 千克；P_2O_5 2.4 千克；K_2O 10 千克。投入比为 N：P_2O_5：K_2O＝2：1：4。其中基肥占 70%，比例为 N：P_2O_5：K_2O＝12：19：16；追施占 30%，比例为 N：P_2O_5：K_2O＝20：0：24，齐苗和初花期施用。

（三）播前催芽和切块

春播每亩需种薯 120 千克左右。要挑选出符合品种特征、完整、无病虫害、无伤冻、表皮光滑、颜色好的薯块作为种薯。由于早春温度低，马铃薯不能播种或播种后出苗慢，而播前催芽可以淘汰病薯，幼芽发根也快，出苗早而齐，发棵早，结薯早，有利于高产。催芽的具体方法如下。

1. 整薯催芽　播前 20 天左右，将种薯放在保温性好的温室内暖种处理，催芽约 1 厘米时，于播前 1～2 天切块。

2. 切块催芽

（1）室内催芽　播前 30 天左右，将种薯放到温度 15～18℃的室内 10～15 天。种薯开始发芽时切块，按 1：1 比例与湿沙（或湿土）混合均匀，摊成 1 米宽、30 厘米厚，上面及四周用湿沙（或湿土）覆盖 7～8 厘米。另一方法是将湿沙（或湿土）摊成 1 米宽、7 厘米厚，长度不限的催芽床，然后摊放一层马铃薯块覆一层湿沙（或湿土），厚度以看不见切块为准，可摊放 3～4 层，然后在上面及四周盖湿沙（或湿土）7～8 厘米。温度保持在 15～18℃，最高不超过 20℃。待芽长到 1～2 厘米时扒出，放在散射光下晾种（保持 15℃低温），使芽变绿、变粗壮后即可播种。

（2）室外催芽　选择背风向阳处挖宽 1 米、深 50 厘米的催芽沟，按室内催芽方法将切块摆放在沟内催芽，沟上搭小拱棚以提高温度，下午 5 时盖上草苫保温，上午 8 时揭去草苫提高温度。

（3）切块要求　每千克种薯切 50 块左右，每块 20～25 克，切块大小一致，至少每块上要有一个芽眼。换块时切刀用酒精或高锰酸钾水溶液消毒。切口离芽眼要近，可刺激早发芽，利于早出苗。15 克左右的小薯，在脐部用刀削一下即可。

（4）切块方法　50 克左右的种薯可从顶部到尾部纵切成 2 块；70～90 克的种薯切成 3 块，方法是先从基部切下带 2 个芽眼的 1 块，剩余部分纵切为 2 块；100 克左右的种薯可纵切为 4 块，这样有利于增加带顶芽的块数。对于大薯块来说，可以从种薯的尾部开始，按芽眼排列顺序螺旋形向顶部斜切，最后将顶部一分为二。

（5）种薯药剂处理

①温汤浸种。种薯用 45℃温水预浸 1 分钟，再入 60℃温水中浸 15 分钟。

②种薯块用 50 毫克/千克硫酸铜或 5‰过磷酸钙水溶液浸泡 10 分钟，或用干草木灰拌种块后立即播种（防治环腐病、黑胫病）。

③用 40％福尔马林 200 倍液浸种 5 分钟或将种薯浸湿，再用塑料布盖严闷 2 小时，晾干播种（防治粉痂病、疮痂病）。

④播种后覆土前，可沟喷 1 次 1：1：200 的波尔多液，或 50％敌菌灵可湿性粉剂 500 倍液，或喷洒一次熟石灰粉，每公顷 450～750 千克（防治晚疫病、立枯丝、核菌病）。

（四）适时播种

适时播种是取得高产的关键环节。确定播种期有 3 个原则：一是土壤 10 厘米深处地温达到 7～8℃时播种；二是马铃薯春播出苗时要避免霜冻，一般根据当地终霜日前推 20～30 天为适播期；三是应把薯块形成期安排在适于块茎形成、膨大的季节，平均气温不超过 23℃，（沧州 6 月上旬 23.2℃）日照时数不超过 14 小时，有适量降雨。

（五）加强田间管理

田间管理的目的在于运用科学的、综合的农业技术，为马铃薯植株创造良好的生长发育条件，是促早熟高产高效栽培的重要环节。马铃薯的田间管理，应突出一个"早"字，总的要求是前期早发，中期稳长，后期晚衰。管理的重点是，前期及时中耕除草、追肥、培土，后期注意排、灌，防止病虫害。马铃薯从播种到出苗一般 30 天左右，播种后因温度逐渐上升，杂草丛生，马铃薯齐苗后应及时除草。追肥宜早不宜晚，出苗 80％后，进行第一次追肥，施碳酸氢铵 40～50 千克（或尿素 15 千克），追肥后要及时灌水，否则肥料不能溶解，根部不能吸收利用。现蕾期进行培土，浇水。开花初期薯块进入迅速膨大期，进行第二次培土、浇水，应结合除草进行。植株封垄前培完土，防止块茎外露变绿。此时可视植株长势情况决定第二次追肥，一般不追肥，若需要，可少量施些尿素，约 10 千克。

马铃薯比较抗旱，但要获得高产就不能缺水，在整个生长过程中，土壤含水量保持在 60%～80% 比较合适。尤其在夏季高温阶段，土壤温度达 30℃ 左右时，高温敏感的品种会产生畸形块茎，及时灌溉，降低土壤温度，有利于块茎正常生长。雨后积水应及时防涝，否则将造成田间烂薯。收获前 10 天停止浇水，利于收获贮藏。

另外，要及时防治晚疫病、蚜虫、蝼蛄等。防治晚疫病，开花前后加强田间检查，发现中心病株后立即拔除，其附近植株上的病叶也一并摘除就地深埋，撒上石灰。然后采用 25% 甲霜灵可湿性粉剂 1 000～1 500 倍液，或 65% 代森锌可湿性粉剂 500 倍液，或 50% 敌菌灵可湿性粉剂 500 倍液，或 40% 三乙膦酸铝可湿性粉剂 300 倍液，或 75% 百菌清可湿性粉剂 600～800 倍液喷雾。

（六）收获贮藏

春播马铃薯在 6 月初前收获完。贮藏时选择干净、通风、凉爽的半地下窖为好，不要与农药、化肥、机油等油类或大葱、大蒜、洋葱等辛辣味产品共存。薯块堆放于干净的沙土上，每 10 天翻检一次，随时捡出烂薯。商品薯应暗光保存，防止变绿。

大棚薄皮甜瓜高产高效
栽培技术

宋立彦　祁　婧

河北省青县大棚种植薄皮甜瓜多年，摸索出一套采取多膜覆盖、嫁接等技术的一年一大茬高产高效栽培模式，一般2月中旬至3月下旬定植，5月上旬至6月中旬采收上市，至9月下旬拉秧，每亩产量6 000～8 000千克，产值2万～3万元，最高达到5万元，产品销往北京、天津、辽宁、黑龙江、吉林、山东等地，市场前景非常广阔。

一、青县大棚

在总结青县菜农20多年来大棚种植经验的基础上，对青县大棚的建造技术进行了规范，确定了大棚单栋最佳面积为5亩，主要参数：大棚脊高2.7米，跨度37米左右，肩高1.7米，柱间距1.1米、立柱行间距2米，大棚长度90米。

二、选择优良品种

甜瓜选用符合市场需求、品质优良、丰产性好、抗逆性强、品质优的品种，主要有博洋9号、博洋91、博洋61、博洋72、博洋83等；砧木选择甜瓜专用嫁接南瓜品种。

三、嫁接育苗

（一）播种时间

甜瓜一般在1月下旬播种。嫁接采用贴接法，甜瓜比南瓜早播15～20天，当甜瓜第一片真叶大如指甲盖大小时再播南瓜种子。

（二）浸种催芽

播种前1天，把种子晾晒3～5小时，先进行温汤浸种，将种子置入55℃温水处理15分钟，并不断搅拌，待水温自然降至30℃时继续浸种6～12小时，将浸好的种子捞出淋出多余水分后，装入湿布袋中放在28～30℃的温度下催芽，待萌芽后即可播种。

（三）播种方法

在加温温室中育苗，用 50 孔穴盘进行嫁接育苗。使用育苗专用基质，基质在填充穴盘前要充分润湿，用每克含 10 亿活孢子的枯草芽孢杆菌可湿性粉剂 500 倍液，基质含水量一般以 60％为宜，即用手握一把基质，没有水分挤出，松开手会成团。将基质填满育苗穴盘，刮平。将 5 个装好基质的育苗穴盘垂直叠放在一起，两手伸平放在顶部穴盘上均匀下压，甜瓜深 1 厘米，点籽 2 粒，覆 1 厘米蛭石；南瓜深 1.5 厘米，点籽 1 粒，覆 1.5 厘米蛭石。

（四）苗期管理

1. 温度　发芽至出苗白天气温控制在 28～30℃，夜间 20℃，出苗后白天气温控制在 25～30℃，夜间 13～15℃，地温 15℃以上。

2. 光照　苗期尽量增加光照，如遇连阴天、雾霾等天气，可采用植物生长灯进行补光。

3. 苗期病害预防　苗期病害有细菌性果斑病及真菌性病害，嫁接前 1 天，打一遍药，进行预防，用药可以选择内吸性抗生素类药物、杀真菌药物进行综合预防。

4. 嫁接及嫁接后管理

（1）嫁接方法　采用贴接法，当南瓜幼苗两片子叶展平能看见 1 片真叶，甜瓜 2 片真叶 1 心时进行嫁接。选择晴天嫁接。嫁接时，南瓜砧木子叶基部斜向下呈 45°角切一刀，去掉生长点，只剩 1 片子叶，选用与砧木大小相近的接穗，然后在子叶下 1.5 厘米处向上呈 45°角斜着切断，切口长度与砧木切口相同，然后将切好的接穗苗切口与砧木苗切口对准，贴合在一起，用嫁接夹夹牢贴接口。嫁接后马上放入小拱棚内。

（2）嫁接后管理　嫁接好的甜瓜苗立即放入小拱棚内，嫁接后 1～3 天是形成愈合组织交错结合期，床温白天控制在 25～28℃，夜间保持在 20℃左右；空气相对湿度达到 95％以上；为防止阳光直射萎蔫，一定要用草帘、遮阳网等进行遮光。3 天后可在早晨、傍晚除去覆盖物，接受弱光、散光，以后逐渐增加透光时间。7 天后只在中午（上午 10 时至下午 2 时）这段时间内遮光，10 天后嫁接苗长出新叶，幼苗不再萎蔫时，撤除覆盖物，恢复正常苗期管理。

（3）壮苗标准　苗龄 45～50 天，嫁接苗长到 3 叶 1 心，茎秆粗壮、子叶完整、叶色浓绿、生长健壮，根系紧紧缠绕基质，嫩白密集，形成完整根坨，不散坨；无黄叶，无病虫害；整盘苗整齐一致。

四、科学定植

（一）整地施肥

一般每亩施优质腐熟粪肥 5 000 千克、硫基平衡复合肥 50 千克、枯草芽孢杆菌 3～5 千克、微量元素钙镁硼锌铁 2 千克。造足底墒，基肥撒施后，深翻地 30～40 厘米，混匀、耙平，按行距 100 厘米作畦。

（二）扣棚膜挂天幕

早春大棚采用"多膜覆盖"（即大棚膜＋1～2 层天幕＋小拱棚），比单膜大棚可提早定植 20 天以上。定植前 20 天扣大棚膜，提高地温。定植前 5～7 天挂天幕 2 层，间隔 15～30 厘米，选用厚度 0.012 毫米的聚乙烯流滴地膜。

（三）适期定植

一般在 3 月上旬，大棚内 10 厘米地温连续 3 天稳定在 12℃以上时，选择晴天上午进行定植。苗子在定植前 1 天用 75％百菌清可湿性粉剂 600 倍液喷雾杀菌。按行距 1 米在畦中间开沟，浇定植水，待水渗至一半时按株距 30 厘米左右放苗，每亩定植 1 800～2 000 株。定植后 2 个畦扣 1 个小拱棚，选用厚度 0.012 毫米的聚乙烯流滴地膜。

五、定植后规范管理

（一）温度管理

刚定植后，地温较低，应保持大棚密闭，即使短时气温超过 35℃也不放风，以尽快提高地温促进缓苗。缓苗后根据天气情况适时放风，应保证 21～28℃的时间在 8 小时以上，夜间最低温度维持在 12℃左右。瓜定个到成熟，白天温度 25～35℃，夜间保持在 12℃以上，利于甜瓜的糖分积累。随着外界气温升高逐步加大风口，当外界气温稳定在 12℃以上时，可昼夜通风，大棚气温白天上午在 25～35℃，下午 20～25℃最好。

（二）肥水管理

定植后根据墒情可浇一次缓苗水，以后不干不浇。当瓜胎长至鸡蛋大时，选择晴天上午结合浇小水，每亩地冲施硝酸铵钙 5 千克、硫酸钾 10 千克；或硝酸钾 10 千克、中微量元素钙镁硼锌铁 2 千克，整个果实膨大期可浇水追肥 2～3 次，采收前 7～10 天停止浇水追肥。

（三）植株调整

采用单蔓整枝法，主蔓长至 30 厘米长时吊蔓，长至 25 片叶左右打头，在 10～13 节选留子蔓留瓜，坐果后留 1 片叶打头，每株留 3～4 瓜，10 节以下与 14～20 节的子蔓全部去掉，在 21～23 节子蔓开始选留二茬瓜。二茬瓜采摘后，可每隔 1 株去 2 株。三、四茬瓜在孙蔓选留。

（四）保花保果

羊角脆可自然授粉留果，其他甜瓜品种采用氯吡脲蘸花；也可采用熊蜂授粉，于大量开花前 1～2 天（开花数量大约 5％时）放入。

（五）小拱棚、天幕的撤除

随着外界温度升高，逐步撤除小拱棚、天幕，增加透光率，瓜秧开始吊绳前撤除小拱棚，在3月下旬撤除下层天幕，4月上旬撤第二层天幕。

六、病虫害综合防治

根据病虫害预测预报，按"预防为主，综合防治"的方针，以生物防治、农业防治和物理防治为基础，合理使用化学防治。

（一）物理防治

用30厘米×20厘米黄板诱杀白粉虱、蚜虫；用30厘米×20厘米蓝板诱杀蓟马，每亩挂20～30块，挂在行间。在大棚的放风处设30～40目防虫网，阻止昆虫进入。

（二）生物防治

保护利用自然天敌如瓢虫、草蛉、蚜小蜂等对蚜虫自然控制。积极推广生物农药防治病虫。

（三）药剂防治

优先采用粉尘法、烟熏法，在干燥晴朗天气也可喷雾防治，注意轮换用药，合理混用。

1. 霜霉病　用45%百菌清烟剂防治，每亩制剂用量150～250克于傍晚密闭熏烟；或用80%烯酰吗啉水分散粒剂2 000倍液喷雾；或用72.2%霜霉威水剂800倍液喷雾；或用100克/升氰霜唑悬浮剂1 000倍液喷雾；或用60%丙森·霜脲氰可湿性粉剂800倍液喷雾。

2. 白粉病　药剂防治在发病初期效果最佳，用10%宁南霉素可溶性粉剂800倍液喷雾；或用30%氟菌唑可湿性粉剂2 000倍液喷雾；或用1%蛇床子素水乳剂500倍喷雾；或用0.5%大黄素甲醚水剂1 000倍液喷雾；或用25%乙嘧酚悬浮剂800倍液喷雾。

3. 灰霉病　用15%腐霉利烟剂于傍晚密闭熏烟，每亩制剂用量200～300克；或用400克/升嘧霉胺悬浮剂800倍液喷雾，或65%甲硫·乙霉威可湿性粉剂600倍液喷雾；或50%啶酰菌胺水分散粒剂1 500倍液喷雾。

4. 角斑病　用20%噻森铜悬浮剂500倍液喷雾；或用50%氯溴异氰尿酸可溶性粉剂1 000倍液喷雾；或用47%春雷·王铜可湿性粉剂750倍液喷雾；或用46%氢氧化铜水分散粒剂1 500倍液喷雾。

5. 虫害　白粉虱、蚜虫用70%吡虫啉水分散粒剂15 000倍液喷雾；或用10%氯噻啉可湿性粉剂1 500倍液喷雾；或用10%异丙威烟剂熏烟，每亩制剂用量300～400克。

蓟马用60克/升乙基多杀菌素15 000倍液喷雾；或10%溴氰虫酰胺可分

散油悬浮剂 750 倍液喷雾。

七、适时采收

根据开花日期推算果实的成熟度，根据果皮颜色变化来判断采收时期。采收应在清晨进行，采收后存放于荫凉处。

主要食用豆高产栽培技术

范保杰

一、食用豆基本概况

食用豆俗称杂豆，是除大豆、花生以外，以收获籽粒为主、兼作蔬菜供人类食用的豆科作物的总称。其特点是生育期短、适应性广、抗逆性强，并具有共生固氮能力，是禾谷类、薯类、棉花、幼龄果树等作物间作套种的适宜作物和好前茬，也是良好的填闲和救灾作物。

中国是世界上种植食用豆种类最多的国家，目前栽培的食用豆类有20余种，年种植面积在4 500万亩左右，总产量约500万吨。

在我国种植面积较大的食用豆类包括绿豆、蚕豆、豌豆、菜豆、小豆、豇豆、小扁豆和饭豆等。其中，原产于中国的绿豆、小豆的种植面积、总产量和出口量居世界首位。

二、河北省食用豆生产现状

食用豆是河北省特色农作物，常年种植面积200万亩左右。河北省种植的食用豆主要有绿豆、小豆、菜豆、蚕豆、豌豆等。绿豆年种植面积40万～60万亩，小豆30万～40万亩，蚕豆40万亩，其他杂豆40万～60万亩。种植区域主要在张家口的阳原、蔚县、崇礼，以及石家庄、唐山、保定、沧州、衡水等一些山区丘陵、干旱贫瘠地区。近几年邢台、邯郸地区由于棉花缩减，春播绿豆种植面积也在逐年扩大。

由于河北省山地、丘陵、旱薄地较多。杂豆又具有生育期短、抗旱耐瘠、固氮养地等特性，对山区丘陵、干旱贫瘠地区抗灾救荒、发展旱作节水农业、调整种植结构等方面具有重要作用。特别是近几年，地下水超采，高秆作物面积调减，杂豆种植面积和种植效益明显提高。由于近几年食用豆价格比较平稳，食用豆类的种植面积也在稳中有升。

三、绿豆高产栽培技术

绿豆具有生育期短，播种适期长，抗旱耐瘠、固氮养地等特点。种植方式主要有春播平作、春播与棉花套种，以及部分地区的夏播复种等。

（一）品种选择

在河北省生产上选用的品种有：冀绿7号、冀绿10号、冀绿11、保绿942、冀绿9号（黑绿豆）、冀绿13、冀绿14、冀绿15（抗豆象）、冀绿16、冀绿17、冀绿18、冀绿19、冀绿20（毛绿豆）、张绿1号、张绿3号、鹦哥绿豆等。其中种植面积较大有冀绿17、冀绿19、冀绿20。

（二）土地选择

绿豆抗旱耐瘠性和适应性较强，对土壤要求不严，以石灰性冲积土和壤土为宜，但前茬不宜为豆科作物。

（三）播前准备

播种前土壤相对含水量小于70％时，要灌溉造墒。等墒情合适后进行深翻或旋耕，深翻不浅于20厘米，旋耕不浅于15厘米，耕后耢耙平整，达到上虚下实，无坷垃和墒沟。也可在小麦收获后墒情合适时贴茬播种。

（四）播种要求

1. 播种期 春播绿豆在5～10厘米地温稳定通过12℃时即可播种。具体时间，冀中南地区在4月中下旬至5月上旬，地膜覆盖可以提前到4月上旬播种。冀北部春播区为5月中下旬。夏播区绿豆从6月中旬开始播种，早熟品种最晚不能晚于7月20日。

2. 播种前种子及土壤处理 播种前对所选用的种子进行筛选或人工挑选，剔除病斑粒、破碎粒、杂质及异类作物种子，选择晴天将种子翻晒1～2天。

春播地膜覆盖绿豆要注意根潜蝇的危害。防治方法一是播前拌种，二是播前撒毒土进行土壤处理。如果出苗后危害严重，可连续喷施菊酯类药物2～3次进行防治。

3. 种植方法及播种量 绿豆可以穴播也可以条播。穴播穴距15～20厘米，每穴播2～3粒种子。条播开沟后把种子均匀撒在沟里。大面积种植可采用机械播种。采用等行距种植或大小行种植，等行距种植行距为50厘米左右。大小行种植行距为60厘米/40厘米。

播种量要根据种子大小，一般1～1.5千克/亩。播种深度3～4厘米。

（五）田间管理

1. 化学除草 绿豆田间杂草的防除主要有播前土壤处理、播后封闭、出苗后喷施三种途径。播前处理一般在播种前3～4天，使用48％氟乐灵乳油每亩100～150毫升对水50千克后均匀喷雾，施药后马上混土，混土深度2～3厘米；播后封闭除草是在播种后出苗前，选用96％精·异丙甲草胺乳油50～80毫升+33％二甲戊灵乳油200毫升/亩对水50千克后均匀喷雾，喷药应在早上地表潮湿的时候进行；苗后除草可选用精喹·氟磺胺、高效氟吡甲禾灵、烯禾啶等除草剂进行喷施。

2. 苗期管理 绿豆播种后 3～4 天出苗，出苗后应及时查苗、补苗、间苗，去除病苗弱苗。一般在第二片三出复叶展开后定苗。穴播每穴留苗 1～2 株。条播一般株距 10～15 厘米。留苗密度 1 万～1.5 万株/亩为宜。一般地力基本苗 1 万～1.2 万株/亩，旱薄地 1.3 万～1.5 万株/亩。绿豆从出苗到花期进行 1～2 次中耕除草，头遍浅耕，结合间定苗进行，第二遍在开花前进行。

3. 病害防治 近年来，绿豆生产上发生的主要病害有立枯病、白粉病、枯萎病、叶斑病和细菌性晕疫病等。其中，细菌性晕疫病主要发生在春播区。

（1）立枯病 发病初期选用 75％百菌清可湿性粉剂 600 倍液或 70％甲基硫菌灵可湿性粉剂 1 000 倍液喷施，每 7～10 天喷一次，连续使用 2 次。

（2）枯萎病 发病初期选用 50％氯溴异氰尿酸可湿性粉剂 1 000 倍液、50％多菌灵可湿性粉剂 600 倍液，每隔 7～10 天喷 1 次，连喷 2～3 次。

（3）白粉病 发病初期可喷施 40％氟硅唑（福星）乳油 5 000～8 000 倍液、25％三唑酮可湿性粉剂 2 000 倍液、25％丙环唑乳油 4 000 倍液、70％甲基硫菌灵可湿性粉剂 1 000 倍液、50％多菌灵可湿性粉剂 500 倍液等。重病田隔 7～10 天再喷 1 次。

（4）根腐病 一是种子处理，用 2.5％咯菌腈悬浮种衣剂或 35％多克福种衣剂处理；二是在发病初期喷施 50％氯溴异氰尿酸可溶性粉剂 1 000 倍液或 50％多菌灵可湿性粉剂 600 倍液、4％嘧啶核苷类抗菌素（农抗 120）水剂 200 倍液、14％络氨铜水剂 300 倍液，隔 10 天左右喷 1 次，连续防治 2～3 次。

（5）叶斑病 播种 30 天后喷施 75％多菌灵可湿性粉剂 600 倍液能够有效控制病害。发病初期喷施 75％代森锰锌或 75％百菌清可湿性粉剂 600 倍液，隔 7～10 天喷施 1 次，连续防治 2～3 次。

（6）细菌性晕疫病 发病初期喷施 77％氢氧化铜可湿性微粒粉剂 500 倍液等，隔 7～10 天 1 次，防治 1～2 次。

4. 虫害防治 绿豆常发生的虫害主要有地老虎、蚜虫、豆荚螟、棉铃虫、蓟马等。可选用国产的吡虫啉、2.5％高效氯氟氰菊酯、5％来福灵等药剂，进口的 14％氯虫·高氯氟、22％噻虫·高氯氟、甲氨基阿维菌素等药剂，在苗期、现蕾分枝期和盛花期各喷一次，能起到很好的防治效果。

5. 肥水管理 基肥充足、土壤肥沃的地块一般苗期不追肥，但土壤瘠薄肥力不足的地块，应轻追一次苗肥，苗肥一般每亩追施尿素 2.5 千克，并配以适量磷、钾肥。土壤肥力中等偏下的地块，在绿豆初花期每亩追施尿素 5～8 千克，花荚后期可采用叶面追肥，一般每亩用磷酸二氢钾 50～100 克。

在足墒播种的情况下，苗期一般不需浇水。土壤墒情差或盐碱地，在干旱年份酌情浇水。绿豆开花结荚期是需水高峰期，在有灌溉条件的地方，在田间干旱的情况下可浇 1 次水，会起到明显的增产作用。

6. 除草剂危害　小麦茬除草剂残留，喷施玉米田除草剂等均可对绿豆造成伤害。防治方法：喷施生长调节剂碧护，7 天一次，连喷三次，效果较好。

（六）收获与储藏

在田间 80％的荚变黑时即可一次性收获。也可根据情况分批分期摘荚采收。收获时间应在每天上午 10 时前及傍晚进行，以减少炸荚落粒。大面积种植成熟后割倒在田间晾晒 1～2 天，用绿豆整株脱粒机进行脱粒。或在成熟前 4～5 天喷施草铵膦，待叶片干枯后，用小麦联合收割机调低怠速进行收获（现已有机械研制单位研制出了绿豆专用收割机），收获后及时晾晒、清选，籽粒含水量低于 13％时入库贮藏，并用磷化铝熏蒸，以防豆象危害。

四、棉田套种绿豆生产栽培技术

棉田套种绿豆是河北省中南部地区传统的种植方式，该种植方式在不影响主栽作物棉花产量的前提下，可收获绿豆 30～40 千克/亩，亩增经济效益 200～300 元。

1. 绿豆品种选择　选择春播生育期 80 天以内，株高低于 60 厘米，株型紧凑，结荚集中，成熟一致、抗病、丰产性好的品种。如，冀绿系列品种、中绿系列品种、保绿系列品种等。

2. 种植模式　使用常规棉品种，棉花采用大小行种植，大行行距 90～110 厘米，小行行距 40～50 厘米，大行内套作一行绿豆。使用杂交棉品种，单行种植，行距 120 厘米，行间种植两行绿豆，绿豆行距为 35～40 厘米。

3. 播种期　冀中南 4 月中下旬至 5 月初可棉花绿豆同期播种，或棉花播种后，再播种绿豆，但绿豆播期最晚不晚于 5 月 10 日。绿豆播期过晚，会延长棉豆共生期，影响棉花产量。

4. 播种密度　绿豆穴播或条播。穴播穴距 10～15 厘米，出苗后 1～2 片真叶期每穴留苗 1～2 株。条播出苗后 1～2 片真叶期间苗，单株留苗，株距 10～15 厘米，留苗密度 5 000～7 000 株/亩。

5. 化学除草　选用对棉花和绿豆没有影响的除草剂。在棉花播种前 3～4 天，喷施 48％氟乐灵乳油进行土壤处理。在棉花播种后出苗前，选用 43％甲草胺乳油或 72％精异丙甲草胺乳油喷施。当棉苗长到 4 叶以后，可用 12.5％氟吡甲禾灵乳油进行茎叶处理。

6. 其他管理措施　棉花绿豆生长期间的管理措施同棉花、绿豆单作时的田间管理。当田间 80％的绿豆荚变黑时可一次性收获。一般在 6 月下旬至 7 月初绿豆成熟，在棉垄间拔出绿豆，运出棉田即可。也可根据情况分批分期摘荚采收。收获后及时脱粒晾晒。绿豆收获后，棉花及时培土，培土前每亩追施尿素 10 千克左右。

五、绿豆夏玉米间作套种栽培技术

1. 播种期 播种时间在 4 月下旬至 5 月初，地膜覆盖可提前到 4 月中旬。玉米可在绿豆成熟前进行套播，大概时间为 6 月 15—25 日。

2. 品种选择 绿豆选用株型紧凑、早熟、高产、直立、结荚集中、成熟一致、抗病、丰产性好的品种。玉米选早熟，株型紧凑，抗病抗倒性好，目前应用面积较大的杂交种。

3. 种植模式 绿豆采用大小行种植，大行距 60 厘米，小行距 40 厘米，绿豆成熟前在玉米大行内套作一行玉米。

4. 播种密度 绿豆为 12 000～15 000 株/亩，玉米为 3 000～4 000 株/亩。

5. 田间管理 绿豆生长期间按常规管理方式管理，一般在 7 月初绿豆成熟后，一次性拔出，晾晒后及时脱粒。绿豆收获后，玉米及时进行肥水管理。

六、小豆高产栽培技术

小豆生育期短，抗逆性强，适应性好，对肥料和水需求相对较少，在节水、降低农药化肥使用量等方面具有独特优势。由于近年来国家种植结构调整，小豆种植面积也在逐年扩大，河北省常年种植面积 40 万亩左右。冀中南地区为红小豆的夏播主产区。

1. 气候与土地条件 小豆对土壤、气候、肥水等条件适应性较好，但要想获得高产，需要选择土地平整、排灌方便，中等以上地力的地块，且前茬不宜为豆科作物。

2. 品种选择 小豆对光周期较敏感，品种选择上以河北省和周边省区育成的具有高产、优质、早熟、多抗等优异特性的优良品种为主，如保红 947、冀红 352、冀红 17、冀红 18、冀红 15、冀红 16、冀红 19、冀红 20、中红 10 号等。

3. 播期及密度 沧州区域建议夏播，播期在 6 月 15 日至 7 月 5 日，最晚不超过 7 月 15 日。留苗密度视品种特性、播期、地力条件而定，一般早播宜稀，晚播宜密；高水肥地宜稀，低水肥地宜密。亩留苗 8 000～12 000 株，亩播种量 2～3 千克。

4. 播种方式 可采用人工点播或条播、播种机条播，一般行距 50～60 厘米，单株株距 15 厘米左右。播深 3～5 厘米，小豆种子籽粒较大，发芽吸水量较大，一定要足墒下种，以确保全苗。

5. 肥水管理 小豆耐瘠薄，但科学施肥能显著提高产量，特别是瘠薄地。

有条件的地块，整地前根据地块肥力亩施 N、P、K 复合肥 30～40 千克或磷酸二铵 15～20 千克/亩。小豆耐旱且生育期短，正常年份不用浇水，但干旱年份应适时浇水防旱，尤其是初花期到鼓粒期的关键时期。

6. 杂草防除 一般播种后，及时喷施精异丙甲草胺封闭性除草剂防除杂草，或苗后使用精喹禾灵和氟磺胺草醚混合药液进行化学除草，最后采用定向喷施，用药量一般用大豆推荐用量的 70％～80％即可。未使用除草剂或除草剂效果不好的地块，小豆封垄前应进行中耕除草，并注意随时拔除田间大草。

7. 病害防治 小豆发生的病害有细菌性疫病、细菌性茎腐病、枯萎病、叶疫病、荚流胶病、炭腐病、菌核病、尾孢叶斑病、白粉病、锈病、孢囊线虫病、病毒病等，不同地区发生的主要病害不同。

防治方法：①播种前拌种。常用药剂有含芽孢杆菌的生物拌种剂、多菌灵、咯菌腈等。②包衣。用克百威的种衣剂进行种子包衣，防治根结线虫病。③药剂防治。立枯病防治：在发病初期喷施 20％甲基立枯磷乳油 1 200 倍液、36％甲基硫菌灵悬浮剂 600 倍液。枯萎病防治：播种时沟施萎菌净或 25％多菌灵拌种，发病初期喷施 25％噻虫·咯·霜灵悬浮剂或用 30％甲霜·噁霉灵水剂灌根。叶斑病防治：发病初期可喷洒 50％乙霉·多菌灵可湿性粉剂 1 000～1 500 倍液或 75％百菌清可湿性粉剂 600 倍液。细菌性晕疫病防治：发病初期喷施 77％氢氧化铜可湿性微粒粉剂，7 天/次，喷施 1～2 次。病毒病防治：症状出现时喷施 0.01％芸薹素内酯水剂、1％香菇多糖水剂、抗病毒水剂等。根结线虫病防治：一般用 10％噻唑膦微囊悬浮剂或 5％阿维菌素颗粒剂与细土混合均匀后撒施，然后 20 厘米表层翻耕。

8. 虫害防治 苗期注意防治地老虎、蛴螬等地下害虫和蚜虫、红蜘蛛危害，分枝期和开花注意防治蓟马等害虫传播病毒，花荚期主要防止豆荚螟、蓟马、棉铃虫、椿象等害虫危害。农药应选用对应的高效低毒农药。

9. 收获 80％豆荚变白变干时就可以收获，无小豆机械收获条件的可采用人工镰刀收割，晾晒后用拖拉机或机动、电动三轮车碾压或棍棒拍打脱粒，注意碾压时小豆秸秆堆积不要太薄，以免把籽粒压碎。脱粒机脱粒时应控制转速以减少碎粒，直立型小豆成熟后也可以用联合收割机收获。收获后及时晾晒，籽粒含水量达到 13％以下时进行储藏，储藏期间及时用磷化铝熏蒸，以防豆象危害。

七、小豆玉米间作套种高效栽培技术

1. 带行配比 根据选用玉米及小豆品种的特点，玉米与小豆适宜的行比为 1∶2、2∶1、2∶2、2∶3、2∶4。

2. 品种搭配　小豆以大粒、直立型为主；玉米以中、早熟大穗型为主，这样更能突出玉米的边行优势。

3. 适时播种、合理密植　6月20日左右播种，小豆行距50厘米，株距15厘米左右。玉米行距50厘米，株距20～25厘米。小豆播前药物拌种，采用条播，播深3～4厘米，播后覆土，播种量2.5～3千克/亩。玉米品种用种衣剂拌种，穴播20～25厘米，每穴2粒，播种量1.5千克/亩。

4. 田间管理

（1）小豆田间管理要点　主要是预防"三病三虫"，即病毒病、锈病、角斑病、蚜虫、豆荚螟、蓟马。小豆锈病发病初期用三唑酮进行喷雾；角斑病用多菌灵喷施；虫害防治可选用国产的吡虫啉、2.5%高效氯氟氰菊酯、5% S-氰戊菊酯等药剂，进口的14%氯虫·高氯氟、22%噻虫·高氯氟、甲氨基阿维菌素等药剂在苗期、现蕾分枝期和盛花期各喷一次。另外，小豆耐涝性较差，苗期遇雨要注意排水防涝，间作小豆植株比平作的高，应注意防倒伏；初花期如果植株较高，可喷施多效唑控高。

（2）玉米田间管理要点　三叶期间苗，五叶期定苗，然后进行中耕除草。小喇叭口期及时防治玉米螟；大喇叭口期每亩追施尿素20千克。

（3）及时适时收获　小豆成熟后及时收获脱粒、晾晒。玉米成熟后适时收获。

小杂粮（高粱、谷子、绿豆）生产技术

潘秀芬　李晓洋　巩长朋

一、一年一熟制高粱生产技术

技术要点：5月底至6月中旬等雨趁墒播种，一般年份全生育期不浇水。

1. 播前准备

（1）整地　选择土层深厚、结构良好、肥力适中、地势平坦的地块，忌重茬。春播高粱应在前茬作物收获后及时深耕，耕翻深度25～30厘米，春季亩施土杂肥1 000～1 500千克、复合肥（18 - 12 - 20）30～40千克或生物有机肥200千克，旋耕1～2遍后耙平。重度盐碱地可结合深耕亩施以腐植酸、含硫化合物和微量元素为主的土壤改良剂100～150千克。

（2）种子处理　选择籽粒饱满、整齐一致的种子，纯度95％以上，净度98％以上，发芽率85％以上；播前15天将种子晾晒2天，用药剂拌种或包衣，防治黑穗病及地下害虫等。

2. 精细播种

（1）品种选择　选择优质、高产、抗蚜、抗逆性强、熟期适宜的优良品种。粒用高粱品种可选用冀酿1号、冀酿2号抗蚜高粱杂交种；或红茅粱6号等适应性强的酿造高粱品种；甜高粱品种可选用能饲2号、冀甜3号等用来生产青储饲料。

（2）播期　适宜播期在5月底至6月初，抢墒早播，在春季干旱年份可推迟6月25日前等雨夏播。一般10厘米耕层地温稳定在10℃以上、土壤含水量15％～20％为宜。墒情不足时可先灌水补墒后播种，谨防芽干出苗不齐。

（3）播种方式　采用精播机播种，播种量0.3～0.5千克/亩，盐碱地适当加大播量。一般行距50～60厘米，播种深度3～5厘米，深浅一致，覆土均匀，播后镇压。

3. 田间管理

（1）除草　出苗前喷施除草剂。每亩用38％莠去津180毫克，对水30～40千克，喷洒土表；或用"梁满仓"高粱专用除草剂苗后喷施，一般在杂草出苗后 3 叶时喷洒。

（2）补苗定苗　出苗后及时查苗补苗，出现缺苗时可浸种催芽补种或借苗移栽。适于机械化栽培的矮秆品种亩密度 0.8 万～1 万株，中高秆品种应适当降低种植密度，亩密度 0.6 万～0.7 万株，饲用甜高粱亩密度 5 000 株左右。

（3）中耕　出苗后中耕 1～2 次，松土、保墒、除草。

（4）肥水　高粱为耐旱作物，在整个生育期内一般不用浇水。在特殊干旱的情况下，拔节孕穗是需肥水关键期，可结合中耕培土、浇水进行追肥，亩施尿素 10 千克。乳熟期干旱，千粒重受影响，有条件地区应及时灌水。多雨季节要及时排水防涝。

4. 病害防治　重点做好高粱蚜、黏虫、玉米螟、桃蛀螟、棉铃虫等虫害的防治。

5. 收获　粒用高粱在 90% 籽粒达到完熟期、含水量下降到 20% 左右时，用高粱籽粒收获机进行机械收获，收获后要及时晾晒或烘干，水分降到 14% 时可长期存放；甜高粱做饲用要在乳熟晚期用青贮收获机收割；糖用高粱要在蜡熟末期及时收获。

二、谷子旱地高产栽培技术

谷子是抗旱耐瘠作物，适应性强，在不同的土壤条件下均可获得较高的产量，是高产条件下的丰产高效作物，也是低产条件下稳产高效作物，还是环境友好作物。通过选用抗旱性强的谷子品种，以及与之配套的施肥、播种、免间苗、免除草、机械化收获等技术，达到旱地谷子高产高效的目的。

1. 品种选择　谷子的区域适应性比较强，这是因为谷子属于短日照喜温作物，对日照、温度反应敏感造成的。因此，选择适宜本区域的优良品种至关重要，是保证高产丰收的根本。适宜本区域的谷子品种有：沧谷 4 号、沧谷 5 号，冀谷 31、冀谷 19、豫谷 18 等高产、优质品种。

2. 轮作倒茬　谷子籽粒小，芽弱，顶土能力差，种植谷子要选在土质疏松、地势平坦、土层较厚、有机质含量高的保水保肥能力强的地块上。播种前要精细整地，整好地。谷子不宜重茬和迎茬，谷子轮作倒茬一般 3～4 年。谷子前茬在最好是豆类、绿肥，其次是小麦、玉米等作物。

3. 精细整地，施足基肥　精细整地是保墒、保证苗全苗壮的基础，整地前施足腐熟的农家肥，一般 1 000～5 000 千克/亩，磷酸二铵 30～50 千克/亩，均匀撒施后，立即旋耕、耙地、镇压，使土壤达到细、透、平、绒，上虚下实，无残株残茬即可播种。

4. 适时适量播种

（1）适时播种　在沧州地区及同类型区，春播以 5 月中旬为宜，夏播以 6

月15—25日为宜。谷种用50%多菌灵可湿性粉剂按种子重量的5%用量拌种，可防治黑穗病，用乙酰甲胺磷按种子量0.3%用量拌种，闷种4小时，可防治线虫病和白发病。

（2）适量播种 普通的品种，根据土壤墒情和整地质量确定播种量，墒情好，整地精细，亩播量0.3千克，墒情差，整地质量较差，亩播量0.4～0.5千克。播深不超过3厘米，可根据土壤墒情掌握播种深度，墒情好宜浅、墒情差宜深。专用抗除草剂品种根据要求确定播量，以保证适宜的留苗密度，一般亩留苗4万～5万株，最大密度不能超过6万株，否则容易倒伏，减产严重。

（3）播种方法和要求 常用的播种方法是耧播和机播，以机播的效果更好。要求撒籽均匀，不漏播，不断垄，深浅一致，播后要及时镇压。春旱严重、土壤墒情较差的地块可增加镇压的次数，以提高出苗率。

5. 播后管理

（1）对于不抗除草剂的普通谷子品种，在播种后出苗前可喷施谷友（10%单嘧磺隆可湿性粉剂），每亩用量80～120克，加水50千克，用于防除双子叶杂草，抑制单子叶杂草。注意：土壤墒情好或播后有小雨，每亩用量80克，土壤墒情差，天气干旱，每亩用量100～120克，视情况而定，如果播后有大雨，就不能喷施，以免谷苗遭受伤害，造成缺苗断垄。

（2）对于专用抗除草剂品种，除了在播种后出苗前可喷施谷友外，于谷苗3～5叶期茎叶喷施间苗剂，用于防治单子叶杂草和谷莠子，同时杀掉多余的谷苗，每亩用量80～100毫升，加水30～50千克，若播量过大，出苗密度过大或杂草出土较早，可分2次使用间苗剂，第一次2～3叶期，喷施剂量50毫升/亩，第二次6～8叶期，使用剂量70～80毫升/亩。

（3）注意事项 在晴朗无风、12小时内无雨的条件下喷施，确保不使药剂飘散到其他谷田或其他作物。间苗剂兼有除草作用，垄内和垄背都要均匀喷施，不漏喷。若出苗密度合适或出苗稀时，千万不要再喷药间苗，以免造成缺苗。

（4）喷除草剂后管理 喷谷友后7天左右，不抗除草剂的谷苗逐渐萎蔫死亡，若喷药后遇到阴雨天较多，谷苗萎蔫死亡时间稍长。10～15天查看谷苗，若个别地方谷苗仍然较多，可以再人工间掉少量的谷苗。

6. 田间管理 出苗后25天左右，谷田杂草很少，少量的新生杂草对谷苗不再形成危害，浅中耕松土进行谷子蹲苗促壮苗，除草保墒，同时促进气生根生长。拔节期结合追肥，进行深中耕并培土。每亩追碳酸氢铵15～20千克或尿素15～20千克。达到保墒、促进根系发育，防止倒伏的效果。

7. 及时防治病虫害 谷子苗期和拔节期容易受到地下害虫和钻心虫危害，抽穗后容易发生黏虫，及时防治，确保丰产丰收。

8. 及时收获 当谷穗变黄、籽粒变硬、谷子叶片发黄时即可收获。注意防治鸟害，收获过早籽粒不饱满含水量高，产量和品质下降；收获过迟，茎秆干枯，穗码干脆易落粒，产量损失严重。

三、一年一熟制绿豆生产技术

技术要点：4 月中下旬至 5 月上旬春播或 6 月上旬至 7 月上旬夏播，等雨趁墒播种，一般年份全生育期浇水 0～1 次。

1. 播前准备

（1）整地施肥 绿豆忌与豆科作物连作和重茬，最好与禾谷类作物间作或轮作。播种前要精细整地，因地制宜施足基肥。春播前深耕 20～25 厘米，结合深耕，在中等肥力以下的地块亩施有机肥 500～1 000 千克、复合肥（14 - 17 - 14）15～20 千克或磷酸二铵 10～15 千克、硫酸钾 5～10 千克，深耕后耙细整平地面。

（2）品种选择 春播区选用直立紧凑、主茎粗壮、抗病、抗倒伏、优质高产的品种。如冀绿 7 号、冀绿 13、冀绿 14、保绿 942、中绿 5 号等。

（3）种子处理 在播种前要对种子进行精选，晾晒 1～2 天。药剂拌种，防治地下害虫。

2. 播种

（1）播期 绿豆生育期短，适播期长。春播一般在 4 月中下旬至 5 月上旬；夏播区 6 月上旬至 7 月上旬，7 月中旬左右播种一定要选特早熟绿豆品种，如冀绿 10 号、冀绿 13 等。

（2）播种方式 绿豆播种方式有条播和穴播，其中以机械条播为多。条播时要下种均匀，防止覆土过深，播深约 3 厘米，行距一般 40～50 厘米。零星种植大多为穴播，每穴 2～3 粒，行距 40～50 厘米。

（3）播量 一般条播 1.25～1.5 千克/亩。早熟品种宜密植，中晚熟品种宜稀植；春播宜密，夏播宜稀；高肥水宜稀，低肥水宜密。

3. 田间管理

（1）除草 播后苗前可亩用 50%乙草胺乳油 60～100 毫克，或 72%异丙甲草胺乳油 150～200 毫升，对水 40～50 千克，进行封闭除草。

（2）补苗定苗 出苗后及时查苗补苗，尽量在 3 天内补苗。密度过大时，在绿豆第一片真叶期间苗，在第二片至第三片复叶展开间定苗，实行单株留苗。一般春播直立型早熟品种亩留苗 1.5 万～1.8 万株，半蔓生型中熟品种0.8 万～1.2 万株；夏播宜选用直立型中早熟品种，亩留苗 1.0 万～1.3 万株。

（3）追肥 初花期依据土壤肥力和田间长势，可亩施复合肥或磷酸二铵10 千克，开沟施入。分批次收获的绿豆，首批绿豆采收后可喷施叶面肥或磷酸二氢钾，肥力好的地块可以不追肥。

（4）浇水　绿豆苗期需水量不多，要求土壤相对干旱一些，不宜浇水，以防徒长。开花期是绿豆需水临界期，花荚期是需水高峰期，遇旱要及时浇水。绿豆怕涝，发生洪涝时应及时排水防涝。

4. 病虫草害防治

（1）病害防治　绿豆主要病害有苗期的根腐病，花荚期的枯萎病、叶斑病、病毒病、白粉病等。病害防治以选用抗病品种为主，药剂防治为辅。其中，药剂防治病害以发病初期、每隔 7～10 天、连续喷施 2～3 次效果较好。

（2）虫害防治　绿豆主要虫害有苗期的地老虎、蚜虫、红蜘蛛、棉铃虫，花荚期的豆荚螟、蓟马等。虫害防治原则是早期防治，药剂交叉使用。特别是花荚期的豆荚螟和蓟马，可在初花期选用适宜的药剂喷雾防治一次，效果较好。主要病虫害及防治方法见表 1。

表 1　绿豆主要病虫害及防治方法

名称	主要发病时期	主要防治方法
叶斑病	蕾期至开花结荚期	1. 选用抗病品种，实行轮作 2. 选用 50％多菌灵可湿性粉剂或 80％代森锌可湿性粉剂，每隔 7～10 天喷药 1 次，连续喷洒 2～3 次
白粉病	成株期至结荚期	1. 选用抗白粉病品种，收获后及时清除病残体，集中深埋或烧毁 2. 发病初期喷施 15％三唑酮可湿性粉剂或 10％多抗霉素可湿性粉剂，间隔 5～20 天施药 1 次，连施 2～5 次
病毒病	出苗后至成株期	1. 选用抗病毒病品种 2. 喷洒常用杀蚜剂进行防治，以减少传毒 3. 发病初期喷施 0.5％香菇多糖水剂或 20％吗胍·乙酸铜可湿性粉剂
蚜虫	全生育期	当蚜虫达到防治指标时，在无风的早晨或傍晚喷施 10％吡虫啉可湿性粉剂或 25％亚胺硫磷乳油等
地老虎	播种期和苗期	1. 耕翻土地，清除杂草 2. 诱杀成虫和幼虫：用糖、醋、酒诱杀液或甘薯、胡萝卜等发酵液诱杀成虫；用泡桐叶或莴苣叶诱捕幼虫 3. 用 90％敌百虫晶体，或 50％辛硫磷乳剂，顺行浇灌，每株不超过 250 毫升药液

（续）

名称	主要发病时期	主要防治方法
豆荚螟	现蕾至结荚期	1. 冬、春季进行灌溉，收获后及时翻耕 2. 及时清除田间落花、落荚，摘除被害的卷叶和果荚 3. 灯光诱杀成虫 4. 在成虫盛发期和卵孵化盛期用 5％氯虫苯甲酰胺悬浮剂或 20％氰戊菊酯乳油，隔 7～10 天喷 1 次
蓟马	幼苗期至花荚期	1. 耕翻土地，清理田间杂草 2. 保护和利用天敌：利用蜘蛛、小花蝽等自然天敌，控制其危害 3. 化学防治：喷施 10％吡虫啉可湿性粉剂或 25％亚胺硫磷乳油等
棉铃虫	花蕾期	1. 在发生严重的地块进行冬耕、冬灌，消灭越冬蛹 2. 黑光灯诱杀成虫 3. 化学防治：在卵盛孵期，用 90％敌百虫晶体、50％辛硫磷乳油等进行重点防治 4. 保护和利用天敌：利用中华草蛉、广赤眼蜂、小花蝽等控制其危害

注：化学药剂使用浓度和剂量按照规定或说明执行。

（3）草害防治　播后苗前和出苗后封垄前及时防治草害，针对禾本科杂草和阔叶杂草可分别选择合适的除草剂进行化学防除。除草剂使用方法有 3 种：播前土壤处理，在播种前约一周起垄的同时喷施土壤；播后出苗前封闭除草，在播后第 2～4 天将除草剂喷施到土壤表面，可使用 96％精异丙甲草胺乳油均匀喷洒地面进行封闭；苗后施药除草，一般在出苗后杂草 1～5 叶期时，根据杂草的种类分别选用防除禾本科和阔叶杂草的除草剂进行行间喷施。除草剂使用严格按照说明推荐的剂量和方法进行。

5. 收获　绿豆成熟后要及时收获。分次收获：植株上 60％～70％豆荚成熟时开始采收，每隔 7～10 天采摘一次，分批次收获可以增加产量、保证质量。一次性收获：植株上 80％以上的豆荚成熟后收割。对易落荚落粒的品种采用人工摘荚、分次收获为宜。

谷子品种与栽培技术

孙锡生　杨忠妍

一、谷子的生产概况

谷子世界年总产量约 35 亿千克。其中我国占 80%，印度占 10%，其他国家占 10%。目前，我国谷子播种面积 2 000 万～2 500 万亩，是杂粮中播种面积最大的作物。20 世纪 50—60 年代，谷子的单产水平与小麦和玉米差异不大，而现在，有灌溉条件的地区谷子单产水平和小麦、玉米差距增大。小麦的播种和收获已基本实现机械化，而谷子基本还依赖人工。玉米已成为农区畜牧业的主要饲料作物，而谷子的副产品的饲料价值一直还没有开发出来。

谷子具有抗旱、耐瘠、营养丰富平衡、粮饲兼用、耐储藏等特点。在干旱日趋严重、杂粮热日益升温、畜牧业不断发展的形势下，谷子产业应迅速发展。而实际生产中，产业链短使谷子产业化水平一直在低水平徘徊。

二、谷子的特点

1. 谷子营养价值高　营养平衡是谷子的最大特点。谷子蛋白质含量平均 11.42%，消化率 83.4%，生物价 57，高于水稻和小麦；谷子脂肪含量平均为 3.68%，高于大米和小麦，85% 为不饱和脂肪酸，结构合理，对防治动脉硬化有益；谷子的维生素 A、维生素 B_1、维生素 D 和维生素 E 含量均超过小麦、水稻和玉米；谷子的铁、锌、铜、镁含量均超过水稻、小麦和玉米，硒含量为 70～191 个单位。谷子蛋白质氨基酸含量见表 1。

表 1　谷子与鸡蛋蛋白质必需氨基酸含量与 FAO/WHO 模式（毫克/克）

必需氨基酸	小米	鸡蛋	FAO/WHO 模式
异亮氨酸	42.71	54	40
亮氨酸	133.40	86	70
赖氨酸	20.00	70	55
甲硫氨酸＋胱氨酸	40.80	57	35
苯丙氨酸＋酪氨酸	89.25	93	60

（续）

必需氨基酸	小米	鸡蛋	FAO/WHO 模式
苏氨酸	36.61	47	40
色氨酸	13.96	17	10
缬氨酸	52.37	66	50
必需氨基酸总量	429.15	490	360

2. 谷草市场前景好　据国内外研究，谷草干草粗蛋白含量为 11%～15%，仅次于饲草之王苜蓿（粗蛋白 18%），远高于其他禾本科牧草。国际饲草年需求量约 1 100 万吨，市场缺口大、前景广阔。我国东北、西北的气候适合谷草生产。

饲草谷子专用品种—谷草 1 号：鲜草亩产 3 862 千克、干草 1 420 千克，是当地品种的 2～3 倍；粗蛋白亩产量可达 135.5 千克，且茎秆柔软，干叶密度大；粗脂肪 1.17%，粗纤维 33.3%，粗灰分 11.95，钙 0.44，磷 0.18，无氮浸出物 37.39，品质优。

3. 谷子的抗旱节水性（表 2）

表 2　几种主要农作物的蒸腾系数和蒸腾效率

作物种类	蒸腾系数	蒸腾效率	作物种类	蒸腾系数	蒸腾效率
苜蓿	948	1.05	小麦	510	1.96
豌豆	725	1.38	玉米	369	2.71
棉花	604	1.66	高粱	305	3.28
大麦	531	1.88	谷子	271	3.89

谷子节水省肥，是环境友好型作物，纯收入高于一些大作物，被农民誉为经济作物——薄地的稳产作物、水地的丰产作物；谷子为 C_4 作物。

4. 种植谷子效益高　相比种植小麦、玉米、棉花，谷子种植的经济效益和产投比都是最高的（表 3）。

表 3　2008 年衡水地区谷子与主要农作物投入产出情况

项目名称	谷子	小麦	玉米	棉花
种子费（元）	9	30	32	32
肥料费（元）	100	145	66	120
地膜费（元）	0	0	0	30
农药费（元）	15	20	20	70

（续）

项目名称	谷子	小麦	玉米	棉花
机械作业——灭茬费（元）	0	0	0	35
机械作业——旋耕费（元）	70	70	0	70
机械作业——播种费（元）	0	15	15	15
机械作业——收割费（元）	0	40	60	0
排灌费（元）	0	110	35	0
人工费（元）	280	75	90	301.5
支出合计费用（元）	474	560	393	688.5
主产品亩产（千克）	330	525	625	255
单价（元）	1.6	0.8	0.7	2.7
产值（元）	1 056	840	875	1 377
副产品产量（千克）	275		450	
单价（元）	0.2		0	
产值（元）	110		30	
收入合计（元）	1 166	840	905	1 377
效益（收入－支出）（元）	692	280	512	688.5
产投比（收入/支出）（元）	2.46	1.5	2.3	2.0

三、谷子品种

新中国成立以来，我国育成国家（省）审定品种 280 多个，近年每年鉴（审）10 个以上。谷子品种主要有以下三种类型。

1. 抗除草剂简化栽培品种　普通谷子品种缺乏适宜的除草剂，谷田除草一直靠人工作业。人工间苗、除草不仅是繁重的体力劳动，而且苗期一旦遇到连续阴雨天气，极易造成苗荒和草荒导致严重减产甚至绝收，常年因此减产 30% 左右，这种落后的生产方式不仅不符合现代农业的要求，成为制约谷子规模化生产的瓶颈，也是近年来谷子种植面积不断萎缩的主要原因之一。谷子简化栽培技术是一项全新的谷子生产技术，代表着未来谷子生产的发展方向。每亩可节省间苗、除草用工 6～8 个，以每个劳动力 120 元/天计算，每亩节省用工费 720～960 元，同时，由于及时实现了间苗除草，减轻了苗荒、草荒和谷莠子危害，谷子表现秸秆粗壮，每亩可增产 25 千克以上，去除谷种和除草剂成本，每亩节支增收 720～960 元以上。因此，简化栽培品种是谷子育种的主要目标之一。

2. 常规品种　目前生产上种植的谷子常规品种主要有谷丰 1 号（叶片上

冲、株型紧凑，分蘖成穗能力较强、增产潜力大）、冀谷 18（富硒保健谷子新品种）、冀谷 19、冀谷 20（优质高产抗旱型夏谷新品种）、冀谷 21（富硒优质保健型夏谷新品种，是目前国内外含硒量最高的品种）。

3. 杂交谷子品种　杂交谷子根系发达，节水抗旱，茎秆粗壮，抗倒力强，谷穗粗长，粒多高产，米色黄亮，甜香优质，适宜化除，简便省工，耐瘠抗病，适应性广，且富含维生素 B_1、维生素 B_2、维生素 E 和不饱和脂肪酸。自 2000 年选育出张杂谷 1 号杂交种后，到目前，育成张杂谷系列杂交种，形成了适宜水旱地、春夏播、不同生育期配套的品种格局。

四、谷子栽培技术

（一）旱地谷子地膜覆盖栽培技术

干旱、低温是北方地区影响谷子生产的主要气候因素，也是近年来气候变化的主要特点。国家谷子产业体系栽培植保岗位、甘肃省农科院作物研究所通过对该项技术的深入研究，形成了基本完善的农机农艺配套的技术体系，增产增收效果显著。在干旱、冷凉地区，采用地膜覆种植技术，比传统露地种植方法增产 30％以上，亩增收 200 元左右，明显高于种植小麦、莜麦等作物。

1. 技术核心　旱地谷子地膜覆盖栽培把"膜面集雨就地入渗、覆膜抑蒸保墒增温、垄沟种植技术"融为一体，集成了机械播种、微垄集水入渗叠加利用、土壤增温、土壤水分抑蒸等技术，可有效提高有限降水资源的利用率，显著提高谷子产量。

2. 覆盖方式　覆盖方式主要有 7 种：全膜覆盖沟垄穴播栽培技术、全膜覆盖沟垄条播栽培、全膜覆盖平膜穴播栽培、全膜覆盖平膜条播栽培、半膜覆盖膜侧穴播栽培、半膜覆盖膜侧条播栽培、残膜（垄膜与平膜）免耕栽培。

3. 垄膜覆盖膜侧沟播技术种植方法　半膜覆盖膜侧条播栽培—起垄、覆膜、施肥、播种一次完成。

（二）谷子化控间苗技术

间苗难是谷子生产上存在的突出问题之一，直接影响到谷子规模化、集约化生产。化控间苗技术是山西农科院谷子研究所研究出的一项谷子间苗新技术，具有很好的间苗、增产效果，不仅省工，同时有利于培育壮苗，一般能够增产 5％以上。

1. 技术核心　根据谷子籽粒小，单粒顶土能力差，靠群体萌芽顶土出苗的特点，研究出使谷子正常出苗后自然死亡的 MND 药剂，利用 MND 药剂处理谷种与正常谷种按一定比例混匀种植，出苗后，药剂处理种子出苗后两叶时自然死亡，实现谷子的免间或少间苗。

2. 技术特点　省工省时，节本增效，培育壮苗，提高产量，操作简便，效益显著。

3. 技术处理方法 将种子的一部分利用化学药剂处理，然后与正常种子混匀同时播种，出苗后，处理过的幼苗自动死亡，从而达到共同出苗和间苗的目的。

（三）谷田地下滴灌技术

地下滴灌技术是一种高效的节水灌溉技术，能有效、长期地调节耕地的水分和生理结构，是一项干旱地区改善生产条件的有效措施。内蒙古自治区赤峰市农业科学研究所通过该项技术在谷子上的应用，取得了很好的效果。使用该项技术，可节水增产，同时，由于能够适时适量地将肥料、微量元素按比例精确地施用到作物根区土壤，提高肥料利用率，减少灌溉淋洗产生的溶质数量，可减轻对地下水的污染。

技术要点：滴灌管选用内嵌式滴灌管，外径 16 毫米，壁厚 0.3 毫米，滴头流量 1.4 升/时，滴头间距 0.4 米。滴灌管铺设间距 1 米，埋于地下 0.35 米处。灌溉区设计为 5 个轮灌组，300 个轮灌小区，每个轮灌组设计流量 60 米^3/时。配机电井 5 个，每个井出水量为 50 米^3/时。

（四）常规栽培技术

1. 选地施肥 谷子不宜重茬或迎茬，重茬对谷子产量影响很大，种植谷子最好选择前茬为豆类、玉米、油菜、薯类等作物的后茬地块种植。结合耕翻施足基肥，旱地一般亩施农家肥 3 000 千克，加磷酸二铵 15 千克，施肥深度以 15～25 厘米效果为佳，而后整平耙细。消除坷垃弥合裂缝，减少水分蒸发，土地要整在临种状态。

2. 选用良种，种子处理 春播旱地宜选用冀张杂谷 5 号，夏播旱地宜选用冀张杂谷 8 号。未包衣的谷种播前翻晒 2～3 天后，通过水洗漂去秕粒和杂草籽，种子晾至七八成干时用种子量 0.1% 的 50% 辛硫磷乳油对水适量喷在种子上，防治地下害虫，也可在播前整地时亩用 10% 辛硫磷颗粒剂 1 千克进行土壤处理。为防治谷子白发病，播前用种子量 0.2% 的 98% 甲霜灵可湿性粉剂拌种。

3. 适期播种，合理密植 适期播种是冀张杂谷系列品种增产的一项重要措施，适期播种可以减少病虫危害，并使其孕穗期与当地的雨季相吻合，避开卡脖旱，使灌浆期避开高温多雨季节，增加穗粒数，减少秕粒。根据各品种的生长规律和气候特点，春播一般以 5 月上旬播种为宜，夏播 6 月 15 日。这样苗期处于干旱少雨季节利于出苗，拔节期正是雨季开始，幼穗分化正处于多雨季节，抽穗期与雨季相吻合，有利于优质高产。播种不宜过早，过于偏早，开花期赶上雨季，易造成花粉破裂，影响授粉，秕粒较多，影响产量；播种过晚生育期变短，影响产量。旱地一般亩留苗 1 万株左右，高产旱地留苗不超过

1.2 万株为宜。

4. 提高质量，一播全苗　谷子播种最好采用机播或耧播，下籽均匀，深浅一致，有利于提高播种质量。播种时行距为 27～30 厘米，深度为 2～3 厘米，播后要及时镇压，播种到出苗一般要镇压 2～3 次，使谷子与土壤紧密接触促进谷子早发芽，扎根，保证苗齐苗壮，防止蜷死和烧芽。一般可采用随耧砘 1～2 次和幼芽快出土时砘。但是表土过湿时不宜镇压，待表土略干时再压，如水地谷子有烧芽危险时可在谷苗将要出土时浅浇闷头水，降低地温，趁墒出土，保证一播全苗。旱地可采用抗旱播种法，提前开沟，遇雨在沟内播种，用垄背上的湿土覆盖谷子可趁墒出苗。播种时亩用种量要按照需要苗数、发芽率和种子的千粒重计算播种量，一般每亩播量 0.5～0.75 千克。每亩可用硫酸铵 1～2.5 千克，或硝酸铵钙 1～1.5 千克做种肥。

5. 因地制宜，加强管理

（1）苗期管理　等苗出全，猫耳叶刚展开后，在晴天下午要砘压一次，防止咬青利于保苗。当苗长到三叶期，要及时间苗锄草防莠，以利苗匀苗壮。5～6 叶期结合定苗进行第一次中耕除草。要浅锄、细锄，达到灭草不埋苗。浅锄要围实苗根，除净垄间、垄眼里的杂草，如果多雨年份要适当深锄，放墒蹲苗。顺垄撒施尿素每亩 5 千克，结合中耕、定苗，将肥料翻入地表内。拔除黄苗（假杂交苗，没有产量，必须拔除），绿苗按春播或夏播地区的保苗数留苗。由于谷子杂交种植株生长旺盛，单株生产潜力大，保苗数宜少不宜多，一定按规定保苗数留苗。苗长至临近拔节时，即春播 6 月下旬 7 月初，此期为钻心虫孵化盛期，可在田间毒土于心叶、叶鞘及地面防治钻心虫，同时拔去空心苗，带出地来深埋。定苗要一次完成。杂交谷子分蘖力强，在保全苗的基础上应适度稀植，中上等地 1.0 万～1.2 万株/亩（行距 26 厘米，株距 23～26 厘米），下等地 0.8 万～1.0 万株/亩（行距 26 厘米，株距 26～33 厘米）。

（2）拔节孕穗管理　这个时期是营养生长、生殖生长并进、水肥竞争激烈、促进壮秆大穗的关键时期。管理上应逐垄清除病虫株、杂草、弱株和分蘖，减少水肥无谓消耗，促使植株整齐一致，苗脚清爽。8～9 叶期（拔节期，植株高度约 30 厘米）进行第二次中耕除草，要求深锄、细锄，灭净杂草，并向植株根部培土。结合降雨顺垄撒施尿素每亩 10～15 千克，结合中耕除草，将肥料翻入地表内。一般田在 12～14 叶期（孕穗期）亩追尿素 10～15 千克，如苗情过旺或气候干旱时不追肥。孕穗期要深中耕一次，接纳雨水，促进根系发育，并培土防倒。7 月下旬药剂防治二代钻心虫（方法同上）。抽穗前 10 天左右，对脱肥田及高产田亩追硫铵 10 千克左右。

（3）抽穗扬花期管理　此期营养生长、生殖生长并进向完全的生殖生长转变，是提高开花结实率的关键时期。根外追肥增产作用显著。每亩可用磷酸二氢钾 0.4 千克对水 50 千克在田间喷施，如再加 50 克硼砂效果更好，同时浅锄灭草，注意黏虫的防治。

（4）灌浆成熟期管理　此期的生长是以籽粒形成为中心，管理上应以促进谷子体内糖类的运转，加快灌浆速度，增加穗重为中心，防旱排涝，叶面三喷，保根保叶，干旱严重时有条件的可大水量喷水防旱。多雨年份，要排涝防止田间积水。

（5）收获　待谷子颖壳变黄谷穗断青，籽粒变硬成熟，表现出籽粒正常的大小和色泽，颖及稃全部变黄，种子含水量为 20% 左右时收获，收获后及时晾晒，达到丰产丰收。

五、病虫害防治

谷子生育期内的主要病虫害有钻心虫、蚜虫、黏虫等虫害，以及谷瘟病、白发病等病害。

1. 防治钻心虫　杂交谷子的主要虫害是谷子钻心虫。用 2.5% 溴氰菊酯乳油 2 000 倍液喷雾，在定苗后、拔节孕穗期连喷两次药。

2. 防治蚜虫　在蚜虫大发生时，用 2.5% 溴氰菊酯乳油 2 000 倍液喷雾，或用 50% 抗蚜威可湿性粉剂 2 000～3 000 倍液，或 10% 吡虫啉可湿性粉剂 1 500 倍液，用药液量 40～50 千克/亩。病毒病多为蚜虫传播，防治蚜虫对防治病毒病有一定的作用。

3. 防治黏虫　当卵孵化率达到 80% 以上，幼虫每平方米谷田达到 15 头时，每公顷选用 10 亿芽孢/克苏云金杆菌乳剂 255～510 毫升，加水 750～1 125 升，或以 5% 氟啶脲乳油 2 500 倍液喷雾（抽穗期）。

4. 防治白发病、黑穗病　用 98% 甲霜灵可湿性粉剂与 50% 克菌丹可湿性粉剂，按 1∶1 的配比混用，以种子重量 0.5% 的药量拌种。用甲霜灵拌种可采用干拌、湿拌或药泥拌种等方法，湿拌和药泥拌种效果更好。土壤带菌量大时，可沟施药土，每亩用 40% 敌磺钠可湿性粉剂 0.25 千克，掺细土 1～1.5 千克，撒种后沟施盖种。

5. 防治谷瘟病　在谷子抽穗期，用 70% 甲基硫菌灵可湿性粉剂 600 倍液喷雾，用药液量 40～50 千克/亩。

6. 防治鸟害　扎草人、插小旗、放炮赶鸟。

油料作物栽培技术要点

刘福顺　吴娱　冯晓洁

一、春播花生栽培技术要点

1. 选用优良品种　提倡选用高油酸花生新品种。因为高油酸花生具有降低人体低密度胆固醇，预防心脑血管疾病的功效，更有利于人体健康。高油酸花生已成为未来花生生产和消费的发展方向之一。播种时要根据当地实际，选择适宜品种。中等以上地力田块，春播地膜覆盖或春播露地花生宜选择生育期125天左右的优质专用型中大果型品种，瘠薄地或连作地宜选择生育期125天左右的优质专用型小果型品种。目前，我国高油酸花生新品种在本地区试验示范表现较好的有：冀花19、冀农G110、中花215等大花生品种，冀花18、冀花13、冀农G32、冀花11等小花生品种。

2. 抓好播前种子处理　一是要定期更新品种。定期更新品种有助于增强种子活力，防止种性退化、霉捂带菌。二是要进行带壳晒种。播种前10～15天剥壳，剥壳前可选择晴天中午前后带壳晒种2～3天，增加种子的后熟，提高种子的生活力，除虫杀菌减轻苗期病害；三是要进行分级选种。脱粒后进行分级选米，把病虫、破伤种仁和秕仁拣出，保留大、中粒作种用，将种仁分为一、二级种子，分别收存和播种，防止大、中粒种子双粒混播；四是要进行药剂拌种。播种前每亩种子（15～17千克）用全程（25%噻虫·咯·霜灵悬浮种衣剂）80毫升＋贝键（10%嘧菌酯悬浮种衣剂）30毫升＋水250毫升包衣，或用高巧（60%吡虫啉拌种剂）30毫升＋卫福（40%萎锈·福美双悬浮剂）40毫升＋水250毫升包衣，拌种后要阴干种皮后再播种，最好在24小时内播种，可有效防治土传病害（根腐病、茎腐病、冠腐病等）和地下害虫。

3. 科学平衡施肥，减少化肥用量　花生施肥的总原则是多施有机肥、少施化肥，有机无机结合、速效缓释结合，因地巧施功能肥。

（1）增施农家肥和生物菌肥，培肥土壤地力　农家肥可增加土壤有机质含量，改善土壤结构，培肥地力。高产田亩施圈肥3～5吨或腐熟鸡粪0.8～1.2吨配施生物菌肥；中低产田亩施圈肥2～3吨或腐熟鸡粪0.4～0.8吨配施生物菌肥。避免施用未经腐熟的鸡粪、牲畜粪等。

（2）实行氮磷钾配施，平衡施用化肥　高产田亩施纯氮 8～12 千克，磷（P_2O_5）6～8 千克，钾（K_2O）9～12 千克，钙（CaO）8～10 千克；中低产田亩施纯氮 4～7 千克，磷 3～5 千克，钾 5～6 千克，钙 6～8 千克。连作土壤可增施石灰氮、生物菌肥，可有效平衡土壤微生物种群，减轻连作障碍。

（3）科学施肥方法，提高肥料利用率　花生高产田或地膜覆盖种植，一般将全部圈肥或腐熟鸡粪、钾肥和 2/3 的氮、磷化肥，结合深耕施于 15～25 厘米土层内，其余 1/3 氮、磷化肥结合播前浅耕施于 5～15 厘米土层；瘠薄地、保肥保水能力差的地块，70%～80%肥料作基肥耕地时施入土壤，其余肥料作为花生生长期间追肥施用。肥力较低的沙土、沙壤土和生茬地，增施花生根瘤菌肥，增强根瘤固氮能力。

4. 深松深翻，提升耕地质量　松翻隔年进行，先松后耕，深松 25 厘米以上、深翻 30 厘米左右，以打破犁底层，增加活土层，宜每 3～4 年进行一次深耕，深耕耙地要结合施肥培肥土壤，提高土壤保水保肥能力。适时深耕翻能为花生生长发育提供适宜的土壤条件，有利于花生对水分和养分的充分吸收和利用，促进根系生长发育，提高花生播种质量，起到苗全苗壮、早开花、多结果的作用，从而提高花生产量。

5. 提高播种质量，力争一播全苗

（1）适期播种，确保生长需求　春播花生有水浇条件的地块，要适期晚播，避免倒春寒对花生出苗的不利影响。大花生露地春播应掌握在连续 5 日 5 厘米地温稳定在 17℃以上、小花生露地春播应掌握在连续 5 日 5 厘米地温稳定在 15℃以上，一般在 5 月上中旬播种，春播覆膜花生 4 月 25—30 日播种。高油酸花生春播适宜播期应比同类型普通品种晚 3～5 天。一般河北省南部宜早、北部稍晚。雨养和季节性休耕地区的春播花生，采用一年一熟制花生种植技术，一般 4 月下旬至 5 月上中旬等雨趁墒播种。

（2）足墒播种，确保水分需求　花生播种适墒土壤水分为最大持水量的 70%左右，即耕作层土壤手握能成团，手搓较松散。在适宜播种期内，要抢墒播种，无墒造墒，确保足墒播种。借雨墒播种，更要注意足墒播种，对于降雨不足的地块，切忌墒情不足勉强播种。如果播种时墒情不足，播后要及时补水造墒，确保适宜的土壤墒情。

（3）合理密植，打好群体基础　通常情况，特别是花生中低产地块，提倡采用常规双粒播种方式，适当增加密度，一般春播大花生双粒亩播 1.0 万穴左右，小花生双粒亩播 1.1 万穴左右，即大花生垄距 85 厘米左右，垄面宽 50～55 厘米，垄上播 2 行，行距 30 厘米，穴距 15～17.5 厘米，小花生比大花生适当调小穴距。对高产地块，也可采用单粒精播方式，适当降低密度，一般单粒精播亩播 1.4 万～1.5 万粒，即垄距 80～85 厘米，垄面宽 50～55 厘米，垄上播 2 行，行距 28～30 厘米，株距 10～12 厘米。

（4）掌握播深，培育壮苗 花生适宜的播种深度为 3～5 厘米。保水能力差、通气性好的沙土，应适当深播；土壤细碎、覆土严密的地块应适当浅播；土壤湿度大时，也应适当浅播；通气性差的黏重土壤播种深度应掌握在 3 厘米左右。机播地膜花生，播种深度应控制在 2～3 厘米，播后覆膜镇压，播种行上方膜上覆土 4～5 厘米。

6. 及时撤土放苗，确保苗齐苗壮 一要及时撤土。当子叶节升至膜面时，及时将播种行上方的覆土摊至株行两侧，宽度约 10 厘米，厚度 1 厘米，余下的土撤至垄沟。二要查苗补苗。花生出苗后，立即查苗。缺苗较轻的地方，在花生 2～3 叶期带土移栽。栽苗时间最好选在傍晚或阴天进行，栽后浇水。缺苗较大的地方，及时用原品种催芽补种。三要破膜放苗。覆土不足导致花生幼苗不能自动破膜出土的，及时破膜压土引苗。膜孔上方盖厚度 4～5 厘米的湿土，引苗出土。如果幼苗已露出绿叶，破膜放苗要在上午 9 时以前或下午 4 时以后进行，以免高温灼苗伤叶。

7. 科学防治病虫草，助力稳产丰产

（1）地下害虫防治 播前药剂拌种。

（2）叶部病害防控 一是培育和选用抗病品种；二是防止过度干旱和涝害；三是喷施杀菌剂（可选择药剂有：32.5% 苯甲·嘧菌酯悬浮剂、50% 苯甲·丙环唑乳油。以上药剂均需对水 30 千克均匀喷洒，花后 35 天开始，每隔 10～15 天喷施 1 次，连喷 3 次）。

（3）花生烂果病防控 深翻土壤减少病菌，遇涝及时排水，增施钙肥、钾肥深施。

（4）杂草防除 施用土壤处理剂：50% 乙草胺乳油 150～200 毫升/亩；茎叶处理剂：高效氟吡甲禾灵、精喹禾灵等。

二、油葵栽培技术

油葵，即油用向日葵的简称，原产于北美洲，现世界各地均有种植，是我国的第四大油料作物。油葵具有生育期短、适应性广、耐盐抗旱、产量高、出油率高、观赏性好、经济效益高等特点，是解决我国植物油紧缺、地下水超采、山区旱薄地和滨海盐碱地及旅游景区开发等问题的重要作物。

沧州地区地处暖温带，光、热资源丰富，是国家重要的农业种植区。由于地势低洼，泄水不畅，加之受季风气候和低洼冲积、海积平原地学条件的影响，历来是海河平原旱涝灾害最频繁的地区，也是黄淮海平原盐渍危害最严重的地区之一。由于油葵适应性强的特点，所以在沧州地区种植范围比较广。

1. 油葵种子选择 油葵种子应选择正规公司生产的药剂包衣种子。沧州地区为油葵一年两熟区，以春播产量较高，春播应选用早熟性好、秸秆矮、高产、稳产、抗病的杂交品种，如矮大头系列杂交种。

2. 播前准备 播种地块应避免重茬，注意和玉米、小麦等禾本科作物轮作倒茬，春季播种前每亩基施复合肥 40～50 千克。

3. 适时播种 沧州地区春播应尽量早播，3 月中上旬可地膜覆盖种植，裸地在 3 月下旬至 4 月上旬，最晚不要晚于 4 月中旬，避免花期和成熟期遇到雨季，花期遇到雨季易造成花粉不育，授粉不良，秕粒多，结实率低，成熟期遇雨季病害发生严重且易倒伏，尤其是盘腐型菌核病重，造成烂盘，严重影响产量和品质。夏播应尽量晚播，在 6 月下旬至 7 月上旬为宜。播种多采用穴播的方法，每穴 2 粒，行距 60 厘米或双行种植（40 厘米＋80 厘米），株距 25～30 厘米，深度为 3～4 厘米，亩密度为 4 000 株左右，亩用种 0.8 千克左右。

4. 及时定苗 当出现 2～3 对真叶时及时定苗，每穴留一株幼苗，缺苗要及时补上，如果密度过大，还要进行间苗。

5. 中耕除草培土 结合间苗及培土时进行中耕除草，培土在现蕾前进行，主要目的是防止油葵倒伏。

6. 打杈叶及辅助授粉 要及时摘除油葵的分枝，促进主茎花盘的生长。人工辅助授粉可提高油葵的结籽率，时间应从花盛开时开始。

7. 油葵的肥水管理 春播油葵在施足基肥的情况下，一般不需要追肥，夏播油葵在苗期每亩可追施尿素 5～7 千克。

8. 油葵的病害防治 油葵主要病害有菌核病、褐斑病、黑斑病、霜霉病等。菌核病可喷洒 40％菌核净可湿性粉剂或 70％甲基硫菌灵可湿性粉剂 1 000 倍液防治，重点保护花盘背面。褐斑病可喷洒 50％多菌灵可湿性粉剂 500 倍液或 70％甲基硫菌灵可湿性粉剂 1 000 倍液防治。

9. 油葵的虫害防治 虫害主要有蛴螬、地老虎、白星花金龟、棉铃虫、盲蝽等。蛴螬、地老虎等可用 50％辛硫磷乳油 100 克/亩拌撒毒土防治。白星花金龟采用糖醋液诱杀，或喷洒 50％辛硫磷乳油 1 000 倍液、30％敌百虫乳油 500 倍液防治。棉铃虫可在低龄幼虫期喷洒 10％氯氰菊酯乳油 1 000 倍液、2.5％溴氰菊酯乳油 2 000 倍液、1.8％阿维菌素乳油 3 000 倍液防治。

10. 及时收获 植株上部茎秆及叶片变黄，花盘背面变成黄白色，籽粒变硬饱满时即可收获，收获后立即晾晒并及时脱粒，防止霉烂造成损失。

11. 注意事项 ①注意轮作倒茬，减少病害发生，适宜轮作的作物有玉米、小米、谷子等禾本科作物。②注意及时排水，当田间出现大量积水时，要及时排水，防止病害迅速发生。③播种时注意花期和成熟期避开雨季，避免授粉不良及烂盘造成产量损失。④昆虫授粉不足时，增加人工辅助授粉。⑤在花期内不能喷药，以免杀死昆虫影响授粉。⑥油葵品种多为三系杂交种，其后代不能继续留种。

三、芝麻栽培技术要点

1. 选地　选择地势高燥、土壤肥沃、排灌良好、疏松透气、保肥性较强的沙壤和轻壤土。土壤 pH 为 6.0～7.5。

2. 精细整地　由于芝麻种子小，幼苗顶土能力弱，需精细整地。春播芝麻在早春适当深耕，一般耕深为 20 厘米左右。耕后耙地，达到上虚下实，平整细碎无坷垃。

3. 选择适宜的种植形式　芝麻种植形式有平作、垄作，也可与矮秆作物甘薯、花生、大豆等间、混作。平作：行距 40 厘米，株距 16.5 厘米。垄作：一般每垄 90 厘米，垄面宽 40 厘米左右，垄高 10～15 厘米，每垄种两行芝麻。间作：与甘薯间作，一般 2～3 行甘薯间作 1 行芝麻，芝麻在甘薯沟内种植；与花生间作，每隔 4～5 行花生间作 1 行芝麻；与大豆间作套种，每隔 3～4 行大豆间作 1 行芝麻。

4. 施足基肥　芝麻施肥以基肥为主，用量应占总施肥量的 70% 左右。基肥以农家肥为主，配合施用磷、钾化肥。每亩施用农家肥 2 500 千克，复合肥 30 千克，硫酸钾 10～15 千克。

5. 播种

（1）播种前种子处理　芝麻苗期病害主要有立枯病、根茎腐病等，用 0.5% 硫酸铜溶液浸种或用 0.3% 的多菌灵拌种。

（2）适时播种　芝麻发芽出苗要求的最低临界温度为 15℃，最适温度为 18～24℃。所以春芝麻在地下 3～4 厘米土壤温度稳定在 18～20℃ 时即可播种。一般春芝麻在 5 月 20 日前后播种；夏芝麻在 6 月 10 日抢墒播种。

（3）播种方式　有点播、撒播和条播三种，以条播为主。播种深度以 2～3 厘米为宜。每亩播量为 0.3～0.4 千克。

（4）种植密度　1.0 万～1.1 万株/亩，行距 40 厘米，株距 15.0～16.5 厘米。

6. 田间管理

（1）苗前破壳　播种后如遇大雨，地面容易形成硬壳，天晴后，要及时破壳，碎土保墒，以保全苗。

（2）化学除草　播后苗前除草，采用土壤喷雾法，每亩用 960 克/升精异丙甲草胺乳油 50～65 毫升，对水 30 千克均匀喷洒于地表，可防治一年生禾本科杂草及部分阔叶杂草。出苗后除草，选用茎叶处理剂，掌握在大部分禾本科杂草处于 3～4 叶期时，将药剂稀释后直接喷于杂草茎叶上，防治一年生禾本科杂草。一般每亩用 5% 精喹禾灵乳油 50～60 毫升，对水 30 千克进行茎叶喷雾处理。要注意保持田间湿润，在施药后 20 天内不宜进行中耕松土。

（3）及时查苗补种和间、定苗　芝麻完全出苗后，将缺苗断垄处补种。在 1 对真叶时第一次间苗，2～3 对真叶时进行第二次间苗，3～4 对真叶时定苗。

（4）追肥　在初花期每亩追施尿素 10～15 千克。

（5）叶面喷肥　花期亩用硼肥 0.2 千克＋磷酸二氢钾 0.2 千克对水 40～50 千克，进行叶面喷肥 2～3 次，每隔 7 天一次。

（6）适时灌溉　芝麻全生育期灌水 2～3 次，分别于现蕾、开花结蒴和终花前期进行。

（7）防治病虫害　①枯萎病和茎点枯病。进入盛花期后，喷施多菌灵或甲基硫菌灵、代森锰锌，连续喷施 2～3 次，每隔一周喷施一次。②虫害。用 1∶5 辛硫磷毒土或毒饵撒在地表面，防治地老虎和蝼蛄。喷施吡虫啉、溴氰菊酯等药液，防治蚜虫、棉铃虫等。③实行轮作倒茬可以有效减轻病虫害，既节约用药、用工，又可提高产量，增加效益。

（8）后期打顶　春芝麻花后 25～30 天，夏芝麻花后 15～20 天，掐去顶尖 1～1.5 厘米，改善芝麻后期营养状况，提高芝麻的产量和品质。

7. 收获　茎蒴呈现成熟时的黄色，2/3 叶片脱落，基部 1～2 蒴果开裂，应及时收获，以免炸蒴落粒。

甘薯高产高效生产技术

刘兰服

一、甘薯营养价值

甘薯和大米白面相比，具有独特的营养成分，营养价值极高。含糖类25%～30%，热量只有米面的1/3。纤维素含量是大米7倍、面粉的3倍。含8种人体必需的氨基酸。维生素C含量是苹果的8倍、胡萝卜的4倍，米面为0。维生素B_1、维生素B_2含量是大米的6倍、面粉的2倍。钾、钠、钙、硒含量也远高于米面。还含有米面所没有的花青素、多糖蛋白、黄酮类。

1. 甘薯茎叶功效　中国、日本、朝鲜、韩国及东南亚地区，把甘薯茎叶用作蔬菜，香港人称薯叶为"蔬菜皇后"。

它的主要成分有：浓缩叶蛋白、不饱和脂肪酸、多糖、叶黄酮、绿原酸、Ca、P、维生素A、B族维生素、维生素C、微量元素。因此，甘薯茎叶同样具有抗病毒、消炎等保健功能。

2. 甘薯加工产品日益丰富　甘薯除蒸煮、烘烤直接使用以外，还可以加工成其他食品，如淀粉、粉皮、粉丝、薯干、紫薯酒、全粉等。

3. 甘薯生产与功能　甘薯除可以食用外，还具有新型的绿化植物功能，如城市绿化、廊亭绿化、观光、观赏等。

二、我国甘薯生产概况与发展趋势

1. 甘薯面积基本稳定，部分区域略有增加　常年种植面积在6 500万亩左右，鲜薯总产量在9 500万吨左右。

2. 绿色生产技术应用面积逐步扩大　基本解决化肥、农药投入过大、农业废弃物增多的问题。

3. 甘薯鲜食消费增加，优质专用品种面积增大　鲜食比例在30%左右。鲜薯产品销售价格稳中有升，外观商品性好、食用品质好的鲜食甘薯价格将大幅上升。

4. 甘薯加工产品多样化　加工产品多样化，休闲食品销量增加。

5. 机械化程度不断提高

6. 销售形式多元化 网络、自媒体等快速发展，线上、线下销售齐动。

总之，基本实现了甘薯的提质增效，节本增效，绿色环保。

三、河北省甘薯产业发展优势

（一）河北甘薯生产具有的三大优势

1. 区位优势 河北省地处北方薯区边缘，环拥京津，依托东三省，面向黄淮，鲜食甘薯市场潜力大，具有发展甘薯产业独特的区位优势。

2. 气候优势 河北四季分明，春季回温快，夏季雨热同期，秋季晴朗少雨，昼夜温差大。无霜期 200 天左右，平均年降水 500 毫米左右，山区丘陵面积占到 50%，除承德、张家口高寒地区外均可种植甘薯。

3. 传统优势 河北省甘薯生产历史悠久，农民具有种植甘薯的习惯，平均产量 18.85 吨/公顷，高于全国平均产量水平 18.43 吨/公顷（中国农业年鉴，1993）。甘薯因其产量高，"旱涝保收"，被称为"铁杆庄稼"。栽培技术先进，市场占有率高。卢龙具有"中国甘薯之乡"的美称。

（二）河北省两大优势产区

1. 燕山、太行山丘陵山区

（1）品种 鲜食型品种以北京 553、遗字 138、秦薯 5 号、烟薯 14 等为主；淀粉型品种以卢选 1 号、徐薯 18、冀薯 98 等品种为主。

（2）特点 具有悠久的甘薯种植历史，规模小，群体大，栽培模式传统，机械化程度低。

2. 冀中南平原区

（1）品种 鲜食型品种以龙薯 9 号、商薯 19、冀薯 4 号、烟薯 25、济薯 26、冀薯 99；特用型品种以紫罗兰、冀紫薯 1 号、冀紫薯 2 号为主。

（2）特点 以土地流转为主，规模大，专业化程度高，栽培模式先进，机械化程度高。

四、甘薯品种类型

1. 兼用型 冀薯 982（兼用型品种）、冀薯 99、徐薯 18、商薯 19 等。

2. 淀粉型 冀薯 98、冀薯 65、济薯 25、冀粉 1 号等。

3. 食用型 冀薯 4 号、冀薯 332、烟薯 25、济薯 26、普薯 32、龙薯 9 号、苏薯 8 号等。

4. 叶菜型 台农 71、蒲薯 53。

5. 花青苷型 冀紫薯 1 号、冀紫薯 2 号、济黑 1 号。

6. 高胡萝卜素型 维多丽、浙薯 13。

五、甘薯生产技术

通过国家甘薯产业技术体系团队多年的研发，总结出以下 7 项优质甘薯生产技术：甘薯脱毒技术增产 20％以上；健康种苗培育技术增产 10％以上；地膜覆盖技术增产 10％～20％；

科学管理保障稳产、增产；平衡施肥技术减少投入；农机农艺配套技术降低生产成本；安全储藏技术节本增效。每个单项技术缺一不可，综合使用才能达到甘薯优质高效生产。

（一）甘薯茎尖脱毒技术

脱毒薯苗生产程序如图 1 所示。

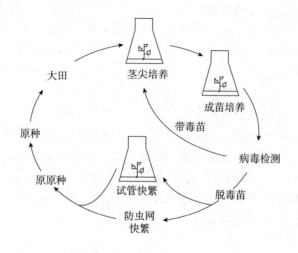

图 1　脱毒薯苗生产程序

1. 脱毒种苗的优点

（1）增产效果明显　增产幅度一般可达 20％～50％，具体幅度依品种对病毒感染的耐性差异而不同。

（2）萌芽性好　脱毒甘薯出苗较早，产苗量和百苗重有一定增加。

（3）结薯早，膨大快　脱毒薯栽后营养生长比较旺盛脱毒薯结薯较早，薯块膨大速度高于非脱毒薯。

（4）商品薯率高　脱毒薯薯块整齐而集中，薯皮光滑，商品性明显提高。

（5）品质好　脱毒甘薯的出干率和出粉率有一定提高。

（6）耐贮存　脱毒种苗不携带病原菌，病害田间危害减轻，有利于甘薯的贮存。

（7）经济效益可观　按平均增产幅度 20％，亩增收鲜薯 250～400 千克计算，每亩可增加收入 150 元以上。

2. 健康薯苗繁育技术

（1）健康薯苗标准

①生物学特性。叶：叶片肥厚、叶色浓绿，大小适中。顶三叶齐平。茎：茎粗壮，无气生根，无病斑，汁液多，基部根系白嫩。节：节间长短适度，根原基粗大，突起明显。苗：苗株挺拔结实，不脆嫩也不老化，有韧性，不易折断。不携带任何危险性、检疫性病虫害。

②生育量化指标。苗龄：35～40 天；苗长：20～25 厘米；百苗重：春苗 1.0 千克，夏苗 1.5 千克；茎粗：0.5 厘米；节数：5～7 节；节间长：3～5 厘米。

（2）培育甘薯壮苗的方式

①选择适合的育苗模式。一是选择适中的薯块，出苗较粗壮；二是适当稀排种；三是适当控制温度和肥水；四是及时剪苗栽插，避免苗等地。

②育苗技术。

育苗时间：3 月初至中下旬。

苗床选择：新地，或更换 15 厘米净土，安装防虫网。

种薯挑选：选用无病、无畸形的种薯，严禁使用春薯中的小薯块育苗。

种薯消毒：控制苗床温度，遇到高温天气，要及时通风降温，一般选择上午 10 时以后和下午 3 时以前；遇低温天气可选择晚上覆盖毛毡进行保温。

及时清除病薯：在薯苗生长过程中，一旦发现有薯块腐烂时，及时清除，防止病菌扩散，传染其他健康薯块。

③苗床管理技术。

高温催芽：排种后床温迅速上升到 35℃，到出苗前一直保持在 32～35℃ 的范围内。提高出苗量，减轻病害。

中温长苗：甘薯出苗后，应保持在 25℃左右，干旱时上午 8—9 时进行浇水。防止长期在 27～29℃（黑斑病）。

低温炼苗：采苗前 3～5 天，将床温降到 20℃左右，直接栽入大田的移栽前 3 天揭膜练苗。

及时采苗：苗高达到一定高度（25 厘米左右），及时采苗繁苗或移栽。

加强管理：采苗后第 2 天浇水，结合浇水，每平方米追施尿素 50 克。

（3）剪苗比拔苗好的原因　剪苗可以减轻薯苗甘薯黑斑病、甘薯茎线虫病等，有效防止或减轻大田病害的发生。剪苗比拔苗采苗量多。剪苗不破坏芽原基，拔苗容易带掉薯皮，带走了薯皮表面的潜伏芽，从而减少了出苗量。

（4）封闭剪苗伤口　栽种时用辛硫磷、噻唑磷、吡虫啉等药剂封闭剪苗伤口，可有效防止线虫的侵入。

（5）苗床消毒技术　将苗床的薯块全部清出→施用杀线剂（硫酰氟）和杀菌剂（甲基多菌灵）→将床土翻起直立、打开微喷开关浇水→覆盖黑色地膜并用土封边→封闭所有出口，高温闷棚 20 天以上。

苗床药害：薯苗生长过程中，合理使用叶面肥或除草剂，避免造成薯苗药害。一旦发现药害发生，及时喷施清水和揭膜通风，减少损失。

慎用激素类促生长：避免苗床过量使用激素类物质，苗床薯苗看似健壮，移栽到大田，脱离苗床环境，生长缓慢。

尽量减少跨区调运薯苗：跨区域调运薯苗，存在重大风险，例如雄县薯区曾经出现使用南方薯苗，导致甘薯茎腐病大面积发生，损失惨重。邢台薯区出现因使用广州蔓头苗，收获时出现小象甲危害的现象，导致绝收。

3. 甘薯"一水一膜"技术　"一水"是在深松深耕破除犁底层基础上，灌足底墒水，避免生育期浇水对垄体的破坏，保证春季栽秧到块根膨大时期的土壤墒情保持到降水季节，实现一次灌水保全年。"一膜"是指覆盖黑色或复合地膜，可有效抑制杂草生长，节约生产成本。

（1）地膜覆盖效果　甘薯地膜覆盖技术可增地温，保墒情，控草害，防涝害，促进甘薯尽快发根，增加甘薯产量 10%～20%，并提前 15～20 天成熟收获。

（2）甘薯地膜覆盖技术要点　①选择土壤，盖优不盖劣；②增施肥料，盖足不盖少；③选育壮苗，盖壮不盖弱；④足墒覆膜，盖湿不盖干；⑤适时早栽，盖早不盖晚；⑥增加密度，盖密不盖稀。

（3）滴灌技术　提高插秧效率，适于种植大户应用；提高甘薯成活率，几乎达 100%；解决北方区季节性干旱问题；水肥效益充分发挥；采用滴灌技术的甘薯增产率可达 16.1%～20.3%；甘薯生育期降水量越小，效果越明显。

滴灌技术投资概算：一次性亩投资 130～140 元。其中：滴灌带 80 元（0.10 元/米×800 米）；支管 15 元（1.5 元/米×10 米）；旁通＋接头 15 元（1.0 元/个×15 个）；其他如控制阀、弯管等 10～20 元。

（4）滴灌技术应用中需注意的问题　可根据田间栽插株距选择不同滴孔间距的滴灌带，机械铺带过程还应密切注意机械的铺带质量。滴灌材料质量良莠不齐，规格多样，亟须规范。使用中应选择质量可靠产品。移栽后灌水结束，应向滴灌带冲入少量药液，防止地下害虫咬破滴灌带。甘薯滴灌施肥，选择低成本、易溶解、高肥效的滴灌专用肥料或水溶肥料。

（5）滴灌带铺设注意事项　迷宫式滴灌带花纹一面要朝上，防止滴水不均匀；贴片式滴灌带的滴孔向上，防止沉淀物及灌溉水中钙镁离子堵塞滴头。注意：先滴肥后滴水；先滴水后滴药。

4. 科学管理技术

（1）合理密植　鲜食型甘薯可根据品种特性适当加大密度，一般每亩

4 000～4 500 株。

（2）正确栽插　采用平栽或斜栽方法。插秧时保持埋入土中的节间呈水平状，然后待水分渗完后埋土，将大部分展开叶片埋入土中。

（3）科学管理合理化控

①前促。促发根，栽插前苗基部 3 节用 500 毫克/升生根粉浸泡 3～5 分钟，栽插时的浇窝水量为 500 毫升。

②中控。封垄前后若长势偏旺，喷施化控剂 3 次以上。

③后防。防止早衰，叶片黄化过早，叶面积系数低于 3.5，可喷施 1% 的尿素与 0.2%～0.4% 的磷酸二氢钾混合液 1～2 次。

控制旺长的几个关键时期：春薯栽后 40～60 天，块根形成及膨大，适度控制生长，促进不定根分化成块根。栽后 70～80 天，北方进入雨季，尽量控制旺长，建立合理群体结构。栽后 120 天，块根第二次膨大高峰（关键期），控促结合，促进产量、品质协同提高。

甘薯旺长判断标准：叶色加深，顶三叶节间明显拉长，封垄后茎尖上挑，明显高于叶平面；封垄后垄沟不清晰，茎蔓过膝；叶柄长度和叶片宽度比值超过 1.5。

甘薯控旺产品解析：多效唑、烯效唑、甲哌鎓、矮壮素、调环酸钙、乙烯利在同等剂量下，控旺力度依次为：烯效唑＞调环酸钙＞多效唑＞甲哌鎓＞矮壮素，乙烯利主要用其作为催熟剂，在某些作物上也用来作为控旺剂使用。

（4）化学除草技术

①苗前除草。90% 乙草胺乳油 200 毫升封盖地面，亩用水 50 千克以上；33% 二甲戊灵乳油（100～150 毫升/亩），均匀喷洒，一般可保证整个生长周期不用再行除草。苗床除草用量 30～50 毫升/亩。

②苗后除草。用精喹禾灵或中耕。

专用除草剂的应用问题：2019 年玉米种植地使用的玉米专用除草剂烟嘧·莠去津和 2019 年的花生种植地使用的花生专业除草剂百垄通（甲咪唑烟酸），导致 2020 年种植甘薯时出现严重的除草剂药害问题。甘薯专用除草剂精喹禾灵＋助剂，防治香附子的专用除草剂氯吡嘧磺隆、灭生性除草剂草甘膦等在当季使用也出现明显的除草剂药害，造成植株黄化、矮缩、生长受限，给薯农造成很大伤害。

（5）病虫害综合防治

①主要病害种类及防治方法。田间病害主要有甘薯病毒病、甘薯黑斑病、甘薯茎线虫病、甘薯根腐病、甘薯紫纹羽病、甘薯黑痣病；贮藏期主要病害有甘薯黑斑病、甘薯软腐病、甘薯干腐病、甘薯褐斑病、甘薯黑痣病。

防治方法：做好跨区域调运种薯种苗的植物检疫工作；选用抗病品种、无病种薯；轮作倒茬、清除病残体、高剪苗、深耕翻土、使用腐熟有机肥；安装杀虫灯、防虫网、性诱剂、高温育苗、温汤浸种；使用芽孢杆菌、白僵菌、绿僵菌等生物农药；药剂浸种、浸苗、毒饵诱杀、使用高效、低毒对路农药防治。

②田间主要虫害及防治方法。虫害主要有蝼蛄、蛴螬等地下害虫。

防治方法：春秋翻耕、施用腐熟肥料；黑光灯诱杀成虫；使用辛硫磷颗粒剂、吡虫啉颗粒剂等药剂防治地下害虫；使用白僵菌等生物农药进行防治；堆草诱杀细胸金针虫，在田间堆放 8～10 厘米厚的新鲜略萎蔫的小草堆，每亩 50 堆，在草堆下撒布 5% 敌百虫粉剂等化学药剂少许，诱杀细胸金针虫。

5. 平衡施肥技术　基肥为主，补施叶面肥。

甘薯生产氮磷钾需求比例为 2：1：3，配合钙、镁、锌、硼等微肥。速效磷高于 50 毫克/千克地块，可不施磷肥。土壤碱解氮含量 80 毫克/千克以上的地块一般不必再施用氮肥，主要施用钾肥。钾肥全部作基肥施用，增产效果最好。

6. 安全储藏技术　安全储藏三要素：温度 9～12℃；湿度 85%；充足的氧气。

（1）甘薯安全储藏要点

①选用耐储藏品种。不易破皮、干物率高、抗病性好。

②种植管理水平。采用无病秧苗、药物防止病虫害、倒茬种植、避免田间积水。

③储藏窖消毒。使用硫黄 15 克/米微燃烧熏蒸或甲基硫菌灵喷雾灭菌。

④及时收获。防止受冷害；收获运输，避免损伤。

⑤入窖。"四轻五不要"，即轻拿轻放轻装轻运，受伤的不要，受冷害的不要，受水淹的不要，有病害的不要，在田间过夜的不要，以防薯窖病害蔓延发生。

⑥收获时粗分级。根据市场需求适当进行大、中、小初步分级，分别入窖。

⑦筐装或散装。尽量不用网袋堆放，影响品相。

⑧储藏控制。一般只装 1/2，最多不要超过 2/3，利于通风换气。

⑨喷施防腐剂。咪鲜胺、代森锰锌、甲基硫菌灵

（2）薯窖管理

①前期。鲜薯呼吸旺盛，以通风、散湿、降温为主，使窖温不超过 15℃，相对湿度不超过 90%。

②中期。注意保温，窖温保持在 9～12℃为宜。窖温稳定在 14℃时封闭门

窗、气孔。随着气温下降，在窖外分期盖草盖土，加强保温性能。

③后期。以稳定窖温、通风换气为主。立春后气候多变，甘薯抵抗力下降易发生腐烂病。根据天气变化，即要通风散热，又要保持窖温在 $11\sim15℃$。

(3) 薯块腐烂的原因　造成薯块腐烂的原因有冷害、病害、湿害、干害、缺氧、机械损伤。

①冷害。$7℃$以下持续 16 天，57%的薯块出现冷害，14%的薯块腐烂；$-2℃$时薯块结冰，迅速引起腐烂。

②病害。主要有甘薯黑斑病、甘薯黑痣病、甘薯软腐病、甘薯干腐病。

③湿害。收获前田间积水时间长，薯块水浸受害；薯堆表面遇冷时凝成水珠，长时间浸湿薯块；雨雪或其他水漏在窖内，浸泡薯块会造成湿害。

④干害。窖内相对湿度低于 60%时，薯块原生质失水过多，引起酶的活性失常，使耐储性降低。湿度过小，会使薯块糠心，品质下降，病害加重，特别使干腐病容易发生。

⑤缺氧。甘薯入窖初期，气温较高，薯块呼吸作用旺盛，如果薯窖装得过满，会使窖内氧气不足，二氧化碳浓度过高，在缺氧条件下，薯块被迫进行无氧呼吸，使薯块发生腐烂。

薯窖不宜装得过满，以最多不超过总容量的 2/3 为宜。

⑥机械损伤。在挑选健薯入窖的基础上，收装运过程中，要最大限度地保护薯块的完整性。

旱碱区域农作物减肥增效技术

杨忠妍

一、施肥的现状与问题

肥料可按照元素在作物体内的含量，以及作物生长吸收的多少分为三类：大量元素肥料（氮、磷、钾）、中量元素肥料（钙、镁、硫）、微量元素肥料（铁、硼、锰、铜、锌、钼、氯、镍）。

目前肥料应用中存在的问题有：磷、钾利用率低，平均利用率在30％左右；土壤养分不平衡，土壤中的磷酸盐固定了土壤中其他微量元素，阻碍了土壤中的钙、镁、铁、锰、锌、钼、铜、硼等元素的吸收利用，限制了产量和品质的提高；土壤微生态结构恶化，土壤中的菌落失常，土传病害泛滥；大量施用化肥，造成重金属积累严重。

化肥要减量，农业要增产，对肥料提出减量增效的要求。

化学肥料应用经历两个阶段。第一阶段：化肥用量和粮食产量快速增长，环境污染加剧；第二阶段：化肥用量零增长或负增长，粮食产量持续增长，环境污染得到改善。肥料增值、利用率提高，是肥料减量增效的有效手段之一，是化肥用量零增长乃至负增长仍能保持农业增产的重要保障措施。

二、化肥减量增效的措施

（一）平衡施肥

平衡施肥是指均衡地或平衡地供应作物各种必需的营养元素的施肥原则。不同作物形成100千克经济产量所需要的养分数量不同（表1），平衡施肥就是要参照作物生长发育所需的养分比例施肥。

（二）增施有机肥

一是施用充分腐熟的肥料，防止烧根。二是基施，发挥长效作用。三是和化学肥料配合使用，提高化肥利用率。

商品有机肥是通过高温好氧发酵生产的纯绿色有机肥，是理想的生产绿色食品的有机肥料，既可以作基肥施用，又可以作育苗基质施用。

表1　不同作物形成100千克经济产量所需要的养分数量

作物	收获物	从土壤中吸取氮、磷、钾的数量（千克）		
		氮（N）	磷（P_2O_5）	钾（K_2O）
冬小麦	籽粒	3.00	1.25	2.50
玉米	籽粒	3.57	0.86	2.14
谷子	籽粒	2.50	1.25	1.75
高粱	籽粒	2.60	1.30	3.00
甘薯	块根	0.35	0.18	0.55
马铃薯	块茎	0.50	0.20	1.06
大豆	豆粒	7.20	1.80	4.00
花生	荚果	6.80	1.30	3.80
棉花	籽棉	5.00	1.80	4.00
油菜	籽粒	5.80	2.50	4.30
芝麻	籽粒	8.23	2.07	4.41

（三）施用酸性肥料（表2）

北方以碱性土壤为主，易造成养分被固定，养分利用率低。因此，要有针对性地施用酸性肥料。

表2　化学肥料的营养成分与pH

名称	氮（%）	pH	名称	氮（%）	磷（%）	钾（%）	pH
尿素	46	7.1	硫酸钾			50	1.6
碳酸铵	17		氯化钾			60	9.7
硫酸铵	21	5	过磷酸钙		12		1.8
氯酸铵	26	5.3	磷酸一铵	11	49		5.9
硝酸铵	34	7	磷酸二铵	18	46		7.7
			开磷二铵	14	46		
			硝酸钾	13		45	7
			磷酸二氢钾		52	35	4.1

（四）施用冲施肥料、水溶肥料

国家标准规定，水溶肥中氮、磷、钾必须是全水溶的，单质含量不能低于6%，总含量不能低于50%。旱地小麦返青期追施水溶尿素肥效试验结果表明：追施水溶尿素，亩施 10～30 千克均有增产作用，增产幅度为 25.9％～66.3％；以追施 20 千克最好，尿素追施 20 千克以上，增产作用同样明显，但效益下降。旱地小麦春季冲施肥追施肥效试验结果表明：冲施肥追施，比对照增产 20.6％；利用尿素提高冲施肥 N 含量后，效果更佳，平均增产 31.9％，比单施冲施肥增产率提高 11.4％；最优施肥配方是冲施肥 20 千克/亩＋尿素 15 千克/亩，比对照增产 37.8％。

（五）腐植酸类肥料缓释

近期的研究发现，腐植酸不仅对土壤肥力、作物生长、矿物的积累迁移有重要影响，而且和人类的健康息息相关。20 世纪 60 年代，全国掀起利用腐植酸肥料和改良土壤的热潮，20 世纪 70 年代进行综合开发利用，1987 年腐植酸类肥料的开发应用进入快车道。腐植酸是一种亲水胶体，低浓度时是真溶液，没有黏度，高浓度时是一种胶体溶液，或称为分散体。腐植酸具有微酸性。腐植酸可刺激植株生长代谢、改善产品质量，增强抗逆能力。

1. 腐植酸的种类

（1）按形成和来源分类　可分为三粉。①原生腐植酸。原生腐植酸为天然腐植酸，肥沃土壤中含量为百分之几。②再生腐植酸。经过自然风化或人工氧化方法所生产的腐植酸，称为再生腐植酸。风化煤腐植酸含量一般为 5％～60％。③合成腐植酸。合成腐植酸也称人造腐植酸，是从非煤类物质中用人工方法制取的。其结构和性质与再生腐植酸相似。蔗糖与铵盐反应所得到的碱可溶物就是合成腐植酸的一种；造纸厂、酒厂、糖厂等利用废液合成腐植酸；利用海洋生物，经过生物发酵提取腐植酸。

（2）按溶解度和颜色分类　可分为黄腐酸（富里酸）、棕腐酸（草木樨酸）、黑腐酸（胡敏酸）。黄腐酸能溶于酸、碱、醇，水溶性好，在植物体内运转较快，刺激作用较强；棕腐酸能溶于酸、碱、醇，水溶性中等，在植物体内运转较慢，刺激作用中等；黑腐酸溶于碱，不溶于酸，不溶于水，易被植物表面吸附，促进根系生长。

2. 腐植酸肥料的主要作用

（1）养分均衡，降低污染　由于腐植酸具有络合、螯合、离子交换、分散、黏合等多功能性质，配入无机氮磷钾养分，可达到养分平衡、配比科学的目的。可作基肥、追肥，能有效抑制硝酸盐污染；对农药具有缓释增效作用，降低农药的使用量。

（2）提高养分利用率　腐植酸肥料既有化肥的速效增产作用，又具有活化土壤、缓释培肥的作用。普通肥料的氮磷钾养分不能被植物完全吸收，氮被吸收约 33％，约 40％的磷钾被二氧化硅固定，而腐植酸与氮、磷、钾的离子络合后，氮挥发损失减少 15％～22％，氮淋失减少 30％～40％，磷钾的固定损失减少 45％，提高土壤解磷钾量 15％左右。提高肥力，减少化肥用量。

（六）施用酶肥

"叶子是肺根是嘴，消化吸收全靠酶。"作物的物质代谢和能量代谢都离不开酶的参与。施用酶肥，有利于提高产量、改善品质。

酶肥的种类主要有多肽、双酶和聚碳酶。主要产品有多肽尿素（多肽复合肥，多肽过磷酸钙）、双酶尿素（双酶复合肥，双酶二铵）、聚碳尿素、酶控复合肥等。

（七）施用微生物肥料

1. 分类　微生物肥料是以微生物的生命活动使作物得到特定肥料效应的一种制品。依其功能和组成不同，目前将其分为微生物菌剂、复合微生物肥料两大类。目前应用较多的微生物菌种有以下几种。

（1）根瘤菌类　常用菌株有大豆根瘤菌和苜蓿中华根瘤菌，可为作物提供氮素，拌种或基施效果好，保存期短，仅有 4 个月左右，增产效果显著。

（2）自生及联合固氮菌类　常用菌株为圆褐固氮菌，功效同根瘤菌。

（3）活化土壤类　常用菌株有胶质芽孢杆菌和巨大芽孢杆菌，可解决当前土壤问题，为作物提供全价养分，防治根部病害，可基施灌根，不能喷施，增产效果显著。

（4）促生类　常用菌株有细黄链霉菌、酿酒酵母，可产生刺激作物生长类物质，适用于叶菜类作物，用于籽果类作物易引起后期脱肥减产。可喷施或基施。

（5）生物防治类和光合细菌　生物防治类常用菌株有枯草芽孢杆菌、苏云金杆菌、地衣芽孢杆菌、乳酸链球菌、乳酸杆菌，可减少土壤中有害微生物数量，减少病害。光合细菌能够进行光合作用，为作物提供一定的营养物质。可基施或叶面喷施。

2. 作用　一是减少化肥使用量，为作物提供全面营养。解磷、解钾，释放中微量元素，解决缺素症，提高肥料利用率，可以减少 1/3 的化肥用量。

二是强烈生根。通过有益菌的活动，产生活性物质（赤霉素、细胞分裂素、黏多糖等），使作物根系发达，改善吸收功能。

三是起到抗重茬的作用。增加有益菌含量，改真菌性土壤为细菌性土壤，以菌治菌，对有害菌产生拮抗作用，减少土传性病害，减少枯黄萎病、根腐病及其他原因造成的死苗烂根等。

使用微生物肥料时应注意避免阳光直射，不能与杀菌剂混用。

桃树优质高效栽培技术

刘进余　柳培育

一、桃树生产概况

桃树原产于中国，在我国核果类果树中总产量居第一位。我国桃树种植面积1 000多万亩，桃年产量700多万吨，面积和产量均居世界第一位。桃营养丰富、汁多味甜、鲜果供应期长。桃树具有种类多、适应性强、生长快、结果早等优点，种植桃树经济效益高，是促进农民致富及乡村振兴的重要途径。

二、桃的分类

桃的类型和品种多样，世界上桃的栽培品种有3 000多个，我国约有1 000多个。目前桃品种的分类方法较多，一般以果实的生物学特性、形态特征及树体对生态环境的适应性作为主要的分类依据。

（一）按地理分布并结合生物学特性和形态特征分类

可分为五个品种群。

1. 南方品种群　分布于长江流域以南，江苏、浙江最多，其次为四川、云南等。

2. 北方品种群　主要分布在黄河流域，东北地区也有少量分布。

3. 蟠桃品种群　该品种群耐高温多湿，冬季休眠期短。果实扁平、顶端凹入，果实柔软多汁，果肉多白色，致密味甜。

4. 油桃品种群　果皮光滑无毛；果肉紧密淡黄；离核或半离核；成熟早（5月中下旬）。主要品种：曙光、艳光、华光、瑞光等。

5. 黄肉品种群　果皮及果肉均呈橙黄色，肉质致密强韧，适于加工罐头。

（二）按果实形状和生长发育特性分类

1. 圆桃和扁桃

（1）圆桃　圆桃的果实近圆形或长圆形，果顶微凹至突尖，目前世界上栽培的桃品种绝大部分属于圆桃类型。

（2）扁桃　扁桃又称为蟠桃，果实扁圆，两端凹入，如早露蟠、中蟠及瑞蟠系列品种等。

2. 毛桃和油桃

（1）毛桃　毛桃又称为普通桃，其果实表面覆有一层茸毛，目前世界上栽培的桃树品种绝大部分属于毛桃类型。

（2）油桃　油桃是毛桃的变异，特点是果实表面自小无茸毛，果实成熟时表皮光亮艳丽。

3. 离核、粘核和半粘核品种

（1）离核品种　离核品种的果肉组织较松散，尤其是近核处的果肉，果核容易从果肉上剥离。

（2）粘核品种　粘核品种的果肉致密，果实成熟时，果肉与核不易分离。

（3）半粘核品种　半粘核品种居于上述二者之间。

4. 溶质桃、不溶质桃和硬肉桃

（1）溶质桃　溶质桃品种果实成熟时果肉柔软多汁，适宜鲜食。

（2）不溶质桃　不溶质桃又被称为橡皮质桃，在果实成熟时果肉质地强韧、富有弹性，加工时耐烫煮，且不溶质桃多为粘核，一般均为加工制罐品种。

（3）硬肉桃　硬肉桃在果实成熟初期果肉硬而脆，但完熟时果汁少，果肉变绵，如五月鲜、六月白、和尚帽等。

5. 白肉桃、黄肉桃和红肉桃

（1）白肉桃　白肉桃肉色呈白色或乳白色。我国从古至今主栽的鲜食品种绝大部分为白肉桃。

（2）黄肉桃　黄肉桃肉色呈黄或橙黄色。黄色品种在加工制罐时能保证汁液清澈透明。

（3）红肉桃　红肉桃果肉血红色，如血桃、天津水蜜桃及国外的 Red Robin 等品种。

6. 早熟桃、中熟桃、晚熟桃

（1）早熟桃　早熟桃品种主要有大红桃（6 月下旬至 7 月上旬成熟，粘核）、春雪桃（果实 6 月中旬至 7 月上旬成熟，粘核）。

（2）中熟桃　中熟桃品种主要有颐红桃（7 月下旬至 8 月上旬成熟，半离核）、新川中岛（7 月中下旬至 8 月中旬成熟，半离核）。

（3）晚熟桃　晚熟桃品种主要有迎庆桃（8 月底至 9 月初成熟，离核）、映霜红（10 月中旬至 11 月初成熟，半离核）。

（三）按果实利用方式分类

一般分为鲜食（如蟠桃、油桃等）、罐藏（如黄桃）和兼用品种（五月鲜、六月白等）。

三、桃树生产存在的问题及主要对策

1. 存在的问题 区域化程度不够；果品质量差；品种结构不合理；土壤有机质含量不足；树体和果实生理病害越来越重；技术操作不细致、不到位；良种繁育体系不健全，苗木市场混乱。

2. 主要对策 发挥资源优势，加强品种区域化研究；调整品种结构，注重品种多样化、优质化和特色化；加强苗木管理，规范苗木市场；加大科技投入，普及推广桃树管理新技术。

四、桃树高效栽培管理措施

（一）桃园土壤与生草管理

1. 调节土壤 pH 桃园土壤 pH 以 5.2～7.8 为宜。

2. 留足树盘 树盘直径 100 厘米以上。

3. 深翻改土 每年结合施用有机肥，深翻改土。

4. 间作增效 不宜种植高秆植物，以间作花生、西瓜、辣椒、绿豆、大豆等矮秆植物为宜。

5. 果园生草 选用白车轴草、鼠茅、黑麦草等，种植于行间，当长到 50～60 厘米时用机械实施割草粉碎、培肥地力，每年进行 2～3 次。

6. 树盘覆盖 将黑色地膜和秸秆等覆盖于树盘上。

（二）桃园施肥与水分调控

1. 桃园施肥 有机肥和化肥配合施用，互相促进，以有机肥为主。氮、磷、钾三要素合理配比，重视钾肥的应用，不同施肥方法结合使用，并以基肥为主。

（1）基（底）肥 以牛马圈肥等有机肥为主，适当配施化肥，特别是磷肥。有条状沟施、环状（轮状）沟施、放射状（辐射状）沟施、全园普施等四种施肥方法。

（2）萌芽肥 以氮肥为主。幼树浇灌施用或用磷酸二氢钾叶面喷施。结果树以沟施为主。2 月上旬萌芽前施入。

（3）花前肥 以氮肥、磷肥为主。用磷酸二氢钾叶面喷施。

（4）花后肥 以磷肥、钾肥为主。用硫酸钾、钙镁磷肥对水浇灌，用磷酸二氢钾叶面喷施。

（5）壮果肥 幼果停止脱落即核硬化前（定果后）进行，约 5 月中旬。以速效磷肥、钾肥为主，少量施用氮肥。此时施肥非常重要。对中、晚熟品种，可促进果实膨大，提高品质，并可促进花芽分化，为下一年结果打下营养基础。在桃硬核期结束前，新梢开始旺长时，可叶面喷布 0.1％～0.15％的多效唑（PP333）药剂1～2次，这是桃树丰产栽培中一项行之有效的重要措施。

（6）采后肥　以氮肥为主。利于枝梢充实和提高树体内贮藏营养的水平。必要时还应注意补充微量元素，起到恢复树势的作用。

2. 桃园浇水与排涝

（1）浇水　应在桃树萌芽期至开花前、花后至硬核期、果实膨大期和休眠期浇水，采用地面灌溉、喷灌和滴灌等方法。桃树耐旱性极强，需水量较低。夏季浇水宜在夜间到清晨进行。

（2）排涝　桃树不耐涝，适宜于排水良好的壤土或沙壤土中种植。雨水多时要及时排水。

（三）桃树整形修剪

1. 夏季修剪（为主）　夏季修剪是幼年桃树管理中很重要的一个环节。幼年桃树生长旺盛，修剪时应轻剪长放和充分运用夏季修剪技术，以缓和树势，提早结果。

（1）摘心　摘心是非常重要的技术手段。在新梢长15～30厘米时摘去先端5～6厘米嫩尖。在5月、7月、9月对幼树进行摘心，有利于防止徒长，促发二次枝，形成良好的结果枝，减少"光腿"现象，使枝条增粗、芽体饱满，达到早结果的目的。结果枝上形成的"兔耳枝"要在20～30厘米时摘心，再发枝15～20厘米时再摘心，以增大叶幕面积，供给营养，减少养分消耗，为翌年结果打基础。注意：部分枝条为培养枝组用，不是所有的枝条都要摘心。

（2）扭梢拿枝　旺枝扭梢和拿枝更能促进花芽的形成。

（3）疏梢剪梢　对生长郁闭的幼年树，在6月中下旬及8月停梢期进行疏梢、剪梢，对改善树冠光照、提高有效结果枝比例的作用都很显著，并可减轻冬剪的工作量。

（4）抹芽　位置不当的芽容易发生徒长枝，应及早抹除。如未抹去，只待冬季修剪时疏除或短截利用。

（5）除萌蘖　砧木根际的芽和接桃低位芽必须及时抹除。

（6）拉枝　拉枝即改变枝条原来的角度和方向，在新梢长20厘米时进行。枝条分布不均、偏向一侧又可以利用的，可以通过拉枝调整。

2. 冬季修剪（为辅）　包含定干、整形、回缩、短截、长放、撑吊等措施。

（1）定干　定干高度30～60厘米。平地30厘米，缓坡地50厘米，坡地或高坎地60厘米。

（2）整形　采用自然开心形树形，包含3个主枝、6～8个侧枝，在主侧枝上配置各类枝组，树高3.5米以内，树冠呈开心状。

（3）回缩　通过摘心、长放后得到的有效花枝，必须回缩修剪到有合理花量的部位。

（4）短截　产生光秃枝的部位，必须短截修剪到有新枝的部位；采用单枝、双枝和三枝更新培养结果枝组的，可以通过短截结果枝，调整营养枝、结果枝和抚养枝的比例，以利连年结果。对徒长枝可以视枝条所在部位，插空补缺，短截后加以利用。

（5）长放　对于以长果枝结果为主的品种和初结果幼树枝条可以不短截、不回缩，长放到出现花芽为止。

（6）撑吊　对于生长角度不好、位置偏离的主要枝条，可以利用撑、拉、吊、绑等人工手段，调整到应有位置。

(四) 桃园花果管理

1. 授粉　若遇开花期天气不良、品种自花不结实（大红桃）等情况，应进行人工授粉，授粉时间在初花期到盛花期之间。

2. 疏花　在开花率达到 70％～80％时，用 0.5～1 波美度石硫合剂喷布。一般在花量少的树和初结果树上不采用。盛果期树体高大、花量大时，为减轻疏果工作量，可以采用。

3. 疏果　生产上应疏果两次（谢花后 20 天左右、定果前），最后定果不迟于硬核期结束。留果数量根据负载量、历年产量、树龄、树势及天气情况而定。具体疏果时可按（0.8～1.5）∶1 的枝果比标准留果。也可按长果枝留果 3～5 个，中果枝留 1～3 个，短果枝和花束状果枝留 1 个或不留，二次枝留 1～2 个的标准掌握。先疏除萎黄果、小果、病虫果、畸形果和并生果，然后再根据留存果实的数量疏除朝天果、附近无叶果及形状较短圆的果实。留下的每个果实必须有至少 10～15 厘米的间隔，不能紧靠。

4. 套袋　主要对中、晚熟品种进行套袋。套袋应在生理落果基本结束以后、病虫害发生以前进行。多在端午前后（5 月中下旬至 6 月初）进行。先喷施防治食心虫、桃蛀螟的药剂，药液干后再套袋。套袋时从上而下、由内而外进行。采收前 2～3 天将纸袋从下部撕开，可使果实增加红晕，提高着色。最好选用专用套袋纸（浅黄色纸袋）。中熟桃采用单层黄色袋；晚熟桃用双层深色袋效果最好。

(五) 主要病虫害防治

病虫害防治是桃树管理的重要环节，病虫害防治做不好，影响果实产量和品质，也影响到果品安全，为此，科学合理的病虫害综合防治理念和防治技术显得特别重要。

1. 主要病害防治

（1）桃疮痂病防治　在桃芽膨大而尚未绽开时喷布 2～5 波美度石硫合剂，落花后根据天气情况，每半月喷施一次 70％代森锰锌可湿性粉剂 500 倍液，或 70％甲基硫菌灵可湿性粉剂 800 倍液，或 80％代森锰锌可湿性粉剂 800 倍液等，几种药要交替使用。

（2）桃流胶病防治　增施有机质肥和磷钾肥，提高土壤肥力，增强树体抵抗能力，合理修剪，保持适度的挂果量；冬季清园消毒，树干涂白防霜冻。喷施微量元素硼：开花前喷施 0.1％～0.2％硼酸 2～3 次，或根施硼砂，大树每株施 150～200 克，连施 2～3 次。

（3）桃细菌性穿孔病防治　发芽后喷 20％噻菌铜悬浮剂 500 倍液、4％春雷霉素可湿性粉剂 800～1 000 倍液。幼果期喷 65％代森锌可湿性粉剂 600 倍液或硫酸锌石灰液（硫酸锌 0.5 千克、熟石灰 2 千克、水 120 千克）。6 月末至 7 月初喷施第一遍，半个月至 20 天再喷 1 次，连喷 2～3 次。

（4）桃炭疽病防治　彻底清除病梢、枯死枝、僵果，结合施基肥，清扫落叶和地面病残体并深埋。花前喷施 70％甲基硫菌灵可湿性粉剂 1 500 倍液，或 50％多菌灵可湿性粉剂 600～800 倍液，每隔 10～15 天用药 1 次，连喷 3 次，药剂最好交替使用。保护叶片和果实。

（5）桃褐腐病防治　落花后 10 天左右喷施 65％代森锌可湿性粉剂 500 倍液，50％多菌灵可湿性粉剂 1 000 倍液，或 70％甲基硫菌灵可湿性粉剂 800～1 000 倍液。初花期（花开约 20％时）需要加喷一次代森锌或甲基硫菌灵。在第二次喷药后，间隔 10～15 天再喷 1～2 次，直至果实成熟前一个月左右再喷一次 50％异菌脲可湿性粉剂 1 000～2 000 倍液。

2. 主要虫害防治

（1）桃蚜防治　桃树萌芽期和蚜虫发生期喷施 10％吡虫啉可湿性粉剂 4 000～5 000 倍液，一般掌握喷药及时细致、周到、不漏树、不漏枝，一次即可控制，也可用 0.3％苦参碱水剂 800～1 000 倍液。危害严重时，可在秋季桃蚜回迁桃树时再喷药 1 次。

（2）桃红颈天牛防治　一是捕捉成虫。6—7 月，成虫发生盛期，可人工捕捉。捕捉的最佳时间为早晨 6 时以前或下午 1—2 时。用绑有铁钩的长竹竿钩住树枝，用力摇动落地，逐一捕捉。二是涂白树干。4—5 月，即在成虫羽化之前，可在树干和主枝上涂刷"白涂剂"，加入少量食盐可增加黏着作用，加入少量石硫合剂渣滓可提高防虫效果。也可用当年的石硫合剂的沉淀物涂刷枝干。三是刺杀幼虫。9 月前孵化出的幼虫即在树皮下蛀食，这时可在主干与主枝上寻找细小的红褐色虫粪，一旦发现虫粪，即用锋利的小刀划开树皮将幼虫杀死。也可在翌年春季检查枝干。四是药剂防治。根据害虫的不同生育时期，采取不同的方法。6—7 月成虫发生盛期和幼虫孵化初期，树上喷洒 10％吡虫啉可湿性粉剂 2 000 倍液，7～10 天 1 次。连喷几次。虫孔施药，大龄幼虫蛀入木质部，可清理一下树干上的排粪孔，用一次性医用注射器向蛀孔灌注

10％吡虫啉可湿性粉剂 2 000 倍液，然后用泥封严虫孔口。此外，及时砍伐受害死亡的树体，也是减少虫源的有效方法。

（3）桃蛀螟防治　利用黑光灯、糖醋液、性诱剂诱杀成虫，4 月底至 5 月下旬产卵盛期和 9 月中旬至 10 月上旬幼虫危害期喷施 20％杀铃脲悬浮剂 8 000～10 000 倍液，隔 10～15 天再喷一次。提倡喷洒 10 亿芽孢/克苏云金杆菌可湿性粉剂 75～150 倍液。

（4）桃小食心虫防治　根据幼虫脱果后大部分潜伏于树冠下土中的特点，成虫羽化前，可在树冠下地面覆盖地膜，以阻止成虫羽化后飞出，在成虫羽化产卵和幼虫孵化期及时喷药，可喷 25％灭幼脲 3 号悬浮剂 1 000～2 000 倍液，或 20％杀铃脲悬浮剂 8 000～10 000 倍液，在树冠下距树干 1 米范围内的地面细致喷雾，喷至地面湿透。亦可将药液喷于 50 千克细土中，混合均匀，制成毒土，撒于树下。施药后都应浅锄，锄后盖土或覆草，以延长药剂残效期，提高杀虫效果。树上喷药：发现少量成虫时开始喷洒 25％灭幼脲 3 号悬浮剂 1 500 倍液，每 10～15 天 1 次，连续喷洒 2～3 次，杀灭虫卵及初孵幼虫。晚熟品种桃必须防治桃小食心虫后再套袋。

（5）叶蝉防治　在成虫、若虫危害期喷药毒杀。喷杀成虫以越冬成虫出土产卵前为重点，以若虫孵化盛期为适时，用 20％噻嗪酮可湿粉剂 2 000 倍液或 10％溴氟菊酯乳油 1 000～2 000 倍液，交替连喷 2～3 次，隔 7～15 天 1 次。此外，在第一代卵盛孵期（约在 5 月中下旬）喷布 25％噻嗪酮可湿性粉剂 1 000～1 500 倍液，有良好效果。

农药与植物保护

孙锡生　　杨忠妍

提高农作物的产量一直是世界性的重要课题。使用农药可以减轻有害生物对农作物的危害，减少农作物产量的损失，保证农业丰收。

一、农药的分类

农药分类的方法多种多样。可按防治对象分类、按成分和来源分类、按作用方式及毒理机制分类、按化学结构分类，亦有将上述几种综合或交叉分类的。一般按防治对象和作用方式综合分类。

(一) 杀虫 (螨) 剂

杀虫剂是用于防治害虫 (螨) 的农药。某些杀虫剂可用于防治卫生害虫、畜禽体内外寄生虫以及危害工业原料和其他产品的害虫。按作用方式大体分为以下 11 类。

1. 胃毒剂　杀虫 (螨) 剂随食物被害虫摄食后，在肠液中溶解或者被肠壁细胞吸收到致毒部位，致使害虫中毒死亡。如：敌百虫、辛硫磷、除虫脲等。

2. 触杀剂　药剂接触到害虫后，通过虫体表皮渗入虫体内，使害虫正常生理代谢受到干扰或破坏而致死。如辛硫磷、丁硫克百威、氯氟氰菊酯、氰戊菊酯、氯氰菊酯等。

3. 熏蒸剂　某些药剂在一般气温下即升华，挥发成有毒气体或经过化学作用而产生有毒气体，然后经由害虫的呼吸系统进入虫体内，使害虫中毒死亡。如磷化铝、硫酰氟等。

4. 内吸剂　是指药剂接触到作物的任何部位 (根、茎、叶、种子) 都能被作物吸收到体内，并传导到全株各部位，使危害各部位的害虫中毒死亡。同时，药剂可在植物体内储存一定时间又不妨碍作物的生长发育。如乐果、丁硫克百威等。

5. 驱避剂　药剂本身无毒害作用，但由于其具有某种特殊气味或颜色，施药后可使害虫不愿接近或远避。如人们常用的蚊香。

6. 拒食剂　害虫在接触或摄食此类药剂后，会消除食欲、拒绝取食而饥饿死亡。目前从植物中人工分离出的作为拒食剂的物质已有 300 多种。糖苷类、香豆素等都有较强的广谱拒食作用。

7. 引诱剂　引诱剂是能引诱昆虫的药剂。有引诱作用的化学物质，在自然界多为能产生气味而弥散于空间的有机物。如诱杀地老虎成虫的糖醋酒液、杨树枝把，诱集棉铃虫产卵的嫩玉米雌穗花丝等。

8. 性信息素（性诱剂）　雌性昆虫释放出一种极微量的化学物质以引诱雄性进行交配繁殖。当前生产上应用的有棉铃虫性信息素、棉红铃虫性信息素、玉米螟性信息素等。

9. 绝育剂　此种药剂被昆虫摄食后，能破坏其生殖功能，使害虫失去繁殖能力。雌性害虫即使交配也不会产卵或即使产卵也不能孵化。其优点是只对那些造成危害的目标害虫起防治作用，而对同一生态环境中的无害或有益昆虫无不良影响。绝育剂在美国防治螺旋蝇效果良好，而当前国内研究较少。

10. 昆虫生长调节剂　此类药剂施用后扰乱害虫正常生长发育而使其死亡或减弱害虫的生活能力。主要有：保幼激素、蜕皮激素、几丁质合成酶抑制剂等。

11. 杀卵剂　药剂与虫卵接触后，降低卵的孵化率或直接进入卵壳使幼虫或虫胚中毒死亡。如石硫合剂，可使卵壳变干、胚胎干死。

（二）杀菌剂

杀菌剂是指能够杀死植物病原菌或抑制其生长发育的农药。按作用方式和机制可分为以下几类。

1. 保护性杀菌剂　在植物感病前施用，可抑制病原孢子萌发或杀死萌发的病原孢子，保护植物免受病原菌侵染危害的杀菌剂，又称防御性杀菌剂。有两种：一种能够消灭病原侵染源，如代森锰锌、甲霜灵等；另一种是在病菌未侵入植物以前，把杀菌剂喷施到寄主表面，使其形成一层药膜，防止病菌侵染，如硫酸铜、松脂酸铜、波尔多液等。

2. 治疗性杀菌剂　当病原菌侵入农作物或已使农作物感病后，施用该制剂能抑制病原菌危害，使植物恢复健康，如多菌灵、三唑酮、甲霜灵等。

3. 内吸性杀菌剂　通过作物根、茎、叶等部位进入作物体内，并在作物体内传导、扩散、滞留或代谢，起到防治植物病害的作用，如甲基硫菌灵等。

4. 土壤消毒剂　采用沟施、灌浇、翻混等方法，对带病土壤进行药剂处理，使土壤中的病原菌得以抑制，以免作物受害。如甲基立枯磷、多菌灵等。

（三）除草剂

除草剂是用以消灭或控制杂草生长的农药。使用范围包括农田、苗圃、林地、花卉园林及一些非耕地。按作用方式和作用性质可分为以下几类。

1. 内吸传导型除草剂 药剂施于植物上或土壤中后，可被杂草的根、茎、叶等部位吸收，并能在杂草体内传导到整个植株各部位，使杂草的生长发育受抑制而死。如草铵膦、烯禾啶等。

2. 触杀型除草剂 此类除草剂不能被植物体吸收、传导和渗透，但绿色部位接触药液后，可起到局部杀伤作用。如敌草快。

3. 选择型除草剂 植物对其具有选择性，即在一定剂量和浓度范围内灭杀某种或某类杂草，但对作物安全无害。如氟乐灵。

4. 灭生型除草剂 在药剂使用后，所有接触药剂的植物均能被杀死。此类药剂无选择性，但利用作物与杂草之间的各种生理差异（如出苗时间早迟、根系分布深浅及药剂持效期长短等），正确合理使用，亦可达到除草不伤苗的目的。

（四）植物生长调节剂

植物在整个生长过程中需要某些微量的生理活性物质，这些生理活性物质对调节控制植物的生长发育具有特殊作用，故被称为植物生长调节物质。植物生长调节剂可分为两类。

1. 植物激素 植物激素都是内生的，故又称内源激素，对植物的生长发育起着重要的调节功能。如目前从油菜花提炼的芸薹素等。

2. 植物生长调节剂 是人工合成剂，它具有天然植物激素活性，对植物的生长发育有重要的调节功能。主要包括：生长素类、赤霉素类、细胞分裂素类、乙烯释放剂、促使植物组织分离剂、生长素传导抑制剂、生长延缓剂、生长抑制剂、芸薹素内酯（BR）、植物细胞赋活剂、提高光合速率制剂、阻止叶绿素分解制剂等。

（五）杀鼠剂

杀鼠剂是防治害鼠的农药，多用胃毒、熏蒸直接毒杀的方法。但存在人畜中毒或二次中毒的危险。因此，优良的杀鼠剂应具备的特点有：对鼠类毒性大，有选择性；不易产生二次中毒现象；对人畜安全；价格便宜。杀鼠剂按作用方式可分为胃毒剂、熏蒸剂、驱避剂、引诱剂和不育剂4大类。

1. 胃毒剂 通过取食进入消化系统而使鼠类中毒致死的杀鼠剂。这类杀鼠剂适口性、杀鼠效果好，对人畜安全。目前，市场供应的主要有1-萘基硫脲、杀鼠醚、溴敌隆、溴鼠隆等无机和有机合成杀鼠剂。

2. 熏蒸杀鼠剂 经呼吸系统吸入有毒气体而毒杀鼠类的杀鼠剂，如氯化苦、溴甲烷、磷化氢等。优点是不受鼠类取食行动的影响，作用快，无二次毒性；缺点是用量大，施药时防护条件及人员操作技术要求高，操作费工，难以大面积推广。

3. 驱鼠剂和诱鼠剂 驱赶或诱集而不直接毒杀鼠类的杀鼠剂。驱鼠剂是使鼠类避开，不致啃咬毁坏物品。例如用福美双处理种子、苗木可避免鼠类危害，但一般持效期不长。诱鼠剂只起到诱集鼠类的作用，必须和其他杀鼠剂结合使用。诱鼠剂的缺点是施药后残效期较短，效果难以持久。

4. 不育剂 通过药物作用使雌鼠或雄鼠不育而降低其出生率，达到防除目的，属间接杀鼠剂，亦称化学绝育剂。优点是安全，适用于耕地、草原、下水道、垃圾堆等防鼠困难场所。雌鼠绝育剂有多种甾体激素，雄鼠绝育剂有氯代丙二醇、呋喃妥因等。

二、农药的剂型及性能

我国农药的剂型大体有以下几类。

（一）粉剂（DP）

粉剂的优点是容易制造和使用。粉剂成本低、不需用水、使用方便，是目前不发达地区以粉剂施用为主的重要原因。粉剂在作物上黏附力小，因此，在作物上残留较少，也不容易产生药害。粉剂使用时易受地面气流的影响而飘失。

（二）可湿性粉剂（WP）

可湿性粉剂是易被水湿润并能在水中分散悬浮的粉状剂型。可湿性粉剂性能优于粉剂。它是一种干粉制剂，使用时加水配成稳定的悬浮液，用喷雾器进行喷雾，在作物上黏附性好，药效比同种原药的粉剂好，但不及乳油。可湿性粉剂的悬浮率和药液湿润性，在经过长期存放和堆压后均会下降，会比说明书上的指标低。

（三）乳油（EC）

乳油是一种常用且重要的农药剂型。其性质稳定，耐贮藏，使用方便。我国目前生产的农药有40％加工成乳油。

（四）颗粒剂（GR）

颗粒剂是由原药、载体和助剂加工而成的颗粒状农药剂型。它具有以下特点：使高毒品种低毒化，如克百威不能喷雾而使用受到限制，但加工成颗粒剂后经皮毒性降低，则可直接手施；可控制有效成分释放速度，延长持效期，药效期长；使液态药剂固态化，便于包装、贮运和使用；减少环境污染、减轻药害，保护天敌；使用方便，可提高劳动效率。

（五）浓悬浮剂（SC）

浓悬浮剂是固体原药分散、能流动的高浓度黏稠剂型，又称为胶悬剂。浓悬浮剂的优点有：没有有机溶剂产生的易燃性和药害问题；浓悬浮剂有效成分粒子小，在植物表面上黏附得比较牢固，耐雨水冲刷，药效较高；在水中具有良好的分散性和悬浮性，能与水以任意比例混合均匀，适用于各种喷洒方式，亦可用于超低用量喷雾。其缺点是使用后在包装容器内残剩较多，容器处理比较困难。

(六) 浓乳剂 （EW）

浓乳剂也称为水乳剂。其优点是不含有机溶剂，不易燃，安全性好，消除了有机溶剂引起的药害、刺激性和毒性。

(七) 微乳剂 （ME）

微乳剂又称水基质乳油，是乳油的改进型，它以水为基质，加入少量的有机溶剂。优点是易运输，在水中分散粒度小，易穿透害虫体表，药效比乳油大幅度提高。由于不用或少用有机溶剂，消除了有机溶剂对环境的污染（如菊酯类微乳剂）。

(八) 水剂 （AS）

水剂是农药原药的溶液剂型，一般使用时再加水稀释。

(九) 水分散颗粒剂 （WG）

水分散颗粒剂也称干悬剂，为在水中崩解和分散后使用的颗粒剂。有以下优点：解决了乳油的经皮毒性，对使用者安全；有效成分含量高，大多数农药产品的含量为70％以上，储存方便；无粉尘，减少了对环境的污染；入水易崩解，分散性好，悬浮率高；再悬浮性好，配制好的药液第二天经搅拌能重新悬浮起来，不影响药效。

(十) 可溶性粉剂 （SP）

可溶性粉剂是可直接加水溶解使用的粉状农药剂型，又称水溶性粉剂（WS）。此剂型的药效比可湿性粉剂高，与乳油相近；可以加水溶解配制成水溶液代替乳油喷雾使用。

(十一) 烟剂 （FU）

烟剂是引燃后，有效成分以烟状分散体悬浮于空气中的农药剂型。烟剂颗粒极细，穿透力极强。施用烟剂的工效高，不需任何器械，不需用水，简便省力，药剂在空间分布均匀。如55％百菌清烟剂用于温室病害防治效果特别好。烟剂易点燃但不易自燃，成烟率高，毒性低，无残留，无异味。

(十二) 超低容量制剂

超低容量制剂分为超低容量液剂（UL）和超低容量悬浮剂（SU）两类，专供超低容量喷雾用。有很好的穿透性和沉积性，在叶面上的附着性良好，耐雨水冲刷。超低容量制剂的药物浓度高，油溶剂的渗透力强，使用不慎容易引起药害。

(十三) 熏蒸剂 （VP）

熏蒸剂是利用低沸点农药挥发出的有毒气体或一些固体农药遇水起反应而产生的有毒气体毒杀有害生物的农药剂型。用于密闭场所熏蒸杀死害虫。熏蒸剂熏蒸需要在密闭环境下进行，主要用于防治仓库和温室害虫及土壤消毒。使用熏蒸剂时，应注意采取必要的防护措施，尤其是使用场所的密闭性要好。常用的有溴甲烷、磷化铝等。

三、农药的合理使用方法

首先要熟悉和掌握各类农药的性能，了解农药对被保护植物的作用机理，调查分析病、虫、草在当地的发生规律，以及气象条件对病、虫、草发生发展和对农药作用产生的影响等。要因地制宜地寻求最佳防治时机和方法，以取得最好的防治效果。否则不仅浪费人力、物力，甚至还可能造成人畜中毒和环境污染。要考虑以下几个方面。

（一）防治对象种类、生育期与药效的关系

各种农业有害生物由于机体结构、生理机能及生活方式不同，对药剂表现的敏感性差别很大。因而同一种药剂对不同的防治对象常表现出不同的药效，同一种防治对象对不同的药剂也表现出不同的抗性。同一种防治对象在不同的生长发育阶段对农药的反应也不一样。

1. 害虫不同发育阶段对药剂的反应　一般来说卵期和蛹期的抗药性较强，幼虫期或若虫期以及成虫期的抗药性较弱。一般 3 龄前的幼虫或若虫的抗药性最弱，是施药的关键时期。因此，在大田施用农药时，施药 1 次的应在 1～2 龄幼虫（或若虫）盛期时进行，施药 2 次的第 1 次施药期还可提前。

2. 螨类不同发育期对药剂的反应　螨类在不同发育期对同一种类杀螨剂也表现出不同的抗药性。例如：卵、若螨对噻螨酮很敏感，而成螨对其抗药性很强；炔螨特则对成螨、若螨有效，但对卵无效。此外同一种类的药剂对不同螨类的药效不同。因此在防治螨类时，也要根据螨的种类和发育期来选用有效的杀螨剂。

3. 病菌侵染循环不同阶段对药剂的反应　病菌在整个侵染循环或生活史的不同阶段对药剂的反应和敏感程度有显著差别。杀菌剂除有杀菌作用外，还有抑制病菌生长繁殖的作用。目前使用的大多数杀菌剂多具有抑菌作用。病菌孢子萌发侵入植物的阶段是其生活史中最薄弱的环节，这一阶段病菌对药剂比较敏感，是最佳防治期。病菌侵染植物后，对药剂的抵抗力较强，虽可以用内吸杀菌剂和抗生素治疗，但用药成本较高。

4. 杂草不同生育时期对药剂的反应　农田杂草在种子萌发期、芽期和苗期抗药性最弱，对除草剂最敏感。因此，一般都在杂草种子大量萌发期进行播前药剂土壤处理或播后苗前药剂土壤封闭处理。也可在芽期、苗期进行药剂茎叶喷雾。例如：小麦返青拔节前用苯磺隆、异噁草酮等杀草剂对麦田 3～4 叶期的灰绿藜、田旋花、苦苣菜等杂草防除效果最好，而在灰绿藜、苦苣菜成株

期施药效果较差。

（二）合理选用高效农药和剂型

根据药剂的特性，病、虫、杂草的种类，农作物的生育期和耐药性，选用高效、低毒农药的合适剂型和喷施方法，对症下药。

（三）掌握施药适期

施药适期要根据农作物的生育期及防治对象发生期和发生规律而定。根据田间调查结果或植保系统的病虫情报适期施药。

（四）病虫草的抗药性

抗药性是生物界的一个普遍现象，害虫、螨类、病菌、杂草都可以产生抗药性。抗药性一般分为两种类型——自然抗药性和获得抗药性。

1. 自然抗药性　自然抗药性是生物在不同的生长发育期，由于机体结构、生理机能和生化反应的差异而对药剂表现不同反应的现象。例如：介壳虫对辛硫磷具有很强的抗药性，甜菜象甲对敌百虫具有很强的抗药性而对丁硫克百威却很敏感。

2. 获得抗药性　获得抗药性是由在一个地区长期连续使用某种农药而引起的。这种抗药性还可以遗传给后代，形成抗性种群以致药效大为降低。例如：家蝇对敌敌畏的抗药性较 20 世纪 80 年代增高 60～70 倍。

3. 防止害虫（螨）产生抗药性的措施

①采用农业防治、生物防治与化学防治相结合的综合措施，再配合使用对天敌毒害较小的农药，充分发挥天敌和化学药剂的作用。

②采用不同类型农药交替使用或混用，可以延缓抗药性的产生和发展。例如：防治鳞翅目害虫，可用化学药剂与生物制剂交替使用或混用。

③同种药剂的间断使用可以恢复其防治效果。当一种农药在当地长期连续使用已经引发了抗药性后，如果在一段时间内停止使用，抗药性有可能逐渐减退甚至消失。

四、农药的药害

农药使用不当使作物产生的不良反应即为药害。

（一）药害的分类

1. 急性药害　一般在喷药后 2～5 天出现，严重的数小时后即表现出症状。如：叶片有灼伤、变黄，严重时产生叶斑、凋萎、畸形。有时幼嫩组织发生褐色焦斑、徒长乃至枯萎死亡，这种药害多为施用农药不当或受邻近田块喷施农药影响所致。从受害株看，受害部位为嫩叶、花、果等生长较快的部位，一般上部叶片重于下部叶片，嫩叶重于老叶。

2. 慢性药害　植物受害后不立即显示药害现象，主要是影响植株的生理活动。如：生长缓慢，花少果小，晚熟，籽粒不饱满，品质下降等。这类药害多半是用药过量或药剂浓度过高造成的。施用有机磷农药或对瓜果作物喷施生长调节剂催熟时应特别谨慎，切忌过量。

3. 残留药害 由残留在土壤中的农药或其分解产物引起的（实际上属于慢性毒性）药害。有些农药在土壤中残留量高、残留时间长，影响下茬作物生长。如：棉花播前用氟乐灵处理土壤造成后茬玉米、小麦发黄矮小、分蘖减少。

（二）药害的预防

1. 了解不同农作物对药剂的敏感性 十字花科蔬菜对辛硫磷敏感；莠去津对豆类作物很容易产生药害；高粱对敌百虫、敌敌畏特别敏感；小麦拔节后，使用麦草畏要特别慎重。

2. 掌握正确的使用浓度和施药量 对多效唑（内源赤霉素合成抑制剂）等一些超高效农药和植物生长调节剂，应先用少量水配制成母液，再按要求加入水稀释到所需浓度，这样可使药液均匀一致，不致发生药害。

3. 根据药剂特性和气候条件，正确掌握施药时间 施药时间一般以上午6—10 时、下午 4—7 时为宜。但也有的农药品种要求在较高气温条件下喷洒，既可提高药效，又能避免药害发生。如苯丁锡（杀螨剂）在气温低于 22℃ 以下时活性下降，防效差。

4. 严防农药乱混乱用 农药对症施用和正确地混用可以提高防治效果，节省用药成本。乱用和盲目混用会使药效降低，造成药害。如：高效氟吡甲禾灵不能用于防治麦田杂草；喹禾灵和灭草松不能混用；烯禾啶不能和苯达松、三氟羧草醚混用；吡氟禾草灵和苯达松不能混用；苯醚甲环唑不宜与铜制剂混用。

农药混配时，可以先在喷雾器中加入大半桶水，加入第一种农药后混匀；然后，将剩下的农药用一个塑料瓶先进行稀释，稀释好后倒入喷雾器中，混匀，以此类推。

（三）出现药害后的对策

对茎叶喷洒造成的药害，可用水喷洒淋洗受害作物，减少黏附在枝叶上的毒害物质；对土壤施药产生的药害要立即浇水稀释冲洗，以减轻药害影响。对药害较轻的田块及时加强肥水管理，以减轻药害症状，使作物恢复正常生长。喷施植物生长调节剂可促进受害植物生长，减轻药害。

五、农药的标签识别

农药标签是印制在农药包装上的介绍农药产品性能、使用技术、毒性、注意事项等内容的文字、图示或技术资料。为了用好农药，在使用农药前一定要仔细、认真地阅读标签和说明书。使用者按照标签上的说明使用农药，不仅能达到安全、有效的目的，而且，也能起到保护消费者自身利益的作用。

合格农药标签必须包括的内容有：①农药名称（包括有效成分的通用名）、百分含量和剂型，进口农药要有中文商品名。②农药登记号。③净重（克或千克）或净容量（毫升或升）。④生产厂名、地址、邮政编码及电话等。⑤农药类别（按用途分类，如杀虫剂、杀菌剂）。⑥使用说明：登记作物、防治对象、用药量和施药方法；限用范围；与其他农药或物质混用禁忌。⑦毒性标志及注意事项：毒性标志；中毒主要症状和急救措施；安全警告；安全间隔期；贮存的特殊要求；生产日期和批号。

土壤深松机械作业技术

赵 巍

长期以来，大部分地区耕地采用旋耕机或铧式犁进行旋耕、浅翻作业，在土壤耕作层与心土层之间都形成了一层紧实的、封闭式的犁底层，厚度可达8~12厘米。它的总孔隙度比耕作层或心土层减少10%~20%，阻碍了耕作层与心土层之间水、肥、气、热梯度的连通性，降低了土壤的抗灾能力。同时，作物根系难以穿透犁底层，根系分布浅，吸收营养范围减少，抗灾能力弱，易引起倒伏早衰等等，影响产量提高。实施农机深松作业，可以有效打破犁底层，加快土壤熟化过程，增强土壤蓄水保墒和抗旱防涝能力，提高农业综合生产能力，促进质量兴农、绿色兴农。

一、农机深松技术原理

农机深松技术是保护性耕作技术的重要内容，指利用深松机械作业，不翻转土层，不破坏原有土壤层次，局部松动耕层土壤和耕层下面土壤的一种耕作技术。深松深度一般在25厘米以上，以能打破犁底层为基准。农机深松可以增强土壤渗透能力，促使作物根系下扎，形成水、肥、气、热通道，使土壤深层养分与耕作层实现良性互动。作物根系腐烂后又形成新的孔隙，进一步改善土壤通透性。

二、农机深松作业的好处

实施农机深松作业可打破多年浅耕形成的坚硬的犁底层，加厚松土层，改善土壤耕层结构，提高土壤的蓄水保墒能力，可减少浇地次数1~2次。可提高土地的透气性，提高地温，促进土壤熟化，提高土壤肥力，加速有效养分的积放过程。深松为作物生长创造了良好的土壤环境，改善了作物根系的生长条件，促进农作物根系下扎，提高抗倒伏能力，使农作物充分吸收土壤的水分和养分，促进作物生长发育。

三、进行深松作业的时间

春季、夏季、秋季均适宜进行深松作业。

1. 春季深松作业 适用于春播玉米的地区。有利于保土提墒、减少风沙，降低作业成本，形成深松、整地、播种一条龙作业。

2. 夏季深松作业 适用于一年两熟地区，开展夏玉米深松分层施肥播种一体化作业，充分接纳夏季雨水，促进肥效利用和玉米适度密植，促进根系发育和作物生长，切实提高玉米单产，实现节本增效。

3. 秋季深松作业 主要适用于冬小麦种植地区，播种前深松、旋耕、整地，以接纳秋、冬两季的雨水和雪水，有效抵御春旱。同时，冬小麦播前深松要与播后镇压、浇冻水等措施配合使用，如次年春季干旱多风，应进行锄划作业，以增强抗旱保墒效果。

四、农机深松作业的适宜条件

深松作业适宜在土壤含水率为 12%～20% 的条件下进行，土壤含水率较高、比较黏重的地块不适宜进行深松作业。秋季深松作业时，玉米秸秆粉碎长度不大于 10 厘米，留茬高度不大于 10 厘米，玉米根茬地上部分基本被打碎（如果不能达到要求应再增加一次秸秆粉碎作业）；夏季深松作业时，麦茬高度不大于 15 厘米，麦秸切碎长度不大于 15 厘米，并均匀抛洒于地表面。如果秸秆粉碎质量不好、留茬过高，容易造成深松机的堵塞，影响深松作业质量。

五、深松作业的主要模式

1. 单一深松整地模式 拖拉机带动单一深松功能的深松机具进行作业。具有结构简单、使用方便、深松效果直观、作业质量便于测量等特点。

2. 深松旋耕作业模式 拖拉机带动深松旋耕联合作业机具进行作业，深松和旋耕一次完成，既打破了多年形成的犁底层，又对土地表层进行了耕整，具有工作效率高、利于争抢农时的特点，但由于消耗动力较大，对配套动力要求较高，各地可结合当地实际选择使用。

3. 深松施肥播种联合作业模式 拖拉机带动具有深松功能的播种机进行作业。夏玉米深松分层施肥播种作业可实现深松（灭茬）、分层施肥、精量播种等"一体化"作业，该技术已趋成熟，适宜大面积推广应用。小麦深松施肥播种作业可同步完成深松、旋耕、（分层混合）施肥、均匀播种等作业，具有作业效率高、减少机组作业次数、利于争抢农时等特点，但对配套动力和作业机手要求较高，并应合理使用配重。

六、深松机的类型

根据不同的作业模式，深松机主要可分为单一深松机、深松旋耕机、深松施肥播种机。根据不同的结构设计，常见的深松机可分为凿式深松机和曲面铲式深松机，曲面铲式深松机由于翻土效果好、工作阻力小而逐渐成为主流。

七、调整深松机的方法

左右水平：升起机具，使深松铲离开地面，查看左右铲尖是否水平，调整拖拉机后悬挂左右立拉杆，直至水平符合要求。

前后水平：把拖拉机组开到平坦处，调整拖拉机的上拉杆长短，使深松机前后水平，如上拉杆已经调到极限位置仍无法达到机组水平，则需要改变上拉杆与深松机固定销孔，同时调节立拉杆长短直至使机组前后水平。

八、农机深松对配套动力的要求

由于深松作业属于重负荷作业，所以对拖拉机的动力要求较高，综合考虑作业效果和作业效率，一般至少应配套 120 马力＊四驱的拖拉机。结合当地土壤类型、深松机类型及铲数、拖拉机品牌等实际情况，鼓励优先使用大功率、高效率拖拉机实施深松作业。

九、农机深松作业规程

1. 作业前应根据地块形状规划作业路线，保证作业行车方便，减少空驶行程。

2. 正式作业前要进行深松试作业，调整好深松的深度；检查机车、机具各部件工作情况及作业质量，发现问题及时解决，直到符合作业要求。

3. 作业时应保证不重松、不漏松、不拖堆。

4. 深松作业中，要使深松间隔距离保持一致。

5. 作业时应注意观察作业情况，发现深松铲柄上有挂草或杂物应及时清除。

6. 每个班次作业后，应对深松机械进行保养。清除机具上的泥土和杂草，检查各连接件紧固情况，向各润滑点加注润滑油，并向万向节处加注润滑脂。

7. 深松铲尖磨损严重影响入土深度时，应及时更换。

十、农机深松作业质量标准

农机深松作业执行农业行业标准 NY/T 2845—2015《深松机作业质量》，深松应打破犁底层，深松深度不低于 25 厘米，相邻两铲间距不大于 70 厘米。深松深度是深松沟底距该点作业前地表面的垂直距离，也可以理解为深松沟底

＊ 马力为非法定计量单位，1 马力≈735.5 瓦。——编者注

到未耕地面的距离，而不是深松沟底到深松（或深松旋耕联合）作业后地表面的距离。为保证作业质量，作业地块应平坦，深松深度范围内不应有影响作业的树根、石块等坚硬杂物及整株秸秆，作业前应先进行 20～30 米的试作业，松土及碎土效果应满足农艺要求。

十一、农机深松作业安全注意事项

1. 深松机工作前，必须检查各部件是否齐全，有无变形或损坏，各调整机构是否灵活，各螺母是否紧固。如有问题应当及时调整。

2. 深松机启动时，拖拉机应先低速行驶，使深松铲靠自重逐渐进入土壤预定深度。作业过程中，在主机能正常牵引的挡位上尽可能大油门匀速直线前进。

3. 在深松机作业过程中，不允许进行各项调整，若发现机车负荷突然增大，应立即停车，找出原因，及时排除故障。

4. 在地头转弯与倒车时必须提升机具，使铲尖离开地面，未提升机具时不得转弯。

5. 机具不能在悬空状态下进行维修和调整，维修和调整时机具必须落地或加以可靠的支撑，拖拉机必须熄火。

6. 深松机作业结束后，应将深松机降落到地上，不可悬挂停放。

十二、深松作业后的配套农艺措施

深松作业后的镇压：由于深松过的土壤较松软，春、秋季深松机作业后，应及时镇压和整地。冬小麦播种前深松作业的地块，旋耕后播种而后镇压，防止风干死苗。

深松播种后的灌溉：深松应在雨季前作业，如果没有天然降水，冬小麦播种前深松作业的地块，一般需要冬灌，夏玉米深松施肥播种后，土壤墒情较差时应及时浇水。

养 殖 技 术

蛋鸡标准化饲养管理

冀建军

一、蛋鸡品种

1. 海兰褐壳蛋鸡　海兰褐壳蛋鸡具有饲料转化率高、产蛋多、成活率高等优良特点。适宜集约化养鸡场、规模鸡场、专业户和农户养殖。

商品代生产性能：1～18 周龄成活率 96%～98%，体重 1.55 千克，每只鸡平均耗料量 5.7～6.7 千克；产蛋期（至 80 周龄）高峰产蛋率 94%～96%，入舍母鸡产蛋数至 60 周龄 246 枚、至 74 周龄 317 枚、至 80 周龄 344 枚，平均蛋重 32 周龄 62.3 克，70 周龄蛋重 66.9 克；80 周龄成活率 95%；19～80 周龄每只鸡平均日耗料量 114 克，21～74 周龄每千克蛋耗料量 2.11 千克，72 周龄体重 2.25 千克。

2. 罗曼褐壳蛋鸡　罗曼褐壳蛋鸡具有适应性强、耗料少、产蛋多、成活率高的优良特点。适宜集约化鸡场、规模养鸡场、专业户和农户养殖。

父母代生产性能：1～18 周龄成活率 97%，开产日龄 21～23 周龄，高峰产蛋率 90%～92%，入舍母鸡 72 周龄产蛋数 290～295 枚。

商品代生产性能：1～18 周龄成活率 98%，开产日龄 21～23 周龄，高峰产蛋率 92%～94%，入舍母鸡 12 个月产蛋数 300～305 枚，平均蛋重 63.5～65.5 克，产蛋期成活率 94.6%。

3. 尼克蛋鸡　生产性能：0～18 周龄生长期成活率 97%～99%，耗料量 5.9～6.2 千克/只，18 周龄体重 1.4～1.5 千克；18～76 周龄产蛋阶段成活率 93%～96%，50% 产蛋率日龄 140～150 天，入舍母鸡 76 周龄产蛋数 315～325 枚；35 周龄蛋重 62.8 克，76 周龄蛋重 68.3 克，76 周龄累计产蛋 20～21 千克，日耗料量 105～115 克/只。

4. 农大褐 3 号　商品代生产性能高，可根据羽速自别雌雄。72 周龄产蛋数可达 260 枚，平均蛋重约 58 克，产蛋期日耗料量 85～90 克/只，料蛋比 2.1∶1。

5. 星杂 444　粉壳蛋鸡，其 72 周龄产蛋量 265～280 枚，平均蛋重 61～63 克，每千克蛋耗料量 2.45～2.7 千克。

6. 京白 939　杂交商品鸡可羽速自别雌雄。生产性能测定结果为：20 周龄育成率 95%，产蛋期存活率 92%，20 周龄体重 1.51 千克，21～72 周龄饲养日产蛋量 302 枚，平均蛋重 62 克，总蛋重 18.7 千克。

二、蛋鸡标准化饲养管理规范

（一）蛋鸡标准化高效养殖技术

1. 选择优良品种　目前，较为优秀的品种有海兰褐壳蛋鸡、罗曼褐壳蛋鸡等。

2. 选择投入产出效益好的饲料　已知蛋鸡需要几十种营养物质，蛋鸡的不同生理阶段应该选用相应的蛋鸡饲料。

3. 科学饲养管理　通过人为控制鸡舍的小环境，在光照、温度、湿度、空气、通风等方面使其尽可能接近蛋鸡的最适需要。

4. 健康安全，保障体系　①重视鸡场环境卫生，包括鸡群的小环境（鸡舍）和大环境（生产区和生活区）卫生 2 个方面。②重视鸡场规划与布局，合理规划包括鸡场选址、鸡舍构造、通风、光照等因素。③严格执行消毒制度。④制订切实可行的免疫接种程序。⑤坚持全进全出制度。⑥确定有效的药物预防方案。⑦执行严格废弃物处理制度。⑧建立疫情的预警系统与应急预案。

5. 现代经营管理　主要包括以下几个方面：①改进组织管理机构和决策机制，使企业将所有权和经营权适当分开，以解决企业管理跟不上企业发展的矛盾。②改善用人机制，改善工作条件，并注重责、权、利的合理分配，逐步实现"人本管理"。③强化生产管理，树立生物安全大环境意识，严格按养鸡场卫生管理要求，完善防疫设施，健全防疫制度。④改进财务管理，建立健全会计账目。⑤做好成本分析和生产效率分析，提高企业诊断和改进方案的准确性。

（二）雏鸡（0～6 周龄）管理技术

蛋鸡育雏目标的衡量指标有 3 个方面：一是育雏成活率，达到 98% 以上；二是群体平均体重与胫骨发育长度达到饲养品种的标准；三是鸡群的均匀度好，整齐度在 85% 以上。

1. 育雏前的准备

（1）育雏计划与育雏方式　①根据鸡舍建筑及设备条件、生产规模及工艺流程制订育雏计划：一般每批进雏数应与育雏鸡舍、成鸡舍的容量一致。育雏数应由成年母鸡需要量，加上育雏育成期一般的死淘数来确定。②育雏方式的选择，可根据具体情况选用立体笼式育雏和平面育雏。

（2）育雏舍准备　①要求保温性能好，通风量不能过大，以保证空气流通又不影响室温为宜。②已用鸡舍要严格清扫、适时休整，备好供暖、供水及照明等设备。③平养食槽高度，其上缘要求比鸡背高约 2 厘米。笼养食槽为笼养设备配套设施。④饮水器应根据鸡的大小和饲养方式确定，一般乳头饮水器应用较多。

（3）消毒和预热　①进雏前 2 周，对育雏舍进行清洗和消毒。冲洗后先用液体消毒液喷洒一遍，然后密封鸡舍采用熏蒸消毒，按每立方米用福尔马林40 毫升，高锰酸钾 20 克。②进雏前 1～2 天进行调温，并使舍内温度达到育雏要求。

（4）饲料及药品的准备　①按照雏鸡的营养需要配制好全价饲料，一次配料不超过 3 天用量。建议采用颗粒饲料。②为了预防雏鸡疾病，应准备一些营养补充剂或药物，如抗生素类、磺胺类、电解多维等。

2. 雏鸡饲养环境条件与控制

（1）温度的调节　根据鸡的品种、体质、天气的变化进行适当调节。①褐壳鸡羽毛的生长速度比白壳鸡慢，育雏前期的温度可高些。②外界气温低时舍内温度高些，外界气温高时低些；白天低些，夜晚高些。一般夜间育雏温度比白天高 1～2℃。③健雏低些，弱雏高些，大群育雏低些，小群育雏高些。④一般 4～6 周龄为脱温过渡期，要使雏鸡有一个适应过程，开始白天不给温，晚上给温，天气好时不给温，阴天时给温，经 5～7 天鸡群适应自然气温后，最后达到彻底脱温。在饲养过程中如果发现鸡的体质较差，体重不足，脱温时间可延长。⑤饲养人员应以"看鸡施温"作为调温依据，将温度计显示值作为参考。如果雏鸡表现活泼好动，饱食后休息时均匀地分布在育雏器周围或育雏笼的底网上，头颈伸直熟睡，鸡舍内安静，说明温度适宜；如果发现雏鸡行动缓慢、羽毛蓬松、身体发抖，聚集拥挤到热源下面，扎堆，不敢外出采食，不时发出尖锐、短促的叫声，说明育雏温度过低；如发现雏鸡远离热源、两翅张开、伸颈、张口喘气，饮水量增加，说明温度过高。掌握好这种"生物温度计"对育雏十分重要。⑥不同日龄雏鸡的适宜温度。1～3 日龄，35～33℃；4～7 日龄，33～31℃；8～14 日龄，30～29℃；15～21 日龄，28～27℃；22～28 日龄，27～25℃；29～35 日龄，23～22℃；36 日龄以上，20～18℃。

（2）湿度调控方法　鸡舍适宜相对湿度为 40%～72%。不同地区、不同季节育雏需要的适宜湿度有所不同。一般 1～10 日龄为相对湿度为 60%～70%，10 日龄以后为 50%～60%。

鸡舍湿度调控：①如果人进入育雏室内有湿热的感觉，口鼻不觉干燥，雏鸡脚爪细润，精神状态好，鸡飞动时，室内基本无灰尘扬起，说明湿度适宜。②若人进入育雏室内感觉口鼻干燥，雏鸡围在饮水器边，不断饮水，说明育雏室湿度太低。③如果育雏舍内的用具、墙壁上潮湿或有露珠，说明湿度过高。湿度调控主要通过调节通风量的大小来进行。

（3）光照的控制　光照的重要性：合理的光照制度可以加强雏鸡的代谢活动，增进食欲，有助于钙、磷吸收，促进雏鸡骨骼的发育，提高机体免疫力，有利于雏鸡的生长发育。

节能光照：建议使用节能灯。节能灯发光效率高、节电、寿命长、性价比高。

生产管理：灯泡安装在距离地面 2～2.3 米处，灯泡之间的距离为 3 米。每 1～2 周应除去灯泡表面的粉尘，灯泡表面集聚许多粉尘时会明显降低灯泡的利用效率（表 1）。

表 1　光照与周龄的关系

鸡龄	光照时间	光照度
1～3 日龄	24 小时	20～30 勒克斯
4～14 日龄	从第 4 日龄起每天减少光照时间 2 小时	20 勒克斯
15～21 日龄	每天减少光照时间 0.5 小时	5～10 勒克斯
4～18 周龄	9 小时	5 勒克斯
19～21 周龄	从第 19 周龄起每周增加光照时间 0.5～1 小时	10～20 勒克斯
22 周龄	13 小时	
22 周龄以后	每周增加 0.5 小时光照，到 16 小时光照时恒定	

（4）空气质量控制　由于鸡的呼吸、排泄，以及粪便、饲料等有机物的分解，造成空气原有成分的比例发生变化，增加了氨、硫化氢、甲烷、羟基硫醇、恶臭气体，以及灰尘、微生物和水汽含量，如果这些物质浓度过高，雏鸡易患呼吸道疾病、眼病，且易患通过空气传播的传染病，死亡率升高。雏鸡舍要保持良好的空气质量，换气量和气流速度分别应达到：冬季每千克体重 0.7～1 米^3/时，0.2～0.3 米/秒；春、秋季每千克体重 1.5～2.5 米^3/时，0.3～0.4 米/秒；夏季每千克体重 5 米^3/时，0.6～0.8 米/秒。通过换气，只要人进入鸡舍无明显臭气、无刺鼻、无涩眼之感，不觉胸闷、憋气、呛人即可认为适宜。

生产上应注意的问题：①根据室内外温度和鸡群日龄的大小，调整开启风机的数量和时间，同时调整风窗开启的大小。风机应轮换使用，以免长期运转而烧坏电机。每 2 周清扫风叶、百叶和电机上的粉尘，保证风机的排风量和电机散热不受影响。②鸡舍温度不足时要采取供暖加温，切不可单纯保温而忽视通风，因为通风不足会引发许多疾病。③进风口应设在风机对面墙上尽可能高的位置，冬季冷空气可在屋顶被加温，同时有挡风板挡风，控制气流速度，以避免冷风直接吹到雏鸡身上而引起疾病。

3. 雏鸡到达时的安置

（1）静置雏鸡　雏鸡运到育雏地点后，将雏鸡盒数个一摞（10盒以内）放在雏鸡舍地面静置30分钟左右，让雏鸡从运输的应激状态中缓解过来，同时逐渐适应鸡舍的温度环境。

（2）分群装笼　按计划容量分笼放置雏鸡，根据雏鸡的强弱和大小分别放置。体质虚弱的雏鸡放置在离热源最近、温度较高的笼层中；少数俯卧不起、体质虚弱的雏鸡，则要创造35℃的环境单独饲养。经过3～5天的单独饲养管理，康复后的雏鸡即可放入大群饲养。

4. 雏鸡的饲养管理

（1）饮水管理（表2）　①雏鸡进舍后要尽早饮水，最好饮温开水。②3%葡萄糖饮水24小时，电解多维、维生素C饮水5～7天，同时饮一些抗菌类药物，如泰乐菌素或恩诺沙星、环丙沙星、强力霉素等。③在分群、断喙、免疫接种以及更换饲料等应激情况下饮水中可添加电解多维，以提高雏鸡的抵抗力。④采用乳头饮水器饮水的雏鸡，可从2日龄开始从小饮水杯向乳头饮水器过渡，4日龄完全过渡到乳头饮水器饮水。⑤经常检查饮水是否正常，及时排除饮水系统故障，做到不断水，每只鸡喝足水。

表2　饮水管理

项　目	笼养		平养	
	0～4周龄	5～18周龄	0～4周龄	5～18周龄
杯式饮水器（个）	16	16	50	25
乳头饮水器（个）	16	8	20	19
钟式饮水器（个）	50（最少）	30	150	75
每只鸡所占的水槽长度/厘米	1.25	2.5	1.25	2.5

（2）合理饲喂

①开食时间。正常情况下，雏鸡出壳后24～36小时开食为宜。雏鸡开食时应在初次饮水之后2～3小时。

②开食饲料。最好用新鲜小米、玉米渣、碎大米等粒料，切不可用过细的粉料；第3天改用全价饲料，既可用干料，也可用湿料，湿料中料与水的比例为5:1。

③开食方法。将浅而平的料盘、塑料布、报纸等放在光线明亮处，将料反复抛撒几次，引诱雏鸡啄食。料盘或塑料布一定要足够大，以便所有雏鸡能够同时采食。育雏第1天饲养员要多次检查雏鸡嗉囊，以鉴定是否已经开食和开

食后是否吃饱。

④饲喂次数。最初几天，每隔 3 小时饲喂 1 次，随着雏鸡日龄增长逐步减少到春夏季每天 6～7 次，冬季和早春每天 5～8 次。3～8 周龄时夜间不再饲喂，白天每 4 小时饲喂 1 次，日饲喂 4～5 次。饲喂雏鸡时要少喂勤添，以刺激雏鸡食欲。

⑤料槽的更换。2～3 天后应逐渐增加料槽，待雏鸡习惯料槽时，撤去料盘或塑料布。0～3 周龄使用幼雏料槽，3～6 周龄使用中型料槽，6 周龄以后逐步改用大型料槽。料槽的高度应根据鸡背高度进行调整，这样既可防止雏鸡食管弯曲，又可减少饲料浪费。

(3) 适宜的饲养密度 0～2 周龄，地面平养 30 只/米²；网上平养 40 只/米²；立体笼养 75 只/米²。3～4 周龄，地面平养 25 只/米²；网上平养 30 只/米²；立体笼养 52 只/米²；5～6 周龄，地面平养 20 只/米²；网上平养 25 只/米²；立体笼养 38 只/米²。

注意事项：①地面平养或网上平养时，要将育雏舍用金属网、塑料网或其他材料分隔成若干个小区，每个小区饲养 100～300 只雏鸡比较适宜。②对于中型鸡种，每平方米要比轻型品种少养 3～5 只。冬季、早春、深秋季节以及天气寒冷时，每平方米可多养 3～5 只。夏季天气炎热、气温高、湿度大时，每平方米饲养量要减少 3～5 只。

(4) 合理的雏鸡分群与称重 每周抽取 5%～10% 的个体称重，并与标准体重比较，调整饲养方案，按体重大小与强弱分群管理。第 2 周末分 1 次，将体重大、体质强壮的雏鸡分在下层；第 4 周末分 1 次，将体重小、体质弱的雏鸡分在上层。通过加强对弱小雏鸡的管理，提高鸡群的均匀度，日常管理工作中还要注意经常性地调整鸡群。

(5) 适时断喙

①断喙时间。第 1 次断喙在 6～10 日龄进行；第 2 次断喙在 8～12 周龄进行。

②断喙方法。断喙器的孔眼大小应使烧灼圈与鼻孔之间相距 2 毫米。电热刀片切除上喙 1/2 和下喙 1/3，并保持喙部切口紧贴刀片侧面烧灼 2～3 秒，防止出血。

③注意事项。断喙前 1 天和断喙后 1 天，每千克饲料中添加 2～3 毫克维生素 K 和 150 毫克维生素 C。断喙刀片的温度要适宜，为 600～800℃。通常断喙 600 只鸡后，将刀片卸下，用细砂纸打磨刀片，以除去因烧烙生成的氧化锈垢。

(6) 日常观察项目和观察内容

①采食情况。鸡群采食时的动作、采食速度、采食量是否正常，是否有不采食个体等。

②精神状况。雏鸡是否活泼好动，精神是否饱满，眼睛是否明亮有神，有无呆立一旁或离群独卧、低头垂翅的个体。

③雏鸡的叫声。鸡群在适宜温度环境下休息睡眠时可听到"啾啾"的带颤音的轻、短叫声；"吱吱"长声低音的鸣叫多由病、弱雏鸡发出。

④粪便形状与颜色。正常粪便是细短条状，呈黑绿色，末端带有白色尿酸盐，有少部分由盲肠排出的酱褐色粪便也属正常。

⑤雏鸡的外形外貌。绒毛的色泽，翅、尾羽生长和绒毛脱换的情况；眼、鼻、嘴角及泄殖腔周围是否干净；嗉囊是否饱满，冠、胫、趾是否干燥、粗糙等。

⑥呼吸状况。雏鸡有无张嘴呼吸、咳嗽、甩鼻现象，呼吸有无啰音等。

⑦啄伤及异食现象。脚趾、尾部是雏鸡喜欢掐啄的部位，饲养员要注意观察。啄食其他鸡或脱落的羽毛或纸张等异物是异食癖的表现。

（三）育成鸡（7～20 周龄）管理技术

蛋鸡育成阶段的饲养管理目标有 3 个方面：一是体质健壮，符合标准体重；二是控制体成熟，与性成熟同步，适时开产；三是群体均匀度好，达 80％以上。

1. 育成鸡的环境标准

（1）光照　①在生长期宜采用较低的光照度，以 5～10 勒克斯为宜。②为控制鸡性成熟，防止鸡早产早衰，每天光照时间不超过 12 小时。③不要经常变换光照度，不要在红光中饲养育成鸡；否则，导致产蛋量降低并产小蛋。

（2）温度与湿度　随鸡日龄的增大，鸡舍内的温度要逐渐降低。其适宜温度为 16℃左右，相对湿度为 60％。

（3）通风　育成鸡生长速度快，产生的有害气体多，若不注意通风，很容易患呼吸道疾病。通风量为夏季 6～8 米³/（只·时），春秋季为 3～4 米³/（只·时），冬季为 2～3 米³/（只·时）。另外，要随着鸡的体重和日龄变化不断调整通风量。

（4）饲养密度　①平养青年鸡一般每群以不超过 500 只为好，9～18 周龄的育成鸡饲养密度为 10～12 只/米²。②笼养则每个小笼 5～6 只，15～16 只/米²，即应保证每只鸡 270～280 厘米² 的笼位，宽度 8 厘米左右的采食和饮水位置。

2. 育成鸡饲养

（1）适时饲料过渡　应根据雏鸡体重是否达标来确定由雏鸡料更换为育成鸡料的时间。从雏鸡料转变为育成鸡料需要 1 周左右的过渡期，换料时应逐渐减少雏鸡料，逐渐增加育成鸡料。

（2）阶段饲养　育成鸡料分为育成前期（7～14 周龄）和育成后期（15～

18 周龄）2 个阶段，不能混用。

（3）光照标准要求　①18 周龄前光照度为 2～5 勒克斯，9 小时的光照时间；18 周龄起光照度以 5～10 勒克斯为宜，每周增加 0.5～1 小时，到 16 小时恒定。②在罗曼褐壳蛋鸡体重达到 1 400 克，海兰白鸡体重达到 1 250 克时可增加光照时间。③开放式鸡舍会因自然光照的渐增或渐减，而影响鸡群的开产时间。11 月至翌年 4 月孵化的雏鸡开产会提前；而 5—10 月孵化的雏鸡开产会推后。只有 8～17 周龄实行恒定的光照，才能得到最佳的产蛋效果。

（4）通风的要求　一般情况下，夏季通风量 6～8 米³/（只·时），春秋季 3～4 米³/（只·时），冬季 2～3 米³/（只·时），并且要注意随着鸡的体重和日龄增长对通风量进行适当调整。通风通过调整鸡舍的窗户和风机的开关时间控制。

（5）饲养密度要求　一般平养每群以不超过 500 只为宜，9～8 周龄的鸡饲养密度为 10～12 只/米²；笼养则每个小笼 5～6 只，每平方米 15～16 只。即应该保证每只鸡有 270～280 厘米² 的笼位，不低于 8 厘米宽的采食和饮水位置。

（6）体重检测　每 2 周进行 1 次，可根据群体大小随机选 5%～10% 的鸡，与标准体重进行比较，作为饲养方案调整的依据。

（7）转群要求　鸡群可在 8 周龄后转入育成鸡舍，但最晚不要迟于 17 周龄转入产蛋鸡舍。转群前后 10～14 天内避免进行免疫接种、换料、断喙等对鸡群应激较大的工作。转群前后在饮水中添加水溶性维生素和电解质。转群时鸡应空腹。转群的同时进行选择，将病、弱、残鸡淘汰。

（8）合理饲喂　商品代蛋鸡体重和耗料标准见表 3。

表 3　商品代蛋鸡体重和耗料标准（克）

周龄	罗曼褐壳蛋鸡商品代			海兰褐壳蛋鸡商品代		
	体重	只日耗料	累计耗料	体重	只日耗料	累计耗料
1	75	11	77	77	12	84
2	130	17	196	115	19	217
3	195	22	350	190	25	392
4	275	28	546	290	30	602
5	367	35	791	380	35	847
6	475	41	1 078	480	40	1 127
7	583	47	1 407	590	45	1 442
8	685	51	1 764	690	50	1 792
9	782	55	2 149	790	54	2 170
10	874	58	2 555	890	57	2 565

（续）

周龄	罗曼褐壳蛋鸡商品代			海兰褐壳蛋鸡商品代		
	体重	只日耗料	累计耗料	体重	只日耗料	累计耗料
11	961	60	2 975	990	60	2 989
12	1 043	64	3 423	1 080	63	3 430
13	1 123	65	3 678	1 160	66	3 892
14	1 197	68	4 354	1 250	69	4 375
15	1 264	70	4 844	1 340	72	4 879
16	1 330	71	5 341	1 410	75	5 404
17	1 400	72	5 845	1 480	78	5 950
18	1 475	75	6 370	1 550	81	6 517
19	1 555	81	6 937	1 610	84	7 105
20	1 640	93	7 588		87	7 714

（四）产蛋鸡（21～78 周龄）标准化饲养管理技术规范

1. 营养需求　产蛋鸡可依据周龄或产蛋水平分阶段提供不同营养。

饲养法 1：以 50 周龄为界将产蛋期划分为 2 个阶段。营养要求，①50 周龄以前，日粮粗蛋白质水平控制在 16%～17%。②50 周龄以后，日粮粗蛋白质水平控制在 14%～15%，但应注意钙水平的提高。

饲养法 2：根据产蛋水平的高低分阶段饲养。营养要求，①产蛋率低于 65% 为第 1 阶段，饲料中的粗蛋白质水平为 14%。②产蛋率介于 65%～80% 为第 2 阶段，饲料中的粗蛋白质水平为 15%。③产蛋率高于 80% 为第 3 阶段，饲料中的粗蛋白质水平为 16.5%。

饲养法 3：根据年龄大小分段饲养。营养要求，①20～42 周龄为第 1 阶段，饲料中的粗蛋白质水平为 18%。②43～62 周龄为第 2 阶段，饲料中的粗蛋白质水平为 16.5%～17%。③63 周龄以后为第 3 阶段，饲料中的粗蛋白质水平为 15%～16%。

2. 产蛋鸡的管理　日粮过渡：鸡群的产蛋率达到 5% 时，逐渐将育成后期的饲料更换成产蛋鸡料，且换料要与增加光照时间配合进行。

光照管理：即从 20 周龄开始，每周延长光照 0.5～1 小时，使产蛋期的光照时间逐渐增加至 16 小时/天，光照度为 10 勒克斯（每平方米 2～3 瓦）。

体重监测与调笼分群：每 2 周检测 1 次体重，将体重较轻、发育不良、产蛋量较低的母鸡从鸡群中挑出，集中放置，加强饲养。

温度管理：产蛋期温度为 10～30℃，适宜温度是 15～25℃，22～24℃的鸡舍温度可以获得最高的饲料转化率。

环境条件管理：①通风换气可以保持鸡舍内空气新鲜和适宜的温度，补充氧气，排出水分和有害气体。炎热季节加强通风换气，寒冷季节可以减少通风。②鸡舍气体成分允许最高含量，氨（NH_3）0.002%，硫化氢（H_2S）0.001%，二氧化碳（CO_2）0.15%，应保证鸡所需的最少新鲜空气量，特别是冬季，不能只保温而忽视通风换气，鸡舍不能有刺鼻的氨味、臭味和憋气感。通风不足会造成鸡群生产性能下降和疾病发生。

产蛋后期管理：①降低饲料能量和粗蛋白质水平，提高钙的水平。②采取限制饲养措施，限饲量比自由采食量少 6%～7%，但不能超过 10%。③换料及光照，为了防止产蛋率下降过快，高峰料和峰后料的转换要有 7～10 天的过渡期，光照时数逐渐增加到每天 17 小时。④补充维生素及硫，因为笼养鸡到产蛋后期会出现裸毛现象。

夏季管理：①改善环境，降低舍内温度，安装风扇，采取纵向通风等。②改变饲喂方法。采用早晚两头饲喂法，在早晨天亮后的 1 小时和傍晚 2 个采食高峰饲喂。③提高饲料营养水平。④应用抗应激添加剂，环境温度过高会使鸡发生热应激，可在饲料中添加抗应激添加剂克服热应激。如添加维生素 C、维生素 E、碳酸氢钠等。

预防啄癖：防止产蛋鸡有外伤，鸡喜欢红色，如果一只鸡出血，其他鸡就会啄，所以一旦鸡有外伤应立即隔离，等痊愈后再放回鸡群，保证饲粮营养全价，特别是甲硫氨酸、维生素和微量元素不能缺乏。有效控制鸡舍环境及光照、温度，高温高湿、通风不良、空气污浊等，极易导致鸡发生啄癖。

三、蛋鸡养殖的免疫接种

（一）常用免疫接种方法

1. 滴鼻、点眼、滴口法 将专用稀释液或生理盐水按规定比例稀释疫苗，用专用滴瓶或滴管将稀释好的疫苗液滴入鸡的鼻孔、眼睛或口腔，一般每只鸡滴 1～2 滴，疫苗液应自然下滴，不能在疫苗液未完全下滴前人为地提前接触鸡的眼、鼻孔或口腔，并待疫苗液被鸡完全吸入后方可将其放回笼内。

2. 注射法 一般用连续注射器，按每只鸡所需的剂量进行皮下注射或肌内注射。一般在颈部皮下、翅膀、肩关节部皮下、胸部皮下或大腿外侧肌内注射。注射时避免剂量不足或注射到体外。灭活疫苗直接使用，活疫苗使用前需用生理盐水按比例稀释。

3. 刺种法 用专用刺种针蘸取稀释好的疫苗液，在鸡的翅膀翼膜内侧刺种，每只鸡刺 2 个针眼。刺种针蘸取疫苗时必须放到疫苗液中，每蘸取 1 次只能刺种 1 只鸡。

4. 饮水法 先给鸡群断水 2～3 小时（根据鸡舍内的温度确定断水时间，若鸡舍温度过高可不停水）。将疫苗加入水中，应使用清凉的、不含氯离子的自来水或凉开水，可加入 0.2％脱脂奶粉作稳定剂。按鸡的周龄、鸡舍温度计算每只鸡的饮水量，并确保疫苗在 1～2 小时内饮完（表 4）。

表 4 不同周龄蛋鸡饮水量

周龄	1	2	3	4	5	成鸡
饮水量（毫升）	2～4	5～10	10～15	15～20	20～30	40～50

5. 喷雾法 用专用的喷雾免疫器对密闭室内的鸡群喷射疫苗液，鸡群通过呼吸将疫苗吸入呼吸道，以达到免疫的效果。喷雾免疫接种的疫苗应是适宜 1 日龄雏鸡或成鸡的疫苗。

喷雾免疫接种仅适用于接种呼吸道类疫苗。

①1 日龄雏鸡。每 1 000 只喷雾量为 250 毫升，疫苗用蒸馏水或凉开水稀释，使用适用于 1 日龄雏鸡喷雾免疫接种的喷雾器。将雏鸡盒排成一排，喷嘴在雏鸡上方 40 厘米位置，并与地面成 45°。喷雾时应均匀，边喷边走，往返 2～3 次将疫苗均匀喷完。喷完后，将雏鸡盒叠起，使雏鸡在盒内停留 15～30 分钟。喷雾时和喷雾后 15～20 分钟内关闭鸡舍风机，并保持室内相对湿度在 60％左右。

②成鸡。每 1 000 只喷雾量为 500～1 000 毫升，疫苗用蒸馏水或凉开水稀释，使用雾滴符合要求的喷雾器，为了减少应激可将鸡舍的灯和遮光窗帘关闭。喷雾时应均匀，喷嘴在鸡头上方约 15 厘米位置，边喷边走，往返 2～3 次将疫苗均匀喷完。喷雾时和喷雾后 15～20 分钟内关闭鸡舍风机，并保持室内相对湿度在 60％左右。

（二）免疫接种程序

各阶段蛋鸡的免疫接种方案见表 5。

表 5 各阶段蛋鸡的免疫接种方案

日龄	疫苗名称	接种方法	参考剂量
7	新城疫（V. H.）＋传染性支气管炎（H120）28/86 二联活疫苗	点眼	1 羽份
14	传染性法氏囊病弱毒活疫苗	滴口/饮水	1 羽份
21	新城疫（LaSota）＋传染性支气管炎（H120）二联活疫苗	滴口/饮水	3 羽份
28	传染性法氏囊病中毒活疫苗	滴口/饮水	1.5 羽份

（续）

日龄	疫苗名称	接种方法	参考剂量
35	新城疫＋传染性支气管炎＋禽流感（H9）三联灭活疫苗	皮下注射	0.5毫升
40	禽流感（H5）灭活疫苗	皮下注射	0.5毫升
45	传染性喉气管炎鸡痘基因工程活疫苗	刺种	1羽份
95	传染性喉气管炎鸡痘基因工程活疫苗	刺种	1羽份
110	新城疫＋传染性支气管炎＋禽流感（H9）＋产蛋下降综合征四联灭活疫苗	皮下注射	0.7毫升
111	新城疫（LaSota）＋传染性支气管炎（H52）二联活疫苗	点眼	2羽份
120	禽流感（H5）灭活疫苗	皮下注射	0.5毫升

注：此后，每1～2个月用新城疫LaSota系活疫苗3倍量饮水1次；禽流感依当地流行情况定期免疫接种。

（三）免疫接种注意事项

（1）疫苗使用前应检查疫苗名称、生产商、批号、有效期、物理性状、储存条件等是否与说明书相符。特别应注意不同厂家生产的疫苗其免疫效果有一定差异。

（2）免疫接种过程中使用的器械必须经过严格的消毒处理。

（3）活疫苗免疫接种当天和前后3～5天，禁止对鸡群进行带鸡消毒。菌苗免疫接种当天、免疫前3天和免疫后1周禁止使用抗生素类药物，以免影响免疫效果。

（4）免疫接种应在兽医的指导下进行。使用知名厂家的疫苗，选择科学的免疫接种方法，保证准确的接种剂量，满足免疫接种适宜的环境条件。

（5）活疫苗免疫接种一定要在规定的时间内完成；否则，会降低免疫效果。

（6）油乳剂灭活疫苗使用前应在室温下预温，以减少疫苗对鸡的刺激。

（7）使用过的空疫苗瓶，不可随处乱扔，应用消毒液浸泡或烧毁处理。

（8）活疫苗饮水免疫接种时，不能使用金属容器。

（9）育雏期免疫接种时应适当提高鸡舍内温度1～2℃。

（10）灵活运用免疫接种程序，选择适宜的免疫接种时间。规模化鸡场或条件许可情况下最好进行抗体检测，以检测结果确定免疫接种的疫苗种类和免疫接种日期。

（11）应急情况下的强化免疫一定要在确诊情况下进行。切忌不能与药混用，不能频繁地、高强度地免疫接种，以防引起免疫抑制。

（12）免疫接种不是万能的。影响免疫接种的因素较为复杂，特别是近年来不同地区新城疫和禽流感的变异毒株（亚型）较多，不同疫苗的免疫效果有较大区别，一定要针对不同地区的疫病流行情况对症选择相应的疫苗。

四、产蛋期间禁用的药物

磺胺类药物、呋喃类药物、金霉素、抗球虫类药物、氨茶碱类禁用，拟胆碱药物和巴比妥药物用后易造成产蛋周期异常，薄壳蛋增加，应慎用。

生猪饲养管理与疫病防控要点

吴志国　曹义宝　闫志勇

一、生猪标准化养殖

生猪标准化养殖是实现生猪产业向安全、生态、高产、优质、高效的可持续发展的必由之路。

（一）品种优良化

因地制宜，选用高产优质高效的生猪良种，品种来源清楚、性能良好、检疫合格。外购种猪时务必要从具有《企业法人营业执照》《种畜禽生产经营许可证》《动物防疫条件合格证》的正规的种猪场引种。同时，引种时要求其提供"种猪档案证明"。

建设种猪场应按照生产方向或引进国际优良品种，如杜洛克猪、长白猪、大约克夏猪等品种或斯格等配套系；或引进国产品种，如深县猪、五指山猪、民猪等地方优良品种。

建设育肥猪场应首选外三元杂交组合，如杜长大、杜大长、斯格本土杂交等商品猪，或生产特色猪肉产品的本地猪。

（二）养殖设施化

养殖场选址布局科学合理，畜禽圈舍、饲养和环境控制等生产设施设备满足标准化生产需要。猪场选址应选在当地政府划定的可养殖区内，最好距干线公路、铁路、城镇、居民区、学校和公共场所 1 000 米以上；距医院、畜产品加工厂、垃圾及污水处理场 3 000 米以上。猪场周围应有围墙或防疫沟，并建绿化隔离带。禁止在旅游区、畜禽疫病区和污染严重地区建场。

猪场布局合理，规模的应将生活区、生产区、污水处理区分开；生产区中的母猪区、保育区、育肥区同样要分开，做到功能分区清晰，最好设置隔离带。生产区面积一般可按每头繁殖母猪 40～50 米² 或每头上市商品猪 3～4 米²设计。生产区应设有净道和污道，不交叉、不污染，猪流、物流科学、顺畅，有利于防疫。饲养和环境控制等设施设备满足标准化需要，主要指母猪分娩舍、保育区应采用高床漏缝地板，猪舍配备通风换气与温控等设备，有自动饮水器，有能控制的饮水加药系统等。配套建设粪污收集、存放及无害化处理设施，做到"四防"，防雨防渗防溢防臭。饲料、药物、疫苗等不同类型的投入品分类、分开储存且储存设备完善。场区入口有消毒池，生产区入口有更衣消毒室等，防疫设施齐全。有一定规模的场还可以安装自动送料系统，配备 B 超（用于妊娠检查）、信息化管理设施等。

1. 公猪舍　种公猪通常单栏饲养。每栏的使用面积为 8～10 米²，隔栏的高度一般为 1.2～1.4 米，还应建设共用的泥土运动场。

2. 空怀、妊娠母猪舍　空怀母猪每圈 4～5 头，妊娠母猪每圈 2～4 头。也可内设母猪单体限位栏单独饲养。

3. 哺乳母猪舍　哺乳母猪舍常见为三走道双列式。分娩舍的大小应按每周的产仔母猪头数设计。分娩舍采用全进全出制度，小间隔离饲养，采用高床网上限位栏饲养。分娩栏内另设仔猪保温箱，保温箱内设保温灯或加热板。

4. 仔猪培育舍　仔猪培育舍的保温性能要好，屋顶要有天花板，舍内有采暖设备。培育舍一般分隔成小间饲养，便于全进全出。仔猪培育可采用地面或网上群养，每圈 8～12 头。

5. 生长肥育舍　生长肥育猪一般在地面饲养，每栏饲养 8～10 头，占地面积 0.8～1.0 米²/头。采用双列式饲养，中央设通道，半漏缝地板的圈舍。

各类猪的每圈适宜头数、每头猪的占栏面积和采食宽度见表1。

表1　各类猪的每圈适宜头数、每头猪的占栏面积和采食宽度

猪群类别	大栏群养头数	每圈适宜头数	占栏面积（米²/头）	采食宽度（厘米/头）
断奶仔猪	20～30	8～12	0.3～0.4	18～22
后备猪	20～30	4～5	1	30～35
空怀母猪	12～15	4～5	2～2.5	35～40
妊娠前期母猪	12～15	2～4	2.5～3	35～40
妊娠后期母猪	12～15	1～2	3～3.5	40～50
设固定防压架的母猪	—	1	4	40～50
带仔母猪	1～2	1～2	6～9	40～50
育肥猪	10～15	8～12	0.8～1	35～40
公猪	1～2	1	6～8	35～45

（三）生产规范化

饲料营养科学化。饲料营养要按照不同阶段的营养标准进行科学供给。除采购成品饲料外，还可根据自有资源配合饲料，降低成本。饲料、饲料添加剂和兽药使用要符合食品安全有关规定（表2、表3）。

表2　各阶段猪饲料配方参考表（％）

原料名称	仔猪（断奶至60日龄）	育肥		母猪		
		前期	后期	空怀	妊娠	泌乳
玉米	66.2	65	66.75	57.2	57.92	63.73
麦麸	2	10	15	21	25	15
草粉	0	0	0	8	0	0
豆粕	24.7	20.3	14.4	10	12.7	16.5
鱼粉	3	1.0	0.5	0	0.5	1.0
磷酸氢钙	1.7	1.2	0.95	0.9	0.98	1.14
石粉	0.8	1.0	1.0	1.5	1.5	1.23
食盐	0.3	0.3	0.3	0.3	0.3	0.3
赖氨酸	0.3	0.2	0.1	0.1	0.1	0.1
预混料	1	1	1	1	1	1
合计	100	100	100	100	100	100

表3　种公猪饲料配方（％）

类别	配种期	非配种期
玉米	56.0	48.0
大麦	9.0	5.0
高粱	3.0	0
豆饼	16.0	8.0
麸皮	4.0	20.0
叶粉	3.5	3.0
鱼粉	4.0	0
食盐	0.5	0.5
骨粉	3.0	1.5
次粉	0	9.0
棉仁饼	0	4.0
预混料	1	1
合计	100	100

生产管理制度化信息化。制订后备种猪、种公猪、妊娠母猪、分娩母猪、断奶仔猪、保育猪、生长育肥猪等生产技术操作规程；疫病检测和诊疗制度，

免疫接种程序，饲料、饲料添加剂和兽药的管理制度，卫生防疫制度，生产记录和档案管理制度，病猪无害化处理制度，粪污处理管理制度等。各项制度要求挂在相应猪舍或办公室醒目的位置。同时，完善各项表单的登记、记录信息，并及时存档，做到可追溯。日常生产管理中要严格按照各项操作规程操作，可以完善，但不要随意频繁变更规程和制度的内容，特别是免疫接种程序。避免因人员等变动造成生产的不稳定。

二、各个阶段仔猪的饲养管理

（一）哺乳仔猪的饲养管理

哺乳仔猪是猪场内最小的猪群，由于机体各方面机能都未发育完全，是饲养过程中需要注意细节最多的猪群，平时的饲养管理需要注意以下几个细节：

1. 新生仔猪接产管理 仔猪出生后应先使用干净的毛巾抠出仔猪口中的黏液，然后用毛巾擦干净仔猪身上的黏液，最后再裹上一层仔猪接生粉，放入保温箱中。

2. 3 日龄以内饲养管理 3 日龄以内仔猪吃完奶并没有自己回保温箱的习惯，所以在前 3 天要帮助仔猪养成自己回保温箱的习惯。出生后吃完奶需要人工抓入保温箱中。一般出生后 12 小时后就可以人工赶入保温箱中。一般坚持 1~2 天仔猪就会养成吃奶后自动回保温箱的习惯。

3. 7 日龄内饲养管理 7 日龄之前是仔猪腹泻的高发日龄，所以 7 日龄之前要格外注意仔猪的排便，若发现仔猪有腹泻，要及时进行病毒性腹泻、细菌性腹泻、球虫腹泻的鉴别诊断，并采取相应的治疗措施，尤其是病毒性腹泻，发现稍晚就会导致严重的经济损失。

（二）保育猪的饲养管理

保育猪虽然个体比哺乳仔猪大，但是因为保育猪缺乏母源抗体的保护，再加上自身免疫机能未发育完善，而且又有各种疫苗免疫应激，所以保育猪是整个猪场内最难饲养的阶段，饲养过程中需要注意以下细节：

1. 断奶后三点定位 若猪群可以养成定点吃料、定点排粪尿的习惯，就可大大减少饲养员的工作量，所以做好三点定位是保育猪饲养管理的重要一项。

仔猪赶入保育舍之前，要在预备仔猪排粪尿的地方提前放上少量相同日龄仔猪的粪便，若在上面再放上一个铁架子做成猪厕所，后续定位效果更佳。

2. 仔猪断奶后饲喂方法 仔猪断奶后不能立即采用自由采食的饲喂方式，而应该少喂多餐，每次饲料添加量以仔猪 30 分钟采食完为宜，这样不仅不会让仔猪吃得过饱导致腹泻，而且也可以满足仔猪生长发育所需的营养。

（三）育肥猪的饲养管理

随着日龄的增加，育肥猪饲养也比保育猪变得简单，一些猪场对育肥猪的饲养也变得粗放起来，但是饲养育肥猪需要注意的一点就是定时巡栏，尤其是晚上睡觉之前，因为夜深人静，猪群有咳嗽、腹式呼吸等都可以及时发现，做好标记，及时治疗。另外，巡栏时还需要注意门窗是否关好，尤其是秋冬季节，若门窗未关闭好，很容易导致育肥猪的流行性感冒。

（四）母猪的饲养管理

1. 妊娠母猪的饲养管理　妊娠母猪的饲养管理相对可以更加粗放一些，但是需要注意母猪的采食情况，健康母猪一般在投放完饲料后 10 分钟之内就可把饲料采食完，若是有的母猪喂料后超过 30 分钟仍未吃完，那就说明猪可能生病了。

需要观察病猪的粪便，测量病猪的体温。若粪便干燥呈球形，则可能是因为母猪便秘导致的消化系统紊乱，食欲减退，可以给母猪灌服蜂蜜水进行缓解，也可在母猪的饲料中加入微生态制剂进行改善。若是母猪高热，不吃料，那就是因为炎症导致的采食量下降，此时需要重点考虑乳腺炎和子宫内膜炎两大炎症。另外，妊娠后期要重点观察母猪乳房的泌乳情况，尤其是预产前 24 小时。正常情况下，母猪到了预产期之后，第 1 对乳房可以挤出少量乳汁，随着分娩时间的临近可以挤出乳汁的乳头会越来越多，到最后 1 对乳头也可以挤出大量乳汁时，那就离母猪分娩不足 2 小时，需要饲养员注意观察。

2. 分娩母猪的饲养管理　一般在母猪分娩出 5～6 头仔猪时，就需要使用事先准备好的 0.1％高锰酸钾溶液擦洗按摩母猪的乳房，一方面，为了仔猪哺乳；另一方面，可以对母猪起到刺激作用，刺激母猪分泌催产素促进胎儿产出。要注意以下技术处理环节：

（1）当仔猪娩出时，接产人员用一手捉住仔猪肩部，另一手迅速将仔猪口腔鼻腔内的黏液掏出，并用毛巾擦净，以免仔猪呼吸时黏液阻塞呼吸道或进入气管和肺，引起病变；然后再擦干全身。如天气较冷，应立即将仔猪放入保温箱烤干。如果发现仔猪包在胎衣内产出，则应立即撕破胎衣，再抢救仔猪。

（2）仔猪脐带停止波动时，即可断脐。方法是先使仔猪躺卧，把脐带中的血反复向仔猪腹部方向挤压，在距仔猪腹部 5～6 厘米处剪断。断面用 5％碘酒消毒。如果断脐后流血较多，可以用手指捏住断端，直至不流血为止，或用线结扎断端。

（3）在分娩结束之前，让先出生的仔猪吮乳。哺乳之前，先用湿热毛巾将母猪乳房、乳头擦拭干净，挤掉前几滴初乳，再将初生仔猪放在母猪身旁哺乳。

（4）在新生仔猪第 1 次哺乳之前，应称初生重，全窝仔猪初生重的总和为初生窝重。给初生仔猪编号，便于记载和鉴定。将称得的初生重、初生窝重以及仔猪个体特征等进行登记。

（5）接产过程中遇到新生仔猪假死时，应进行救助。迅速用毛巾或拭布将仔猪鼻端、口腔内的黏液擦去，对准仔猪的鼻孔吹气，或往口中灌点儿水，以破坏黏液在鼻、口中形成的膜，使仔猪呼吸道变通畅；倒提仔猪后腿，促使黏液从鼻腔和口中排出，并用双手连续拍打仔猪胸部，直到仔猪发出叫声为止；使仔猪仰卧，用手拉住前肢令其前后伸屈，一紧一松地压迫两侧肋部，进行人工呼吸；接产人员左、右手分别托住假死仔猪肩部和臀部，将其腹部朝上，然后两手向腹中心方向回折，并迅速复位，反复进行，手指同时按压胸肋。一般经过几个来回，就可听到仔猪猛然发出声音，表示肺开始工作，再徐徐重做，直至呼吸正常为止。也可连续屈伸仔猪的身体，每分钟25～30次，直到仔猪正常呼吸，或将仔猪浸在40℃温水中，口鼻和脐带断端露出水面，约30分钟也能救活仔猪；或在温水中按摩仔猪胸部，使其尽快恢复呼吸，仔猪呼吸后立即擦干皮肤，放在温暖处；或用乙醇刺激假死猪鼻部或针刺其人中穴；或向假死仔猪鼻端吹气等，促使其恢复呼吸；紧急情况时，可以注射尼可刹米或用0.1%肾上腺素1毫升，直接注入假死仔猪心脏急救。

（6）母猪产仔完毕休息一段时间后，又开始阵缩和努责，预示胎衣即将排出。当胎衣排出时，立即拿开，不能让母猪吃掉胎衣，否则在以后的胎次中，母猪会养成吃仔猪的恶癖。对排出的胎衣进行检查，如果胎衣完整，胎衣上残留的脐带数与仔猪数相符，表明胎衣全部排出，否则胎衣未完全排出，应及时处理。检查后的胎衣可以洗净后煮熟喂给母猪，既补充了蛋白质，又有催乳作用。

3. 哺乳母猪的饲养管理　　注意母猪的喂乳状态，若是母猪主动召唤仔猪吃乳就说明这头母猪的乳汁比较充足，若是需要仔猪召唤母猪喂乳，或者仔猪含着母猪乳头睡觉，那就说明这头母猪的乳汁不足。可以考虑增加营养、饲喂增乳的中兽药等来增加母猪泌乳量。

需要注意母猪的采食量，若是母猪可以在喂食后10分钟内将饲料吃完，就说明母猪健康情况比较好，而且乳汁质量也好。但若是母猪未吃完就躺下，则说明母猪可能已生病，需要测量体温，观察其他临床症状以确诊。

三、疫病防控

对于疫病而言，"养重于防"才是杜绝疫病发生的根本方法。养猪户需要改变传统养猪观念，树立"养重于防、防重于治"的理念，积极学习养猪新技术，开源节流。未发病猪场应重在做好生物安全工作，控制人员的进出和运输工具的清洗消毒，严格做到产房的全进全出，加强对产房的清洁和消毒工作。

发病猪场应重在切断病原的传播，及时处理发病仔猪，清洗消毒猪舍。同时，免疫接种是有效预防疫病的关键技术，更是掌握防疫工作主动权的重要举措，全面开展免疫接种将对预防疫病起到事半功倍的作用。

1. 制度化防控 通过建立动物防疫责任制和责任追究制、门卫管理、消毒防范、免疫接种、疫情报告、饲养管理、无害化处理等各项规章制度，并在生产实践中逐步完善，形成操作性强、疫病防控效果显著的配套制度，依靠制度保障疫病防控工作的时效性、长效性和强制性。

2. 规范化防控 即按照动物疫病防控计划和具体方案，参照国家或地方具体疫病的防治技术规范，对重大动物疫病，如口蹄疫、高致病性蓝耳病和猪瘟等实行有的放矢地规范化防控，规避重大疫情风险。

3. 程序化防控 养殖场要结合本场及当地动物疫情实际，制订适合本场的免疫接种程序、消毒灭源程序和寄生虫综合驱治程序，认真操作，提高成效（表4）。

表4 猪免疫接种程序推荐表

类别	免疫接种时间	疫苗	用法用量	备注
仔猪	1日龄	伪狂犬活疫苗	1/2头份	点鼻或注射（产前免疫过的可不免）
		猪瘟细胞苗（仅用于持续感染场）	1～2头份	免疫后2小时喂奶
	2～3日龄	仔猪大肠埃希氏菌病三价灭活疫苗	1/4头份	口服
	7日龄	猪支原体肺炎灭活苗或活疫苗	1头份	肌内注射、胸腔注射，或喷鼻，一猪一针头
	13日龄	猪繁殖与呼吸综合征活疫苗	1头份	肌内注射
	14日龄	水肿病灭活疫苗	1头份	
	18日龄	副猪嗜血杆菌病灭活疫苗	2毫升	应在4周后加强1次
		猪传染性胸膜肺炎疫苗	2毫升	应在4周后加强1次
	20日龄	猪瘟细胞苗（普通的） 猪链球菌病疫苗	4头份 1头份	大、仔猪一律2毫升或1头份
	23日龄	猪圆环病毒2型灭活疫苗	1毫升	
	28日龄	猪丹毒-肺疫二联苗	1头份	必须用专用稀释液
		副伤寒疫苗	1头份	口服
	31日龄	猪繁殖与呼吸综合征活疫苗	1毫升	

（续）

类别	免疫接种时间	疫苗	用法用量	备注
仔猪	33日龄	猪流行性腹泻-传染性胃肠炎二联苗	2毫升	秋、冬、春各类猪
	35日龄	水肿病灭活疫苗	1头份	肌内注射
	40日龄	口蹄疫灭活疫苗	1头份	首次免疫20天后再加强免疫1次
	55日龄	伪狂犬活疫苗	1头份	
	60日龄	猪瘟细胞苗	6头份	高效苗1头份
		猪支原体肺炎活疫苗	1头份	右侧胸腔注射，一猪一针头
配种前	15～25日龄	猪细小病毒病灭活疫苗	1头份	
		猪圆环病毒2型灭活疫苗	2毫升	
		猪链球菌病灭活疫苗	2毫升	
		猪繁殖与呼吸综合征灭活疫苗	4毫升	
		猪瘟细胞苗	6头份	高效苗2头份
		猪伪狂犬灭活疫苗	1头份	不得使用活疫苗
产前	42日龄	猪流行性腹泻-传染性胃肠炎二联苗	4毫升	
	30日龄	伪狂犬灭活疫苗	1头份	不得使用活疫苗
		猪圆环病毒2型灭活疫苗	2毫升	
种公猪	每隔6个月	猪瘟细胞苗	6头份	
		猪链球菌Ⅱ型灭活苗	1头份	
		猪圆环病毒2型灭活疫苗	2毫升	
		猪伪狂犬灭活疫苗	1头份	不得使用活疫苗
		猪细小病毒病灭活疫苗	2毫升	
		猪繁殖与呼吸综合征灭活苗	4毫升	
		副猪嗜血杆菌病灭活疫苗	2毫升	
		猪传染性胸膜肺炎疫苗	2毫升	
		口蹄疫灭活疫苗	1头份	
种公猪、母猪	每年3—4月	猪乙型脑炎疫苗	1头份	母猪应在空怀期免疫接种

注：母猪产前是否免疫接种仔猪大肠埃希氏菌病三价灭活疫苗应根据具体情况确定，母猪免疫接种口蹄疫疫苗应尽量避开妊娠期。猪繁殖与呼吸综合征低风险猪场可不免疫接种猪繁殖与呼吸综合征疫苗。

肉羊实用养殖技术

刘 洁

一、肉羊品种

1. 小尾寒羊 具有早熟多胎、四季发情的特点。胎产羔率平均261%，2年3产，适应性好，是肉羊生产的优良母本品种。生产性能，3月龄公、母羔平均断奶重分别为27.7千克和25.1千克，周岁公、母羊体重分别为60.8千克和41.3千克，成年公、母羊体重分别为103.9千克和64.4千克。

2. 湖羊 具有耐粗饲、生长发育快、繁殖力强、母性好的特点，适宜全舍饲。全身被毛为白色，体格中等。头狭长而清秀，鼻骨隆起，公、母羊均无角，眼大凸出，多数耳大下垂。属短脂尾，尾呈扁圆形，尾尖上翘。被毛异质，呈毛丛结构，腹部毛稀而粗短，颈部及四肢无绒毛。生产性能，羔羊生长发育快。3月龄断奶重，公羔羊25千克以上，母羔羊22千克以上。6月龄羔羊体重可达成年羊的70%以上，周岁时可达成年体重的90%以上。成年羊体重，公羊65千克以上，母羊40千克以上。性成熟早，公羊为5～6月龄，母羊为4～5月龄；初配年龄，公羊为8～10月龄，母羊为6～8月龄。四季发情，以4—6月和9—11月发情较多。发情周期17天，妊娠期146.5天。一般每胎产羔2只以上，多的可达6～8只。经产母羊平均产羔率277.4%，一般2年产3胎。羔羊初生重，公羔羊3.1千克，母羔羊2.9千克。羔羊断奶成活率96.9%。

3. 萨福克羊 分黑头和白头2种，黑头原产于英国，白头原产于澳大利亚，是目前世界上体型、体重最大的肉用品种，是终端父本品种。该品种早熟，四季发情，生长发育快，产肉性能好，并且瘦肉率高，是生产大胴体的优质羔羊肉的理想品种。被毛白色，但偶尔可发现少量的有色纤维。黑头萨福克羊头和四肢为黑色，并且无羊毛覆盖。生产性能，成年公羊体重100～150千克，成年母羊60～70千克。经育肥的4月龄公羔羊胴体重24.2千克，4月龄母羔羊胴体重为19.7千克。产羔率141.7%～157.7%，最高达到193%。

4. 杜泊绵羊 原产于南非。属于粗毛羊，也是唯一的粗毛肉用绵羊。可作为生产优质肥羔的终端父本和培育肉羊新品种的育种素材。在河北省利用取得了较好的效果。由于该品种为粗毛肉羊，因此与地方品种杂交利用时，杂交后代皮张质量不会下降。杜泊绵羊早熟，生长发育快，胴体瘦肉率高，肉质细、多汁、膻味轻、口感好，肉中脂肪分布均匀，为高品质胴体，特别适于肥羔生产。外貌特征，有黑头和白头 2 种，黑头头颈为黑色，体躯和四肢为白色，白头全身为白色。一般无角，头顶平直，长度适中，额宽，鼻梁隆起，耳大稍垂，既不短也不过宽。颈短粗、宽厚，背腰平直，肋骨拱圆，前胸丰满，后躯肌肉发达。四肢强健。长瘦尾。生产性能，100 日龄公羔羊体重 34.72 千克，母羔羊体重 31.29 千克。成年公羊体重 100～110 千克，成年母羊体重 75～90 千克。舍饲育肥条件下，6 月龄体重可达 70 千克左右。公羊 5～6 月龄性成熟，母羊 5 月龄性成熟。公羊 10～12 月龄初配，母羊 8～10 月龄初配。母羊四季发情，发情周期 17 天（14～19 天），发情持续期 29～32 小时，妊娠期 148.6 天。

5. 无角道赛特羊 原产于澳大利亚和新西兰。外貌特征，体质结实，头短而宽，公、母羊均无角。颈短粗，胸宽深，背腰平直，后躯丰满，四肢粗短，整个躯体呈圆筒状，面部、四肢及被毛为白色。生产性能，该品种羊生长发育快、胴体品质好、产肉性能高、早熟。成年公羊体重 90～110 千克，成年母羊为 65～75 千克。经过育肥的 4 月龄羔羊胴体重，公羔为 22.0 千克，母羔为 19.7 千克，屠宰率 50％以上。母羊常年发情、繁殖率高，产羔率 130％左右。

6. 波尔山羊 原产于南非。波尔山羊体质健壮，四肢发达，善于长距离采食，主要采食灌木枝叶，适于灌木及山区放牧。外貌特征，具有强健的头，眼睛清秀，罗马鼻，头颈部及前肢比较发达，体躯长、宽、深，肋部发育良好且完全展开，胸部发达，背部结实宽厚，腿和臀部肌肉丰满，四肢结实有力。毛色为白色，头、耳、颈部颜色可以是浅红至深红色，但不超过肩部，双侧眼睑必须有色。生产性能，波尔山羊体格大，生长发育快，成年公羊体重 90～135 千克，成年母羊 60～90 千克；羔羊初生重 3～4 千克，断奶重 27～30 千克，6 月龄时体重 30 千克以上。断奶前日增重一般在 200 克以上，周岁内日增重平均为 190 克左右。繁殖性能较好，性成熟早，多胎率高。母羊 5～6 月龄性成熟，初配年龄为 8 月龄，发情周期 18～21 天，发情持续期 38 小时，妊娠期 148 天，产羔率 193％～220％。

二、肉羊繁殖技术

羊的初配年龄应根据不同品种、生长发育状况而定。山羊一般在 6～7 月龄即可配种，奶山羊最好达 12 月龄开始初配；绵羊一般在 1 周岁配种较为适宜，公羊一般在 1.5 岁以后开始利用。一般母羊初配时体重应达到成年体重的

60%～70%。

发情是母羊达到性成熟时的一种周期性的性表现。绵羊的发情周期一般为16～20天，山羊14～21天。发情持续期一般为1～1.5天，山羊1～2天。母羊排卵一般在发情后12～40小时内，故发情后12小时左右配种容易受胎。

配种方法可分为自然交配和人工授精两种。①自然交配。自然交配又可分自由交配和人工辅助交配。自由交配，在绵羊、山羊繁殖季节，将公、母羊混群饲养，任其自然交配，这种方法配种可节省劳动力，不需任何设备。人工辅助交配，将公、母羊分群隔离饲养，配种期间用种公羊或羯羊试情，看母羊是否发情，将发情母羊挑出来，用指定公羊配种。采用这种方法，可进行有目的的选种配种，提高公羊利用率，并可正确预测母羊的预产期，以做好产前的护理工作。②人工授精。羊的人工授精是指通过人为方法，借助采精器械，将公羊的精液采出，经过适当处理后，借助输精器械输入母羊体内，使母羊受精。

母羊配种后20天不再发情，则可初步判断已妊娠，羊从受孕到分娩这一段时间称为妊娠期。羊妊娠期一般为150天左右，即5个月左右。羊的预产期可用公式推算，即配种月份加5，配种日期减2。

分娩助产方法，羔羊产出后，应迅速将羔羊口、鼻、耳中的黏液抠出，以免呼吸困难窒息死亡，或者吸入气管引起异物性肺炎。羔羊身上的黏液必须让母羊舔干净，如母羊恋羔性差，可把羔羊身上的黏液涂在母羊嘴上，引诱母羊把羔羊身上舔干净。如天气寒冷，则用干净布或干草迅速将羔羊身体擦干，以免受凉。

羔羊出生后，一般母羊站起，脐带自然断裂。这时在脐带断端涂抹5%碘酒消毒。如脐带未断，可在离脐带基部6～10厘米处将内部血液向羔羊方向挤，然后在此处剪断，涂抹浓碘酒消毒。

三、肉羊饲料营养

饲料配方手算常用试差法。具体步骤为：第1步，确定每天每只羊的营养需要量。根据羊群的平均体重、生理状况及外界环境等，查出各种营养需要量。第2步，确定各类粗饲料的喂量。根据当地粗饲料的来源、品质及价格，最大限度地选用粗饲料。一般粗饲料的干物质采食量占体重的2%～3%，其中青绿饲料和青贮饲料可按3千克折合1千克青干草和干秸秆计算。第3步，计算应由精饲料提供的营养物质的量。每天的总营养需要与粗饲料所提供的营养物质的量的差，即是需精饲料部分提供的营养物质的量。第4步，确定混合精饲料的配方及数量。第5步，确定日粮配方。在完成粗、精饲料所提供营养物质及数量后，将所有饲料提供的各种营养物质进行汇总，如果实际提供量与其需要量相差在±5%范围内，则说明配方合理。如果超出此范围，则应适当调整个别精饲料的用量，以便充分满足各种营养物质需要而又不致造成浪费。常用的精饲料有：各种作物的籽实、农副产品秸秆、青贮饲料等。

四、肉羊饲养管理

1. 肥羔羊生产技术措施

（1）选择早熟、多胎、生长快的母羊为肥羔生产提供羔羊。也可以用肉用品种公羊与本地土种羊交配，生产一代杂种，利用杂种优势生产肥羔。

（2）提前配种产羔。应安排在早春产羔，这样可以延长生长期而增加胴体重。

（3）加强母羊饲养管理。在母羊妊娠后期和泌乳前期加强饲养管理，以提供优质的育肥羔羊。

（4）早期断奶。羔羊在3月龄应断奶单独组群放牧育肥或舍饲育肥，要选择水草条件好的草场进行野营放牧，突击抓膘。

（5）补饲精饲料。对放牧育肥的羔羊而言，在枯草期前后要进行补饲，可延长育肥期，提高胴体质量。对舍饲育肥羔羊要用全价配合饲料育肥，最好制成颗粒饲料饲喂，玉米可整粒饲喂，并注意饮水充足和矿物质补饲。

2. 异地育肥饲养管理要点

（1）育肥前期（0～30天，过渡期）　外购羔羊进入羊舍后，应先喂少量饲草，喂后3～4小时适当控制饮水，水中宜添加电解质。第2天，投喂易消化的干草或草粉，少给精饲料，可拌湿饲喂。精饲料喂量逐渐由100克/（只·天）增加到500克/（只·天）（每周增加100克左右），粗饲料喂量300～400克/（只·天），精饲料中添加0.5%～1%碳酸氢钠，每天早晚饲喂2次。育肥第3天，注射小反刍兽疫疫苗；第6天，精饲料中拌入阿苯达唑驱虫；第9天，皮下注射羊痘疫苗；第15天左右进行第1次剪毛，剪毛的同时注射伊维菌素和三联四防疫苗；第20天，注射口蹄疫疫苗。

（2）育肥中期（31～90天，20～40千克）　精饲料喂量逐渐由500克/（只·天）增加到1200克/（只·天），玉米+麸皮喂量逐渐增加至精饲料量的70%，粗饲料喂量400克/（只·天），精饲料中添加1%～1.5%的碳酸氢钠和0.5%食盐，每天早晚饲喂2次。育肥第50～55天进行第2次剪毛，同时注射伊维菌素和羊痘疫苗。观察羊群的采食和健康状况，防止瘤胃积食、瘤胃酸中毒、蹄病和肠毒血症等的发生。

（3）育肥后期（90天至出栏）　精饲料喂量逐渐由1200克/（只·天）增加到1500克/（只·天），玉米+麸皮喂量逐渐增加至精饲料量的80%，粗饲料每天喂量250～300克/（只·天），精饲料中添加1%～1.5%碳酸氢钠，每天早晚饲喂2次。育肥第90～95天进行第3次剪毛。观察羊群采食量和健康状况，防止蹄病和尿结石的发生。若需延迟出栏，可适当减少精饲料喂量、增加粗饲料喂量，降低育肥羔羊的日增重速度，延长育肥期。

3. 羔羊补饲技术 一般羔羊生后 15 天左右开始训练吃草、吃料。这时，羔羊瘤胃微生物区系尚未形成，不能大量利用粗饲料，所以强调补饲优质蛋白质和纤维少、干净脆嫩的青干草。把草捆成把子，挂在羊圈的栏杆上，让羔羊玩食。精饲料要磨碎，必要时炒香并混合适量的食盐，以提高羔羊食欲。为了避免母羊抢吃，应专为羔羊设置补料栏。

4. 种公羊的饲养管理 种公羊所喂饲料要求富含蛋白质、维生素和无机盐，且易消化、适口性好。理想的粗饲料有苜蓿干草、三叶草干草和青莜麦干草等。好的精饲料有燕麦、大麦、玉米、高粱、豌豆、黑豆、豆饼。配种预备期应按配种期喂量的 60%～70% 给予，从每天补给混合精饲料 0.5～0.6 千克开始，逐渐增加到配种期的饲养水平。同时进行采精训练和精液品质检查。开始时每周采精检查 1 次，以后增至每周 2 次，并根据种公羊的体况和精液品质来调节日粮或增加运动。配种期加强运动，每天应补饲 0.5～1.0 千克混合精饲料和一定的优质干草。

5. 育成羊的饲养管理 羔羊在 3～4 月龄断奶，到第 1 次交配繁殖的公、母羊称为育成羊。根据生长速度的快慢，需要营养物质的多少，分别组成公、母羊育成羊群，结合饲养标准，给予不同营养水平的日粮。合理的日粮搭配，育成羊日粮中精饲料的粗蛋白质含量提高到 15% 或 16%，混合精饲料中的能量水平占总日粮能量的 70% 左右为宜。每天喂混合精饲料 0.4 千克为好。同时，还需要搭配适当的粗饲料，如青干草、青贮饲料、块根块茎多汁饲料。还要注意矿物质，如钙、磷、食盐和微量元素的补充。一般育成母羊在满 8～10 月龄，体重达到 40 千克或达到成年体重的 65% 以上时配种。

6. 妊娠后期母羊的饲养管理 妊娠后期（后 2 个月），胎儿生长迅速，其中 80%～90% 的初生重是此时生长的，因此这一阶段需要营养水平较高。放牧羊每只日补饲混合精饲料 0.6～0.7 千克，粗饲料 1 千克。舍饲母羊每只日补充混合精饲料 0.6～0.8 千克，粗饲料 1～2 千克。

7. 哺乳期母羊的饲养管理 每只母羊每天应供给 1.5 千克青干草，2 千克青贮饲料和青绿多汁饲料，0.8 千克精饲料。但膘情较好的母羊，在产羔 1～3 天内，不喂精饲料和多汁饲料，只投喂些青干草，以防消化不良或发生乳腺炎。

五、肉羊疫病防治

肉羊疫病防治必须坚持以预防为主、治疗为辅的原则，加强饲养管理，搞好环境卫生，做好防疫、检疫工作，坚持定期驱虫和预防中毒等综合防治措施。

（1）加强饲养管理，搞好清洁卫生。

（2）严格执行检疫、消毒制度。常用消毒药物有生石灰、氢氧化钠、来苏儿等。

（3）有计划地定期预防接种和驱虫药浴，小反刍兽疫、口蹄疫、羊痘、羊口疮、布鲁氏菌病等按免疫接种程序，定期适时地进行免疫接种。

预防性驱虫，在牧区多采取1年2次驱虫的方法，一般在春季和秋末冬初各驱虫1次。

治疗性驱虫，羊群要经常检查寄生虫感染情况。根据病情，适时进行驱治，对寄生虫感染较重的羊群，可提前于2—3月做1次治疗性驱虫。常用的驱虫药物有伊维菌素、阿苯达唑等。

南美白对虾养殖转肝期
主要调控措施

李春岭　李文敏

转肝期是指南美白对虾（*Penaeus vannamei*）仔虾肝胰腺在发育过程中，从一个整体慢慢转化成肝和胰腺的过程，镜检观察这期间肝胰腺绒毛、肝小叶逐步生长并伸长；肉眼观察会发现一层白膜逐渐包住肝胰腺，黑白逐渐分明并形成清晰轮廓。在 P5 仔虾标粗 15 天后，开始进入转肝期，历时 30 天左右。在此期间，肝胰腺会处在一个快速发育期。同时，养殖的南美白对虾食性由摄食浮游性生物饵料转化为吃食人工配合饲料，由于食性转换、蜕壳频繁、肝胰腺等器官尚未发育完全，属于发病高峰期，所以顺利度过此阶段成为养殖难题。

经过调查，笔者发现养殖户在南美白对虾转肝期的养殖过程中有两个误区，现结合当地实际情况，提出一套成型的转肝期调控技术措施，总结如下以供参考。

一、主要调控措施

1. 适当控料　转肝期间南美白对虾吃料会明显增多，由于人工配合饲料或多或少会含有一些有毒有害的物质（如铅、汞、镉等重金属元素），这些物质虽然没有超标，都在国家标准范围内，但南美白对虾在饵料转变初期由于这些毒素的积累或多或少都会有些影响。所以，此阶段尤其注意不要无节制地加料，增加南美白对虾肝的负担，进而引发肝胰腺的问题。要合理控料，尤其要避免暴食。具体措施是投喂饲料以"少量多次"为原则，每天投喂 6 次，每次以 1～1.5 小时吃完为宜。同时，综合考虑天气、水温、水中浮游生物的多寡、吃料快慢、南美白对虾健康情况等因素合理增加投喂量，建议每天的增加量不宜超过 5%。

2. 调水稳藻相、菌相　稳定的藻相、菌相可以为虾苗提供一个优良的环境，利于虾苗健康成长。藻类和菌类是相辅相成的关系，菌类分解有机物为藻类生长提供营养盐，促进优良藻类生长。同时，活菌的生长也需要营养盐，通过与藻类竞争营养，也能间接起到抑制藻类的作用，防止藻类过度生长；优良的藻相也会使病菌保持在较少的数量。

如果藻相、菌相不稳定会造成：一是 pH 波动大，虾苗产生应激反应；二是藻类过度繁殖，造成倒藻，引起缺氧、产生有毒有害物质，对虾苗肝发育产生很大的障碍。

藻相、菌相稳定，水质才能稳定。具体措施是前期使用 EM 菌调节水质，中后期水中有机物较多，主要使用芽孢杆菌定期调节水质，同时配合使用光合细菌、乳酸菌，始终使水体透明度保持在 40 厘米左右，可有效稳定藻相、菌相。

3. 适时使用保肝产品　使用保肝产品可排解虾体累积的毒素，减轻和缓解肝负荷，增强对肝营养的及时补充及肝代谢功能，提高肝排毒、解毒能力和南美白对虾的免疫力。保肝产品要选用正规生产厂家的合格产品。具体措施是：P5 仔虾标粗 15 天后，开始使用保肝产品，每天添加 1 次，连续添加投喂 30 天，在此期间遇有特殊情况造成肝萎缩或损伤时，应及时改为每天添加 2 次，甚至在水中泼洒保肝产品。

4. 适量添加生物饵料——卤虫　在转肝期，南美白对虾食性由浮游性生物饵料转化为人工配合饲料，蜕壳频繁、肝胰腺等器官尚未发育完全，属于发病高峰期。在此期间添加当地特有资源——卤虫，其含有丰富的蛋白质、氨基酸、不饱和脂肪酸和无机元素，尤其是可明显提高肝中 Fe^{2+} 的含量，Fe^{2+} 是血红素的主要成分，对肝胰腺发育有促进作用，弥补了人工配合饲料适口性差、营养比例不完美及消化吸收率低等缺陷。具体措施是在开始投喂人工配合饲料时，每天 6 次投喂中，其中 1 次为投喂卤虫。

二、两个养殖误区

1. 乱投保健品　有些养殖户认为保健品用量大一些，多品种一起添加，肯定有好处。其实有时效果往往相反，如适量添加维生素可帮助肝解毒并利于糖类、脂肪、蛋白质代谢以释放出能量，但过量投喂会造成肝维生素代谢失调，甚至伤害肝，所以在添加维生素时要考虑肠道自身的消化吸收能力，同时还要考虑维生素之间的配比是否协调，不要过量投喂，更不能多种维生素同时投喂。如适量添加中草药产品，既有抗菌作用又可提高免疫力，但我们不能把中草药简单理解为安全用药，其功能是多方面的、双向性的，使用剂量、时间、方式不同，将会发生不同作用。同时，它受到原材料、加工工艺等因素影响，即使同样的成分，也有可能起到不同效果，所以建议慎用中草药。有些养殖户多种类保健品混在一起添加，不仅造成浪费，而且还存在互相拮抗的现象。

2. 盲目减料、停料 有些养殖户听说减料、停料可以减轻肝负担，所以就每天少增料，并且每周停料 2～3 次，甚至更多。殊不知南美白对虾长时间处于饥饿状态，一是只能消耗其肝胰腺中的糖原和脂肪，引起肝功能下降，肝细胞修复与代谢受到阻碍，极易引起肝受损、萎缩及其后期的胃肠萎缩等；二是会摄食死藻、底泥等有毒物质。所以，如遇水质败坏、恶劣天气、发病等情况可以适当减料或停料 1～2 次，但不能长期盲目减料、停料。

三、总结

成熟的肝胰腺具有分泌消化酶，吸收、储存营养物质，解毒、防御、代谢、免疫、储存与造血等多项功能，是南美白对虾最重要的器官，同时也是最脆弱的器官。所以，虾苗转肝期的养护至关重要。如果在这个时期，遇到环境突变、营养不良、盲目使用保健品等，会导致肝胰腺发育受阻、损伤，整个虾都会处于发病状态，甚至影响整季南美白对虾的成活率、抗病力及产量。因此，加强转肝期调控尤为关键。

微生态制剂在南美白对虾
工厂化养殖中的科学使用

李春岭

目前，微生态制剂已经成为池塘养殖水质调控的首选，但因其菌种的组成不同而种类繁多，作用各异，广大养殖户对微生态制剂的认知程度有限，在科学使用方面存在一定的欠缺，甚至出现了盲目使用的现象。

南美白对虾工厂化养殖单位水体苗种承载量大，投饵量大，养殖过程中易产生并积累大量的残饵、代谢产物和生物残体等物质，造成水体负荷量大。由于工厂化设施的特殊性，如溶解氧充足、光线不足、藻类稀少、没有底泥，水体自身净化能力有限，只能依靠投入品来调节。如果处理不当极易造成水体富营养化，各项有害物质指标严重超标，造成病害频发。

一、微生态制剂的选择

针对南美白对虾工厂化养殖的水质特点结合菌种的作用特性选择不同菌种及菌种间联合使用。

1. 枯草芽孢杆菌

（1）作用特性　枯草芽孢杆菌为需氧型细菌，在生长过程中需要大量氧气，当水体中溶解氧充足时，其代谢旺盛，能在水体中迅速繁殖，并产生大量的胞外酶。胞外酶能迅速降解、转化动物代谢产物和残饵，将这些大分子有机物分解为小分子的有机酸、氨基酸及二氧化碳和水等物质，能为自身及水体中其他有益微生物提供营养，且能降解氨氮、亚硝酸等有害物质。此外，枯草芽孢杆菌在代谢过程中可以产生一种具有抑制或杀死其他微生物的枯草杆菌素。此种抗生素为一种多肽类物质，可将养殖池底沉积物中发光弧菌的比例降低，抑制水体中致病菌的繁殖。

（2）选择目的　主要用于降解、转化并循环利用养殖过程中产生的大量残饵和代谢产物，减轻系统运转的负荷，并可抑制病害。

2. 侧孢芽孢杆菌

（1）作用特性　对水产养殖中的弧菌、大肠杆菌和杆状病毒等有害细菌、病毒有很强的抑制作用；其生长过程中分泌大量几丁质酶，几丁质酶可分解病原真菌的细胞壁而抑制真菌病害，分解水体中残饵、粪便、有机物等，具有很强的清理水中垃圾小颗粒的作用。

（2）选择目的　主要用于抑制病害，协同枯草芽孢杆菌调节水质。

3. 放线菌

（1）作用特性　放线菌是抗生素的主要生产菌，对有机物有着较强的降解能力，对木质素、纤维素、甲壳素等物质也能起到较好的降解作用。放线菌能产生生物絮凝剂，这种絮凝剂通过桥联、电性中和、化学反应、卷扫、网捕、吸附等作用，使水体中一些难以降解的有机物胶体脱稳、固液分离、絮凝沉淀，既可以去除水体和水底中的悬浮物质，又可以有效地改善水底污染物的沉降性能，防止污泥解絮，起到改良水质和底质的作用。

（2）选择目的　主要用于抑制病害，去除悬浮物质，改善池底环境，协同枯草芽孢杆菌调节水质。

4. 乳酸菌

（1）作用特性　乳酸菌为兼性厌氧菌，是肠道的正常菌群，在肠道系统定植，通过生物拮抗作用，拮抗革兰氏阴性致病菌。乳酸菌可产生乳酸，降低肠道 pH，阻止和抑制有害物质，增强抗感染能力。活菌体内和代谢产物中含有较高的超氧化物歧化酶（SOD），增强机体的免疫调节活性，促进生长。此外，乳酸菌富含维生素和脂肪酸，同时能中和动物体内的有毒物质。

（2）选择目的　主要用于拌料投喂抑制大肠杆菌、沙门氏菌的生长，同时促进南美白对虾生长。

5. 酵母菌

（1）作用特性　酵母菌为兼性厌氧型微生物，含有较多的营养物质，富含维生素和氨基酸。作为水产动物饲料添加剂，可以增强水产动物机体免疫力，调节机体生理机能，维护肠道微生态平衡，抑制有害菌的繁殖，预防水产动物的传染性疾病；能改善水产动物的生产性能，提高水产品品质。当水产动物受到应激或经过药物治疗后可以选用以酵母为主的制剂。

（2）选择目的　主要用于增强南美白对虾机体免疫力，调节机体生理机能，提高产品品质。

二、微生态制剂使用实例

1. 地点　黄骅市大源水产养殖有限公司。

2. 材料

（1）调水用微生态制剂混合物　枯草芽孢杆菌、侧孢芽孢杆菌、放线菌，配比为 7 : 2 : 1。活菌含量总数≥80 亿个/克。

（2）内服用微生态制剂　乳酸菌、酵母菌，活菌含量总数≥40 亿个/克。

3. 使用目的及方法

（1）培水　利用枯草芽孢杆菌、侧孢芽孢杆菌、放线菌三者混合物（以下简称混合物）的作用特性，在放苗前 3 天，施用混合物浓度为 10 克/米³，水温升到 25℃，充气，使水中的有益微生物种群形成优势种群以净化水体环境，有助于虾苗入池后快速适应环境，为以后健康生长打下良好基础。

（2）日常调水（表 1）

表 1　混合物施用量及施用频率

虾苗规格（厘米）	<1		1~3		3~6		>6	
施用量、施用频率	施用量（克/米³）	施用频率（次/天）	施用量（克/米³）	施用频率（次/天）	施用量（克/米³）	施用频率（次/天）	施用量（克/米³）	施用频率（次/天）
	2	1/1	2	1/1	3	1/2	4	1/2

注：虾苗规格在 3 厘米以前换水量小，有时甚至几天不换水，所以混合物每天施用 1 次。枯草芽孢杆菌使用前需激活，激活方法如下：枯草芽孢杆菌、红糖、水，按 1：0.5：20 的比例浸泡 4 小时以上后使用，浸泡过程需充气。

（3）拌料　在饲料中掺拌酵母菌和乳酸菌，可以维持肠道微生态平衡，抑制有害菌繁殖，调节机体生理机能，增强南美白对虾的免疫力（表 2）。

表 2　酵母菌和乳酸菌施用量及施用频次

品种	施用量（%）	施用频率（次/天）
乳酸菌	1	7
酵母菌	1	7

注：在蜕皮后及时拌料添加酵母菌；在天气变化前后和农历的月初、月中换壳敏感期拌料添加酵母菌；每次拌料添加时应连续添加不少于 3 天；酵母菌、乳酸菌交替拌料添加；投料前 2 小时拌料，晾干后投喂。

三、总结

（1）养殖用水必须经过沙滤，以滤掉浮游动物，因为原生动物、轮虫、枝角类、桡足类等浮游动物都能摄食有益菌，所以当水体中浮游动物较多时使用微生态制剂效果差。同时，甲壳类动物会携带细菌、病毒，感染南美白对虾。

（2）枯草芽孢杆菌、侧孢芽孢杆菌、放线菌只有在氧气充足的条件下才能良好繁殖，所以充气量要充足。同时，充气要均匀，水体中活菌的主要基质是悬浮的有机物质，充气均匀有利于有益菌均匀分布，从而利于生长繁殖。

（3）有益菌均有一个数量递增达到高峰、再递减的生长周期，且其预防效果好于治疗效果，其作用发挥较慢，长期使用方能达到预期的效果。因此，只有定期投放微生态制剂，才能长期稳定其种群优势，维持微生态平衡。

南美白对虾双茬轮作
高产高效养殖技术

李春岭　孙福先

　　沧州地区适宜南美白对虾生长的水温（22～28℃）时间较短，多为单茬池塘精养和盐田汪子半精养养殖模式，普遍存在产量低、集中上市价格低、塘租租赁费用高、上市规格小、病害严重等问题，从而造成效益低下。为了增加单位面积的出产率，提高池塘利用率，提高上市规格，增加效益，健康绿色养殖，现将双茬轮作高产高效养殖主要技术总结如下。

一、池塘条件

　　池塘水源充足，电力设施配套，水质达到《无公害食品　海水养殖用水水质》标准。池塘面积大小不限，水深 1.0～2.0 米。池底平坦，淤泥少，进排水系统完善，交通便利。

二、放苗前的准备工作

1. 清塘消毒

　　（1）推土机清塘法　在冬季或春季，使用推土机将池底淤泥清理至池埂上，同时平整池底。有条件的最好对池底耕耙、疏松，使土壤氧化分解，改善土壤结构，增加水、气、肥的储存能力。

　　（2）药物清塘法　沧州沿海地区多为盐碱地，水质 pH 较高，所以清塘药物多用氯制剂，如使用漂白粉清塘，水深 5～10 厘米，用有效氯含量 30% 的漂白粉 150～250 千克/公顷。

　　（3）暴晒法　面积较大的盐田汪子考虑成本，无法使用药物或推土机清塘，一般是直接排干水暴晒，晒到池底龟裂为最好。

2. 培养基础饵料

施用经发酵熟化的有机肥或微生物肥，将水色调节为淡茶褐色或黄绿色，繁殖培养出基础生物饵料。池水透明度应在 30～40 厘米，使水质符合放虾苗标准。

三、虾苗的放养

1. 虾苗试水 养殖池塘水经 10~15 天的水质与生物饵料培养后，虾苗可试水。取 10~20 尾虾苗放入适宜的容器或网箱内，待 24 小时后确定虾苗无任何异常即达放虾苗标准。

2. 放养时间 第 1 茬虾苗放养时间为 5 月 1 日左右，室外水温稳定在 16~18℃就可以放苗。第 2 茬虾苗放养时间为 6 月 20 日左右，待第 1 茬虾苗长至 6 厘米左右时放入。该地区南美白对虾第 2 茬放苗时间不应晚于 7 月 10 日。

3. 放养规格及密度 第 1 茬虾苗放养规格应在 1~1.5 厘米，放养密度为 1 万~1.5 万尾/亩；第 2 茬虾苗放养规格 1~1.5 厘米，放养密度为 1 万~1.5 万尾/亩。

4. 放养成活率的测定 在放养虾苗的池塘内放入一个网箱（长、宽、高各 1 米左右的聚乙烯网片网箱），放苗时网箱内同时放入不少于 100 尾虾苗，过 2~3 天进行计数，由成活数量和死亡数量计算得出放养成活率。如放养成活率过低，应查明原因，排除不利因素后再确定是否需要补苗。

四、微生态制剂使用技术

1. 微生态制剂使用原则 有益菌的作用各有所长，结合不同养殖期的水质特点，枯草芽孢杆菌和光合细菌应交替或联合使用。枯草芽孢杆菌可以降解水体中的有机物，使之转化为浮游藻类生长所需的营养成分，一般中后期使用；光合细菌可调节水质，维持水体稳定的优良藻相和菌相，一般前期单独使用，中后期结合枯草芽孢杆菌联合使用。

2. 测水使用微生态制剂技术 光合细菌对氨氮有明显降解效果，芽孢杆菌对亚硝酸盐有明显降解效果，乳酸菌对 pH 有一定的调节作用，通过测水得知某一项超标时只针对这一项选择对应的有益菌即可，同时超标时可联合使用，做到有的放矢，节约成本。

五、病害防控技术

坚持"预防为主，防重于治"的原则，通过在饲料中添加中药制剂及维生素，水体中放养生物防控鱼等措施，达到内外结合、健康绿色养殖的目的。

六、总结

1. 轮捕轮放密度合理 通过双茬轮作由原来的一次性每亩放养 3 万尾，改为分 2 次间隔 50 天左右每亩共放养 2 万~3 万尾，捕大留小，为存塘南美白对虾提供更多的优良生存空间，池塘内始终保持着合理的载虾密度，虾苗食欲强，饲料转化率高，生长速度快，饵料系数低。解决了前期对虾体小，水体得不到充分利用，后期对虾体大，密度相应增加，虾的活动空间缩小，水质败坏，生长受到抑制，这一现实问题。

2. 增加产量并提高经济效益 双茬轮作前期低密度放养大规格虾苗，生长速度快，可提前 1 个月上市，填补市场空缺，售价较高，且能加速资金周转。后期错开市场高峰上市，上市规格大，售价同样较高，二者结合收到良好的经济效益，比一年一茬养殖产量提高 2～3 倍。

南美白对虾工厂化养殖技术

王海凤　　宋学章

工厂化养虾是利用现代化工业手段，控制池内生态环境，为对虾创造最佳的生存和生长条件，在高密度集约化的放养条件下，促进对虾顺利生长，提高单位面积的产量和质量，争取较高的经济效益。工厂化的优点是：产量高、多茬养殖和延长上市时间，尤其是疾病容易控制。

研究和生产实践证明，在所有的对虾类中南美白对虾是一个最适合高密度工厂化养殖的虾类品种。

沧州的南美白对虾工厂化养殖始于 2016 年，大部分是利用原有育苗室进行养殖。近几年，由于虾苗分阶段暂养、水质调控、病害防治、余热回收、成虾分批出池等新技术的应用推广，技术水平和每平方米产量不断提高。2021年，平均单茬产量达到 10 千克/米^2，养殖规模达到 20 多万米^2，形成了一个新兴的水产养殖产业，不但创造可观的经济效益，同时解决了育苗室"半年闲"的问题。

一、南美白对虾的生态习性

南美白对虾原本分布于美洲太平洋岸近海，北起墨西哥，南至秘鲁沿海，其中心分布区是赤道上的厄瓜多尔沿海，是一个热带虾种，其优点是：

1. 耐盐度广　南美白对虾的适应盐度为 0.5～50，最适盐度为 15～35。虾苗经淡化后可在微盐水池塘中养殖。

2. 耐温范围广　南美白对虾可耐受水温为 12～43.5℃，最适生长水温为25～32℃。

3. 耐高密度养殖　南美白对虾不仅适应低密度养殖，而且还适应高密度养殖，如工厂化养殖每平方米放虾苗 500 尾，收获时成活率达 90%。

4. 生长快　在水温 25～33℃环境中，经 70～80 天体重可达 15～20 克，最快的 58 天体重达 16.6 克。

5. 食性广、饲料转化率高　不仅可摄食动物性饵料，而且可摄食配合饲料，还可摄食池塘中的浒苔、川蔓藻，属杂食性水产动物。因此，养殖中饵料系数低，最低饵料系数为 0.8，一般为 1.1～1.3。

6. 抗病力强 对白斑综合征病毒病有一定的抵抗能力，与中国对虾、南美白对虾同养于一个池塘，结果中国对虾全部死亡，南美白对虾成存活最多。

7. 虾肉品质好，价值较高 头胸部小，加工出肉率高。

8. 亲虾易培养 南美白对虾经过 9 个月的养殖即可成熟，并可在人工养殖条件下交配产卵，便于解决亲虾问题及人工选种和育种。

9. 不潜伏 南美白对虾在实验室养殖时，没有明显的潜伏行为，可适应室内水泥池硬底条件，这是进行工厂化养殖的一个有利条件。

10. 不善动 南美白对虾喜静，常伏于水体底部，进行间歇性爬行或在中下层间歇性游动，在正常情况下也不会像中国对虾那样成群结队地环池巡游，增加营养的消耗。因此，其摄食用于生长的比率高，也是养殖中饵料系数低的原因之一。

二、工厂化养虾的基本设施

基本设施有养殖车间、养殖池、供水设施、供气设施、供热设施、供电设施、尾水处理设施。

1. 养殖车间 厂房建造以东西走向为宜，砖混结构，内部高 4～5 米，墙体坚固、保温，房顶以圆弧形为宜，具备透光、抗风、保温性能。厂房一般长80～100 米，宽 15～20 米。

2. 养殖池 养殖池由多个室内池组成，室内池为钢筋混凝土结构或玻璃钢、PE 板结构，形状为长方形或正方形，池角圆弧形为宜，单池面积一般20～50 米^2、池深 130～150 厘米，池底中央设排污口，池底四周向中央倾斜，坡度 5%～6%。近几年，大池养殖效果也得到认可，面积可在 100～200 米^2。大池的优点是水质稳定，管理方便。

3. 供水设施 包括海水沉淀池、淡水储水池、蓄水池、沙滤罐、调水池。一般蓄水池容积不小于养殖水体的 4 倍、调水池容积不小于养殖水体体积。

4. 供气设施 每 1 000 米^2 配备 2 台供气量为 30～35 米^3/分的罗茨鼓风机，交替使用。每分钟供气量应达到总水体的 1.5%～2.5%。

5. 供热设施 采用符合节能环保要求的燃气、燃油锅炉或电加热等设施。每 1 000 米^2 养殖面积配备 1 台交换面积 50～80 米^2 的热交换器，进行余热回收。

6. 供电设施 配备常用电源、备用电源，确保养殖生产用电需求及安全。

7. 尾水处理设施 配备尾水收集净化池，进行养殖尾水的收集、净化、处理。

三、工厂化养虾技术要点

1. 苗种选择 良种良法是增产增收的有效途径。为了保证养殖效果，必须选择经选育的适宜工厂化养殖的南美白对虾苗种。另外，苗种除了规格均匀、体色透明、活泼健壮、逆水能力强、无伤、无病、无残、不是弱苗外，还要进行药物残留和病原检测，选择药残不超标、不携带特定病原的优质苗种。

2. 苗种的标粗 为了实现节能、节水、增效，在苗种标粗中采取集中标粗，分阶段梯度降低密度方法培育。具体做法是购进 P5 虾苗，按密度 2 万～4 万尾/米² 标粗，15 天左右虾苗规格达到 20 000 尾/千克左右时分池。第 2 阶段标粗密度 3 000 尾/米²，约 20 天，到 3 厘米左右、1 600 尾/千克，分池养殖。这样在前期 30 天的养殖中，可节水 60％，同时大大节省了能源和人工。

3. 分池养殖 当南美白对虾苗种达到 3 厘米左右时，进行分池养殖。最近几年，一般分苗密度为 650 尾/米²，根据养殖场条件可适当增减，高的可达 800 尾/米²。

4. 日常管理

（1）温度控制 一般前期控制在 28℃ 左右，后期控制在 26℃ 左右。总结近几年的经验，温度偏低一点，养殖成功率可提高 3％～5％。

（2）换水管理 虾苗分池后初期水位为 60 厘米。然后，前 3 天每天加水 10 厘米，水位达到最高 90 厘米后开始换水，每天换水量初期为 10％，中期为 30％，后期为 60％，视水质情况灵活掌握。

（3）水质控制 试验证明，南美白对虾对氨氮和亚硝酸盐有较高的耐受性，在工厂化养殖中不必对氨氮和亚硝酸盐含量高低采取措施，溶解氧和 pH 是需要关注的两项指标。溶解氧不仅关系南美白对虾正常生理功能和健康生长，而且还是改良水质和底质的必需条件。在养殖的全过程中均应保证充足的溶解氧，最好能保持在 5 毫克/升以上，一般不应低于 3 毫克/升。pH 控制在 7.8～8.6。

（4）投饵 选择正规厂家生产的合格产品，蛋白质含量为 42％～44％。全程使用配合饲料，每天定时投喂 6 次，投喂量根据不同生长阶段进行调整，采取阶梯渐进式定量增量法，坚持欠食性投饵量控制。根据不同生长期规格，7 天为一个定量增量梯次（表 1）。

表 1　南美白对虾不同体长与饲料量对照表

南美白对虾体长 （厘米）	饵料种类	饵料规格	日投喂量 （克/万尾）	日投喂次数 （次）
0.5～1.5	虾片		150～200	8
1.5～2.5	配合饵料	0#	200～250	6

（续）

南美白对虾体长 （厘米）	饵料种类	饵料规格	日投喂量 （克/万尾）	日投喂次数 （次）
2.5～3.5	配合饵料	1#	250～600	6
3.5～4.5	配合饵料	2#	600～700	6
4.5～5.5	配合饵料	2#	700～2 000	6
5.5～6.5	配合饵料	2#	2 000～2 400	6
6.5～7.5	配合饵料	2#	2 400～2 900	6
7.5～8.5	配合饵料	3#	2 900～3 500	6
8.5～9.5	配合饵料	3#	3 500～4 100	6
9.5～10.5	配合饵料	3#	4 100～4 800	6
10.5～12	配合饵料	3#	4 800～5 500	6

（5）病害防控　坚持预防为主的方针，一是为南美白对虾创造优良的生活环境，在养殖过程中每10～15天使用芽孢杆菌或乳酸菌3毫克/升，使有益菌为优势菌群，保持水质良好、稳定。二是选择优质饲料，增强南美白对虾体质及抗病能力。

另外，在近几年的实践中发现，在使用漂白粉处理水中，改变以往中和余氯的方法，保留了水体余氯含量在0.089毫克/升左右，发现南美白对虾生长情况更好。

四、出池

当南美白对虾规格达到70尾/千克时即可出池销售。近几年，成虾分批出池被普遍采纳，具体做法是：当南美白对虾规格达到70尾/千克时，开始第1批出池上市。之后，每间隔7～10天再进行第2、第3次出池。出池数量，前2次掌握在存池量的20%，第3次全部出净。成虾分批出池的优点是：提高南美白对虾养殖产量和规格。分批出池降低了养殖密度，减少了养殖池载虾量，利于存池虾养成大规格对虾（规格可达30～40尾/千克），养殖产量、规格、效益大幅提高。另外，分批出池销售，提早上市，回笼部分资金，减少生产风险。

大宗淡水鱼养殖池塘套养南美白对虾养殖技术

高才全　张修建

大宗淡水鱼养殖池塘套养南美白对虾模式，是近年来在河北、山东、天津等地试验推广的新技术之一，是指在大宗淡水鱼养殖池塘中套养南美白对虾，且在淡水鱼养殖产量不受影响的条件下，综合利用池塘的潜在生产力，达到提高养殖产量和效益的目的。由于近几年对虾价格持续走高，大宗淡水鱼养殖池塘中套养对虾已成为提高淡水养殖效益的重要模式之一。近3年来，淡水养殖产业创新团队在河北省大部分区域进行了此项技术的试验推广，取得了较好的成效。从各地的养殖总体结果看，大宗淡水鱼养殖池塘套养南美白对虾生产模式，在淡水鱼产量不受影响的情况下，每亩可增产南美白对虾25千克左右，亩增效益400元左右。因淡水鱼养殖技术已经普及、成熟、稳定，本文只阐述南美白对虾养殖技术要点。

一、池塘条件

淡水鱼套养南美白对虾的池塘，一般要求池塘条件较好，池塘规整，配套齐全，南美白对虾虾苗来源方便的地域。成鱼池水深1.5～2.0米、鱼种池水深1.2～1.5米，池水的溶解氧＞3毫克/升，pH 7.0～8.5，透明度15～35厘米。

二、水质检测及改良

1. 水质检测　对准备套养南美白对虾的鱼池水质，在放养虾苗前必须进行检测，因为南美白对虾对水质要求相对较高，可以用来养鱼的水的水质未必可以养虾，特别是鲁、冀、津等沿海的盐碱地水质，普遍存在"三高"（高盐度、高碱度、高硬度）和离子组成复杂的特性。如不进行水质检测，则有可能因水质条件不适，造成所投放虾苗全部死亡。

2. 水质指标要求　养殖南美白对虾的水的水质各主要离子占离子总量的比例应在以下范围：钾离子（K^+）0.2%～5%、钠离子（Na^+）5%～32%、钙离子（Ca^{2+}）0.2%～16%、镁离子（Mg^{2+}）2.0%～70%、氯离子（Cl^-）

3‰~50‰、硫酸根（SO_4^{2-}）30‰以下，总碱度 15.0 毫摩/升以下。对不符合标准的指标应在放苗前进行调节改良。在生产前期应选择专业的水质检测机构化验水质并制订出改良方案，调节好水质后再进行生产。

三、套养模式

按大宗淡水鱼的养殖生产方式，可分为成鱼养殖池塘套养南美白对虾和鱼种池塘套养南美白对虾。目前成功的养殖模式有：以鲤为主养品种套养南美白对虾模式和以草鱼为主养品种套养南美白对虾模式；除了大宗淡水鱼以外，淡水和盐碱水养殖梭鱼及罗非鱼成鱼的池塘套养南美白对虾也很成功。具体见以下 6 种模式（表 1 至表 6）。

表 1 鲤成鱼养殖套养南美白对虾养殖模式

类别	品种	放养规格（尾/千克）	放养密度（尾/亩）	放养时间	预计出池	
					规格（千克/尾）	产量（千克/亩）
主养品种	鲤	10~15	800	3月底至4月初	1.25	1 000
套养品种	南美白对虾	8万~10万	0.5万~1万	5月上旬	60~80	15~30
	鲢	10	50	3月底至4月初	1	50
	鳙	3~5	5	3月底至4月初	2	10

注：放养大规格鱼种，回捕率按 100% 计；对虾回捕率 30% 左右。

表 2 草鱼成鱼养殖套养南美白对虾养殖模式

类别	品种	放养规格（尾/千克）	放养密度（尾/亩）	放养时间	预计出池	
					规格	产量（千克/亩）
主养品种	草鱼	5~6	500	3月底至4月初	1.5千克/尾	750
套养品种	南美白对虾	6万	1万~1.5万	5月上旬	60~80尾/千克	10~30
	鲢	10	100	3月底至4月初	1千克/尾	100
	鳙	3~5	5	3月底至4月初	2千克/尾	10

注：放养大规格鱼种，回捕率按 100% 计；对虾回捕率 30% 左右。

表 3　培育草鱼鱼种套养南美白对虾养殖模式

类别	品种	放养规格	放养密度（尾/亩）	放养时间	预计出池		
					规格	回捕率（%）	产量（千克/亩）
主养品种	草鱼	1 克/尾	6 000	6 月底至 7 月初	100 克/尾	65	340
套养品种	南美白对虾	6 万～8 万尾/千克	1 万～1.5 万	5 月上旬	60～80 尾/千克	30	30～50
	鲢	1 克/尾	2 000	6 月底至 7 月初	100 克/尾	60	120

表 4　培育鲤鱼鱼种套养南美白对虾养殖模式

类别	品种	放养规格	放养密度（尾/亩）	放养时间	预计出池		
					规格	回捕率（%）	产量（千克/亩）
主养品种	鲤	1 克/尾	8 000	5 月底至 6 月初	125 克/尾	70	700
套养品种	南美白对虾	6 万～8 万尾/千克	1 万～1.5 万	5 月上旬	60～80 尾/千克	30	30～50
	鲢	1 克/尾	2 000	6 月底至 7 月初	100 克/尾	60	120

表 5　梭鱼成鱼养殖套养南美白对虾养殖模式

类别	品种	放养规格（尾/千克）	放养密度（尾/亩）	放养时间（月）	预计出池	
					规格	产量（千克/亩）
主养品种	梭鱼	20	1 200	2—3	0.3～0.5 千克/尾	500
套养品种	南美白对虾	4 万～6 万	1 万	5	60～80 尾/千克	50
	草鱼	2～3	10	5	2 千克/尾	20
	鲢	10	50	2—3	1 千克/尾	50
	鳙	6～8	20	2—3	2 千克/尾	40

注：放养大规格鱼种，回捕率按 100% 计；对虾回捕率 30% 左右。

表6 罗非鱼成鱼养殖套养南美白对虾养殖模式

类别	品种	放养规格	放养密度	放养时间	预计出池	
					规格	产量（千克/亩）
主养品种	罗非鱼	6～8尾/千克	1 600尾/亩	5月底	0.8千克/尾左右	1 250
套养品种	南美白对虾	4万～6万尾/千克	1万尾/亩	5月	60～80尾/千克	50
	鲢	10尾/千克	50尾/亩	2—3月	1千克/尾	50
	鳙	6～8尾/千克	20尾/亩	2—3月	2千克/尾	40

注：放养大规格鱼种，回捕率按100％计；对虾回捕率30％左右。

经不同地区的不同养殖试验，以上几种养殖模式均取得了很好的效果，同等条件下是否套养南美白对虾，大宗淡水鱼成鱼和鱼种产量无区别，套养南美白对虾的池塘亩增产对虾25千克左右，最高达到每亩40千克。

四、虾苗放养

1. 放养时间 水温稳定在18℃以上（一般在5月中下旬）放虾苗，应选择在晴天、无风的上午。

2. 质量鉴别 首先应选择经农业农村部审定的品种，苗种生产企业应取得苗种生产经营许可证。虾苗规格整齐，健壮，体长在1.0厘米左右，淡化时间不少于1周。选择方法是：取白色水盆（易观察），加少量水（5厘米左右深），再放入少量虾苗，沿一个方向搅动，观察虾苗的逆水性。逆水性强的为优质苗，逆水性差的为弱苗。

3. 放养密度 每亩鱼池放养5 000～10 000尾。

4. 试水和暂养 虾苗放养前，塘内放置1个小网箱，网箱内放入一定数量的虾苗，虾苗数量应确保在网箱内不缺氧，连续观察3天，成活率应在90％以上；或者取池水放入洁净无毒的容器内，再放入一定数量的虾苗，虾苗数量应确保在容器内不缺氧，连续观察3天，成活率应在80％以上。

建议增加暂养环节，具体方法：在鱼池的一隅用塑料布等围起来，形成暂养池，面积按每平方米放5 000尾虾苗设置，将购买的虾苗放入暂养池暂养，投喂鱼虫、豆浆等饲料，10～15天后，撤去塑料布，使虾苗自行游入鱼池。

5. 操作 用充气袋运输的虾苗，运到后将虾苗袋放在池中10分钟之后再投放；用水车运输的虾苗，运到后向水车中加入少量池水，10分钟后投放。应注意整个过程防暴晒、防高温。

五、管理要点

在鱼虾混养过程中肥水忌用化肥，一般采用有机肥、生物肥；使用药品时严禁使用南美白对虾敏感的药物，如敌百虫、高锰酸钾、溴氰菊酯、氯氰菊酯、辛硫磷；合理开启增氧机，遵循"三开、两不开"的原则（确保水体不缺氧）；在水质调控方面尽量保持水体环境稳定，避免环境突变，一次性换水量控制在水体的 1/2 以内。

六、捕捞

根据池内南美白对虾规格、市场价格和水温情况，适时捕捞，水温降至 15℃以前应捕捞完毕。捕捞方法：一般中期适合采用地笼和陷网；后期结合出鱼可采用拖网等。

七、讨论

（1）由于以鲫为主的养殖模式经多次试验不成功，因此建议以鲫为主的养鱼池不套养南美白对虾。

（2）养殖池塘套养南美白对虾的实际生产结果表明，套养南美白对虾的池塘中鳙的生长受限制。经分析认为是，南美白对虾与鳙食性相同，天然饵料竞争造成的。因此，套养南美白对虾的淡水鱼养殖池塘应少放养或不放养鳙。

盐碱水质罗非鱼池塘套养南美白对虾技术

李春岭　宋学章

使用该技术在罗非鱼池塘套养南美白对虾，总体水平为罗非鱼养殖产量不受影响，混养的南美白对虾回捕率为 36%，平均亩增产南美白对虾 32 千克，规格为 60 尾/千克，只南美白对虾一项就亩增收 1 500 元。

一、池塘条件

池塘规整，池底平坦，淤泥较少，保水性好。池水深为 2.0 米左右。每个池塘有独立的进排水系统，进出水口均有过滤和拦截设施。增氧机、投饵机等配套设施齐全。由于沧州地区水资源并不丰富，所以有条件的最好配备沉淀池，用于储存水及提前改良水质。

二、水源

水源为地表或地下盐碱水，经改良后可用于水产养殖。水质符合《盐碱地水产养殖用水水质》（SC/T 9406—2012）要求。透明度 30～40 厘米，pH 7.8～8.5，溶解氧＞4 毫克/升。

三、放苗前的准备工作

1. 清塘消毒　清除池底过多的淤泥，使用生石灰 100 千克/亩消毒。如果淤泥过多，养殖中后期易发生蓝藻或甲藻水华，造成不必要的损失。消毒后晒塘 5～7 天至池底出现皲裂为好。

2. 进水　放养前 20 天进水。进水时用 60 目筛绢网过滤，以防止野杂鱼、敌害生物进入池中。

3. 水质检测　南美白对虾对水质适应性相对较高，可以用来养鱼的水体未必可以养虾，如放虾苗前不进行水质检测，就有可能因水质条件不适，造成所投放虾苗全部死亡。所以进水后应先对水质进行检测，检测项目要求不少于 9 项，即 Na^+、K^+、Ca^{2+}、Mg^{2+}、Cl^-、SO_4^{2-}、总碱度、离子总量和 pH。

4. 水质改良　对经检测不适宜养虾的水质，要进行水质改良。改良指标应达到 SC/T 9406—2012 表 1 中 Ⅱ 类水质要求。即钾离子（K^+）0.4%~1.5%、钠离子（Na^+）25.0%~35.0%、钙离子（Ca^{2+}）0.4%~1.5%、镁离子（Mg^{2+}）2.0%~70.0%、氯离子（Cl^-）20.0%~60.0%、硫酸根（SO_4^{2-}）2.0%~25.0%，总碱度 8.0 毫摩/升以下，pH 7.6~8.8。依据检测结果由沧州片区盐碱地开发综合试验推广站提出改良方案，进行水质改良。

四、苗种放养

1. 虾苗放养

（1）虾苗试水　由于南美白对虾苗种对水质要求比较高，且为了放虾苗工作高效进行，所以放养前需要试水。具体做法是：在池塘里放置一网箱，自苗种场取来苗种，暂养 48 小时后成活率达 90% 即可放虾苗。

（2）放养时间　水温稳定在 18℃ 以上（一般在 5 月初）即可放虾苗。

（3）苗种规格及放养密度　本技术没有苗种暂养环节，直接放养较大规格苗种，苗种规格为 2 万尾/千克。放养密度为 5 000 尾/亩。

2. 鱼苗放养

（1）放养时间　一般在 5 月 20 日左右，与虾苗放养时间间隔 15 天以上。在此间隔时间虾苗已完全适应水质，个体增大，体质健壮，可确保虾苗的成活率。

（2）苗种规格及放养密度　苗种规格为 6~8 尾/千克，放养密度为 1 600 尾/亩。

五、饲料投喂

南美白对虾苗种入池后，由于前期经过肥水，水中饵料生物丰富，可不投饵；罗非鱼鱼苗下塘后，只需投喂罗非鱼饲料，对虾可以通过摄食残饵、浮游生物、有机物等生长。

六、病害防治

盐碱水质罗非鱼池塘套养南美白对虾养殖典型病害为蓝藻、甲藻水华，防治方法如下：

（1）彻底清塘消毒，加注不带蓝藻、甲藻的新鲜水。

（2）施用对蓝藻、甲藻有特异性侵染、裂解、抑制的微生态制剂。

（3）引进或培养丰富优良的藻类。

（4）控制投饲量，以免残饵积累太多。

（5）使用含氯制剂在下风处藻类聚集区或全池泼洒，4 小时后全池泼洒沸石粉。注意，用药时间容易缺氧，必须开启增氧机增氧，以防泛塘。

七、总结

（1）在鱼虾混养过程中肥水忌用化肥，一般采用有机肥、生物肥；使用药品时严禁使用南美白对虾敏感的药物，如敌百虫、溴氰菊酯等。

（2）罗非鱼饲料应使用沉性料，经实践证明膨化料不利于南美白对虾生长。

（3）与单养罗非鱼相比，鱼虾混养的经济效益每亩要高出 1 500 元左右，并且能够稳产增收。与单养南美白对虾相比，投资小、风险小、成功率高。因此，罗非鱼与南美白对虾混养是一种值得在沧州盐碱水地区推广的养殖模式。

（4）采用盐碱水进行罗非鱼与南美白对虾混养，罗非鱼能够摄食病虾，从而可以有效控制南美白对虾病害的发生和传染，减少了对虾病害的发生，提高了对虾的成活率，同时用药量也大幅减少。养殖的商品鱼虾质量安全可靠，符合水产品质量安全标准。

海水池塘海蜇、半滑舌鳎、南美白对虾多品种混养技术

王艳艳　刘洪珊

池塘多品种混养，是依据不同生物的生活习性，在同一池塘中进行多品种、立体化养殖的一种先进养殖模式。海蜇和鱼、虾立体生态养殖的优点，第一，充分利用了池塘地表和上、中、下水体空间，可以有效提高单位水体生产能力和池塘使用效率，避免单一品种养殖减产和绝产所带来的风险。第二，海蜇以浮游动物和浮游植物为饵料，使水中的天然饵料生物得到合理有效的利用，可以有效降低养殖成本。第三，鱼、虾的残饵、粪便是很好的肥料，可以促进浮游生物的繁殖，反过来又为海蜇提供饵料。因此，立体生态养殖具有成本低、病害少、风险小、效益高的特点，是一种优势互补，相互促进，循环利用的新型养殖模式。

一、池塘条件

养殖池选择泥底或泥沙底池塘，进排水方便，池深 1.5 米以上，单池面积 50 亩以上，海区盐度 18～30。

二、清淤改造

清淤工作在年底前进行，清淤厚度不小于 5 厘米。清淤的同时加固堤坝、维修闸门。

三、网具设置

用 10 目或 20 目网沿着养殖池四周垂直设立档网，档网上沿要高于最高水位 30 厘米，下沿在排水时还留有 20～30 厘米水深。同时，安装网目为 40 目的进水滤网和孔径 0.5 厘米的排水拦网。

四、施肥繁殖基础饵料

3 月初，池塘进水 30 厘米，用漂白粉 100 毫克/升清塘，杀灭水中所有藻类和病害、敌害生物，7～10 天后，待漂白粉余氯完全消除后，接种小球藻，

藻种密度 1 800 万～2 000 万细胞/毫升，接种比例 0.3%～0.4%，施氮肥 7.5毫克/升、磷肥 10毫克/升。待小球藻繁殖起来，形成优势种群后，再逐渐添加自然海水。

不使用单胞藻，利用海水中天然藻类的池塘，清塘后，在大潮汛接近平潮时开始进水，进水后镜检水样，如果没有甲藻等有害藻类，则施肥肥水，施氮肥 7.5毫克/升、磷肥 10毫克/升。

五、海蜇苗暂养

购买伞径 1～1.5厘米的海蜇苗，利用育苗场水泥池和土池进行暂养，暂养期间投喂卤虫无节幼体、轮虫、枝角类、桡足类等，待海蜇苗伞径达到 5厘米以上再投放到大池进行养殖。

六、投放苗种

1. 海蜇　海蜇采取轮放轮捕的养殖方式，全年放养 3茬，第 1茬 5月中旬放苗，放苗水温 15～18℃，透明度 40厘米，每亩放苗 80头；第 2茬 6月中下旬放苗，每亩放苗 120头；第 3茬 7月底至 8月初放苗，每亩放苗 100头。海蜇苗要求形体正常、体色透明不发乌、伞径 5厘米以上。

2. 半滑舌鳎　5月中旬放苗，放苗水温 15℃以上，每亩放养规格为 400克/尾的半滑舌鳎苗 15～20尾。半滑舌鳎鱼苗要求体质健壮、活力好、规格均匀一致。

3. 南美白对虾　5月上旬放苗，每亩投放南美白对虾苗 10 000尾。虾苗要求大小均匀、体质健壮、体长 1.0厘米以上。

七、养殖环境管理与调控

1. 换水与水位　为保持池塘中优势生物种群的稳定，减少天然饵料流失，换水遵循勤换少换的原则，养殖前期以添水为主，6月以后开始换水。整个养成期间，根据养殖生物的生长、水质变化、理化因子、天气预报、外海水质等，及时调节水质，正常情况下，每半月换水量 50%左右。

根据养殖季节和养殖生物的生长情况，通过控制水位来调节水温。海蜇放苗时，水位 120厘米以上；养殖中后期和高温季节，保持最高水位；9月下旬以后，水位 150厘米。

2. 使用有益微生物　在 7月下旬至 8月中下旬高温季节，利用有益微生物降解水中的氨氮、硫化氢，促进有机物分解。根据水质情况，每半个月投放密度为 100亿个/毫升光合细菌 20～30毫克/升。

3. 水色　接种单胞藻的池塘，水色保持嫩绿色。养殖期间，根据池塘浮游植物生长繁殖情况，补充一定数量的小球藻，以保持其种群优势。利用海水中天然藻类的池塘，水色以嫩绿色、黄绿色、浅茶色为优良水色，黑褐色、酱油色为不良水色。

4. 透明度　以透明度指标判断池水肥瘦，养殖前期透明度 40 厘米、中期 35 厘米，后期 30 厘米。透明度高时，要及时施肥或补充单胞藻。透明度低时要及时换水，避免池水过肥导致海蜇缩水、死亡。

5. 施肥　无机肥和有机肥结合使用。以尿素和二铵作为氮肥和磷肥，首次肥水氮肥 7.5 毫克/升、磷肥 10 毫克/升；中期肥水每次氮肥 1 毫克/升、磷肥 1 毫克/升；后期肥水每次氮肥 0.5 毫克/升、磷肥 0.2 毫克/升。施肥选择在晴天的早晨或上午进行。以鸡粪作为有机肥。鸡粪经过充分发酵后，采用挂袋施肥方式，每袋装发酵好的鸡粪 10 千克，每亩 3～5 袋。

施肥数量和次数依据池水透明度灵活掌握，当透明度达到要求时，要及时将施肥袋取出，减少或中断施肥。连续阴雨天气，浮游植物光合作用差，繁殖速度慢，对肥料的需求减少，此时要将大部分或全部施肥袋取出，待天气晴好时再重新挂到池内。混养鱼类的池塘，饵料鱼的汤汁以及鱼的残饵、粪便是很好的肥料，应减少有机肥的用量。

6. 杀灭有害藻类　养殖过程中，对于换水时混入的危害较大的藻类品种，如甲藻，利用其上浮的习性，在下风头小范围局部聚集区用 300～400 毫克/升漂白粉予以杀灭，避免其形成优势种群。

八、饵料投喂

半滑舌鳎的饵料为冷冻杂鱼，饵料投喂量为：养殖前期为鱼体重的 7%、中期为 5%、后期为 3%。每天投喂 2 次，4:00 投喂饵料量的 40%，16:00 投喂饵料量的 60%。

每天投饵后检查鱼类摄食和残饵情况，随时调整投喂量。

高温季节（水温超过 27℃），为保护水质，投饵量比正常量减少 40%～50%。待水温下降到 27℃以下时，再逐渐恢复到正常投喂量。

九、日常管理

每天早、午、晚巡池，观察水色、透明度，以及养殖生物的生长、运动、摄食情况，发现问题及时采取措施。

十、适时起捕

根据养殖生物的生长、市场行情、水温变化情况，确定起捕时间。海蜇养殖是轮放轮捕，第 1 茬海蜇体重 3 千克以上起捕；第 2 茬海蜇体重达到起捕规格后起捕；第 3 茬海蜇根据水温和市场行情提前起捕。当 10 月中下旬，水温下降到 18℃以下时，海蜇要全部捕捞上来；南美白对虾 9 月中旬起捕；半滑舌鳎 10 月底起捕。

十一、病害、敌害防治

在目前的养殖生产中，尚未发生病害，但历史经验表明，随着大规模养殖的开展和养殖时间的延长，随时存在着病害发生的可能。生产上，一方面，要加强水质管理，为养殖生物的生长提供良好的生态环境，提高抗病力；另一方面，利用生物间的颉颃作用，使用有益微生物，抑制病菌的繁殖。

甲藻对养殖的危害非常大，要选择大潮时换水，让过潮头，避过潮尾。日常工作中注意观察，利用其上浮的习性，在下风头局部聚集区用漂白粉及时杀灭。

十二、经济效益分析

海蜇亩产量为 75～175 千克，单价为 7.0 元/千克，每亩产值为 500 元～1 200 元，亩利润为 300～850 元；南美白对虾亩产量为 50～70 千克，单价为 32.0 元/千克，每亩产值为 1 600～2 240 元，亩利润为 800～1 000 元；半滑舌鳎亩产量为 20 千克，单价为 160.0 元/千克，每亩产值为 3 200 元，亩利润为 800 元。合计亩利润可达 2 000 元左右。

盐碱地水产养殖模式

王继芬　孙家强　刘　真

　　沧州地处渤海之滨，海河流域下游，地势低洼，历史上受到 2 次大的海侵影响，土地盐碱，地下水苦咸，淡水资源缺乏。现共有盐碱荒地 320 余万亩，占耕地总面积的 33.6%。由于盐碱地表层盐碱，盐碱水的水质水化学组成复杂，难以进行农作物种植，长期荒芜闲置。这样的生态环境，影响农民脱贫致富。在这种背景下，人们开始尝试水产养殖，经过几十年的发展初步形成了鱼、虾混养，以及鱼、虾单养 2 种模式，养殖品种有南美白对虾、罗非鱼、梭鱼、草鱼、鲢、鲤等。现将沧州地区盐碱地水产养殖模式总结如下。

一、池塘建造

　　在建池方式上，因地制宜，充分利用现有资源，把低洼盐碱地、废旧窑坑、古河道、国家大型工程取土坑等开发成养殖池塘。这种方式投资少，覆盖面广，促进了盐碱地水产养殖的发展。

二、养殖水源

　　盐碱地水产养殖用水水源多为地下渗透水、雨水、河水、浅井水等盐碱水，水型多样，使用时根据水质情况，单独使用或混合使用。

三、养殖品种

　　养殖品种有南美白对虾、罗非鱼、梭鱼、草鱼、鲢、鲤、鲫等。

四、养殖模式

　　经过多年的摸索实践，已形成鱼、虾单养和鱼、虾混养 2 种模式。现将产量高、效益好的模式总结如下：

1. 单养模式

　　（1）单养南美白对虾模式　　每年 5—6 月放养南美白对虾虾苗，放养规格为 4 万～6 万尾/千克，放养密度 3 万～4 万尾/亩。盐度低的池塘搭配鲢、鳙用于调节水质，鲢鱼鱼种规格为 10～15 尾/千克，放养密度 30 尾/亩；鳙鱼鱼种规格为 6～8 尾/千克，放养密度 10 尾/亩。平均亩产南美白对虾 100～150千克。

（2）单养梭鱼模式　每年 3—4 月放养梭鱼鱼种，放养规格为 20～30 尾/千克，放养密度为 800～1 200 尾/亩；盐度低的池塘搭配鲢、鳙用于调节水质，鲢鱼鱼种规格为 10～15 尾/千克，放养密度为 30 尾/亩；鳙鱼鱼种规格为 6～8 尾/千克，放养密度为 10 尾/亩。平均亩产梭鱼 300～400 千克。

（3）单养罗非鱼模式　每年 3—4 月放养罗非鱼鱼种，放养规格为 6～8 尾/千克，放养密度为 1 200～1 800 尾/亩。平均亩产罗非鱼 1 200～1 800 千克。

2. 混养模式

（1）以梭鱼养殖为主的混养模式　以梭鱼养殖为主，套养鲤、鲢、鳙、南美白对虾。梭鱼鱼种规格为 20～30 尾/千克，放养密度为 600～900 尾/亩。鲤鱼鱼种规格为 10～15 尾/千克，放养密度为 10 尾/亩。盐度低的搭配鲢、鳙用于调节水质，鲢鱼鱼种规格为 10～15 尾/千克，放养密度为 30 尾/亩；鳙鱼鱼种规格为 6～8 尾/千克，放养密度为 10 尾/亩；南美白对虾虾苗规格为 4 万～6 万尾/千克，放养密度为 1 万尾/亩。平均亩产梭鱼 250～380 千克、南美白对虾 40～50 千克、鲢 30 千克、鳙 20 千克。

（2）以罗非鱼养殖为主的混养模式　以罗非鱼养殖为主，套养梭鱼、鲢、鳙。罗非鱼鱼种规格为 6～8 尾/千克，放养密度为 1 200～1 800 尾/亩；梭鱼鱼种规格为 20～30 尾/千克，放养密度为 20 尾/亩；盐度低的池塘搭配鲢、鳙鱼用于调节水质，鲢鱼鱼种规格为 10～15 尾/千克，放养密度为 30 尾/亩；鳙鱼鱼种规格为 6～8 尾/千克，放养密度为 10 尾/亩。平均亩产罗非鱼 1 200～1 600 千克、梭鱼 10 千克、鲢 30 千克、鳙 20 千克。

（3）以南美白对虾养殖为主的混养模式　以南美白对虾养殖为主，套养梭鱼或草鱼、鲢、鳙。南美白对虾放养规格为 4 万～6 万尾/千克，放养密度为 4 万尾/亩。梭鱼鱼种规格为 20～30 尾/千克，放养密度为 100 尾/亩（或草鱼鱼种规格为 3～4 尾/千克，放养密度为 10 尾/亩）；盐度低的池塘搭配鲢、鳙用于调节水质，鲢鱼鱼种规格为 10～15 尾/千克，放养密度为 30 尾/亩；鳙鱼鱼种规格为 6～8 尾/千克，放养密度为 10 尾/亩。平均亩产南美白对虾 100～150 千克、梭鱼 40～80 千克、鲢 30 千克、鳙 20 千克。

五、放苗前准备工作

1. 药物清塘　清塘时间一般是放养前半个月左右，清塘常用的药物是生石灰或漂白粉。生石灰可改良底质的通透性，增加钙肥，为动植物提供营养物质，使用时需现买现用，且最好在晴天使用。漂白粉有效氯含量不稳定，易挥发，使用时应先检测其有效含量。

2. 纳水施肥　放苗前 20 天左右，纳水并开始施肥肥水，肥料一般为发酵鸡粪和微生态制剂，两者混合使用。方法为：每吨发酵鸡粪加入微生态制剂 1 千克，搅拌均匀，进行发酵。

3. 试水放苗　由于盐碱水类型多，水质复杂，试水放苗为渔民常用的最有效最简单的方法。具体做法是：肥水 20 天左右，在池塘里放置一网箱，自苗种场取来苗种，暂养 48 小时后成活率达 90% 即可放苗。

六、日常管理

1. 合理加水　由于受到水源及水质的限制，整个养殖周期不换水，放苗后，根据条件许可和需要合理加注新水，每次加水控制在 10 厘米左右。

2. 定期投放微生态制剂　为稳定水色，保持合理的藻相、菌相系统。定期向养殖水体投放光合细菌等微生态制剂，促进水体的微生态平衡。同时，根据水色情况，不定时施用微生态制剂肥料。

3. 饵料投喂　单养模式为定点定时投喂，鱼虾混养模式一般先喂鱼，待鱼吃饱后再喂虾，尽量避免鱼抢食虾料。

4. 病害防治　盐碱水养殖以春季和秋季暴发三毛金藻为常见病害，保持池水适当的肥度是预防三毛金藻中毒的最好方法。当发现水中三毛金藻的数量较多时，可全池泼洒硫酸铵 20 毫升/升或尿素 12 毫升/升使水中的氨离子达 0.06～0.10 毫克/升，以杀死三毛金藻，但对氨敏感的鱼种要慎重使用。也可大量泼洒黏土浆，利用黏土颗粒的极性吸附毒素，可以大大缓解养殖生物中毒症状。

七、配套设施

一般每 5 亩配备 3 千瓦增氧机 1 台，以养鱼为主的池塘配备投饵机 1 台。

贝类养殖技术

张爱华　刘　真

　　滩涂贝类的养殖在我国有着悠久的历史。我国养殖的滩涂贝类绝大多数是双壳类，主要有泥蚶、毛蚶、魁蚶、缢蛏、大竹蛏、长竹蛏、文蛤、丽文蛤、青蛤、四角蛤蜊、菲律宾蛤仔、杂色蛤仔、西施舌、栉江珧、彩虹明樱蛤等；腹足类只有少数几种，如泥螺、红螺、蝾螺等。

　　我国有近2亿亩近海滩涂，发展滩涂贝类养殖空间广阔，而且滩涂贝类种类多，适应能力强，大多可鲜活销售，为海鲜市场的主打品种。由于滩涂贝类大多潜居于潮间带或潮下带滩涂泥沙底质中，以浮游植物和有机碎屑为食，食物链短，为海洋"食草动物"，是环境的清洁者；其在底质中的运动和摄食活动，有利于底质环境有机物逐渐降解和释放，可减缓其突发性危害，还可缓解赤潮发生频率和危害程度。所以，滩涂贝类养殖具有经济、环保和生态意义。近年来，滩涂贝类的养殖发展比较迅猛，养殖面积在不断扩大，养殖种类在逐渐增多，养殖产量也在逐年提高，滩涂贝类养殖已成为我国海水养殖业的一个增长点。

　　滩涂贝类虽然多种多样，但其养殖技术有许多相同的地方，下面就养殖技术要点进行简单叙述。

一、滩涂贝类养殖技术要点

　　1. 养殖海区的选择　一般选择风平浪静、潮流通畅的滩涂或浅海。滩面要平坦广阔、略有倾斜，大小潮水都能淹没和干露，虾池、潮沟等沙泥底质的地方均可作为养成场所。滩涂贝类养成场所的底质以沙泥质为主，沙的含量也应视不同的养殖种类而定。为确保种苗有一个良好的栖息环境，在播苗之前应将虾池、蚶田、蛏埕和滩面翻松，以利于种苗潜入。如有洼地应整平，防止夏季落潮水温升高引起苗种死亡。此外，苗种播放前应清除玉螺、蛇鳗、海鲇和蟹类等敌害生物。

　　2. 改良滩涂底质　通过采取翻耕、整平和压沙等滩质改良措施及修复和调控技术，提高滩涂的通透性，改善滩涂养殖环境，使滩涂的生产能力得到提高。

3. 贝苗生产

（1）采捕天然苗　在贝类繁殖季节，采捕自然附着在海区滩涂上的天然苗种，集中暂养培育或运输到其他滩涂上放养。

（2）海区半人工采苗　在贝类自然繁殖的海区，根据其繁殖附苗习性，通过人工添加附着基进行采苗。

（3）室外土池人工育苗（半人工育苗）　通过对亲贝催产而获得大量成熟精卵，发育到浮游幼虫时，再放到土池中培育到稚贝。

（4）室内人工育苗（工厂化人工育苗）　从亲贝选择、蓄养促熟、诱导排放精卵、授精、幼虫培育及采苗均在室内，而且是在人工控制下进行的苗种培育。

4. 贝苗的播撒方式　一种是水播，当海水涨满潮时用铁锹均匀地将苗种撒入水中。这种播苗方式贝苗的成活率比较高，缺点是因潮流或风等因素影响，使贝苗不容易播撒均匀；另一种方法是干播，即在滩面露出时将贝苗均匀地撒在滩面上，一般选择大潮水早晚退潮时进行，但应注意苗种在滩面上干露的时间不宜过长。播撒密度要考虑到水域中的饵料和滩涂的质地结构，以及其他贝类的资源量。同时，还应根据苗种大小和放养面积而定。一般情况下，水中饵料生物丰富，质地又疏松可适当多播苗；反之，则少播苗。大规格的苗种可少播；小规格的苗种可多播。低潮区播撒密度可大一些；中高潮区则密度小一些。

5. 养殖管理　苗种播完后，能否取得丰产丰收，管理也很重要。在滩涂贝类的增养殖过程中，要注重日常管理，要定期测定温度、盐度，定期取样观察和测量壳长、壳高、壳宽和体重，做好生产记录和贝苗生长记录。经常巡视养殖区域，注意堤坝、围埂和围网的防漏。对养殖区域内的敌害生物必须定期防除，若苗种质量差，成活率低或漏播应及时补苗。

沧州海岸线长 116.3 千米，近海滩涂面积 50 万亩，发展贝类养殖空间广阔。结合沧州的实际情况，下面介绍适于本地养殖的 2 个品种：菲律宾蛤仔和毛蚶的养殖技术。

二、菲律宾蛤仔养殖技术

（一）池塘准备及投苗

1. 养殖池的选择　根据菲律宾蛤仔的生态习性，养殖池最好选择软泥底或半沙底，且进排水畅通，水质无污染，水质肥沃，海水盐度介于 15～25，面积 40～100 亩均可。

2. 清淤消毒　将池塘的池水排干暴晒，用推土机将池内淤泥及沉积物清出池外，对连续多年养殖造成淤积和底质较硬的池底，用拖拉机进行旋耕、暴晒,再用拖拉机翻耙疏松底质,增加通透性。投放菲律宾蛤仔苗面积占池塘面积 40%左右。然后进水,通过潮水和太阳暴晒,使腐殖质加快分解,从而达到松软底质目的,以适应菲律宾蛤仔的生长。在放苗前 1 个月使用 30～50 克/米^3 的漂白粉进行消毒及杀死池中的敌害生物。

3. 进水施肥,培养基础生物饵料　消毒后,开始选择大潮汛进水,进水时闸门要挂 60～80 目的锥形筛绢网,预防敌害生物进入,首次进水 30～40 厘米后,开始肥水,每亩施用 2 千克碳酸氢铵、0.5 千克过磷酸钙,均匀地全池泼洒,以培养基础生物饵料,为以后蛤仔的生长提供新鲜可口的饵料。

4. 苗种放养

（1）放苗时间　菲律宾蛤仔苗最好控制在 4 月初。因蛤苗越早播,穴居越深,便于混养对虾、海蜇等其他品种。

（2）播苗密度　蛤仔混养时播苗密度以稀一些为好,规格 2 000 粒/千克,每亩播放 20 万～40 万粒。对虾苗投放 2～3 厘米大棚苗,亩放苗量为 2 000 尾。

（3）蛤仔播苗方法　用舢板或穿潜水衣将蛤仔苗均匀地散播在蛤床上,为以后投对虾饵料打好基础。

（二）养成管理

1. 控制池水水色,保持合适的饵料生物密度　如果池塘换水量过小或对虾超负荷养殖,会引起池水富营养化,造成蛤仔死亡;如果前期肥池不好,自然海水又较瘦,池水透明度会过大,会引起丝藻、浒苔等繁生,到高温季节,这些海藻又沉入海底,使蛤仔窒息死亡。因此,如发现饵料生物不足时,要及时肥水,每亩可施用尿素 1 千克,过磷酸钙 0.5 千克。施肥肥水,最好在小潮汛进行。

2. 池塘水深要适宜　适当地增加池水水深有利于提高池塘载虾量,但是集约化养虾、封闭和半封闭养虾模式的实施,会使池底有机物质沉淀物增多。光线较弱,基础生物饵料分布就相对减少,池水越深这个问题越突出。而蛤仔又生长在池底层,水太深会相对减小流速,对对虾、蛤仔生长都不利。因此,控制调节池水水深很关键,不能认为池水越深越好,一定做到因地制宜。

3. 在养成后期加大换水量　蛤仔是固定的被动摄食,蛤仔的大量摄食会引起局部缺饵,如果加大换水量,局部缺饵的情况就可以得到缓解。有条件的池塘每潮换水量最好能达到池水的 100%以上。

（三）病害敌害防治

保持良好的池塘水质是预防病害的关键,所有病害都是由于水质恶化引起。敌害要注意防止梭子蟹、海鲇、玉螺、织纹螺等进入池内。同时,要经常注意观察赤潮和暴雨引起水质突变,这将会造成蛤仔大量死亡。

（四）收获

菲律宾蛤仔经过 5～8 个月的养成,到 11 月至翌年 3 月壳长达到 3 厘米以上，可开始收获。收获方法一般采取蛤耙、翻滩和挖捡。

三、毛蚶养殖技术

（一）养殖区选择

选择-15米等深线以内，且底质属泥沙质，含沙量小于20%，地势开阔平坦，潮流平稳畅通。

（二）苗种的运输

可采用车或船运输，选择在早晨或傍晚进行运输，尽量避开中午高温时间。运输时间不宜超过48小时，运输时覆盖稻草帘以遮阳，同时中途定期泼洒海水，保持苗种湿润。苗种分装用编织袋，每袋装蚶苗30~40千克。自然海区采捕的毛蚶苗种不宜冲洗干净，略带海泥运输。

（三）苗种放养

1. 放养密度 毛蚶苗种播撒密度控制在20~50个/米^2。

2. 放苗规格及标准 苗种规格应选择600只/千克左右的蚶苗。

3. 放苗时间 毛蚶苗种的投放季节选择在4月初，投放时间选择在早晨或傍晚。

4. 播撒方式 播撒时船在标志范围内做"之"字形往返慢行，船向与潮流垂直，人在船上用簸箕播撒，边行边播，要求撒播均匀。

（四）管理措施

（1）每30~40公顷划分成一个养殖区，每个养殖区四周竖竹竿，明确养殖区范围，竹竿间距约50米。养殖区配备1艘功率为80马力*的渔船，负责播种看护及其他日常管理。

（2）定期观测苗种密度，若毛蚶苗密度在50个/米^{2}以上应及时疏苗，若低于10个/米^{2}要进行补苗。

（3）定期检测苗种生长情况，并做好记录，逐步掌握毛蚶的生长规律。

（4）敌害生物的防治。毛蚶的主要敌害生物有海星、虾蟹类。这些敌害生物会给毛蚶的养殖造成极大的危害，必须进行有效的防治。防治方法是下泄流网进行捕获。

（五）捕捞技术

目前毛蚶的捕捞方式有2种：吸蛤机和耙子。用吸蛤机对底质破坏较为严重，建议使用耙子捕捞毛蚶，捕捞时将耙子的齿距控制在2~3厘米。获得规格较大的毛蚶，而筛除较小的个体继续养殖。

---

* 马力为非法定计量单位。1马力=735.498 75瓦。——编者注

养殖池塘环境修复与
生态调控综合技术

高才全　孙福先

　　随着养殖业发展，人们为了追求最大利益和最高产量，水产养殖投入品的数量逐年增加，使得水体中残饵、排泄物、生物尸体等有机物质大量积累，水产养殖业的自身污染日趋严重，养殖池塘环境逐渐恶化，致使病原微生物大量滋生，病害频发；再者，底层污染物大量消耗水中溶解氧，直接造成水体溶解氧降低或缺乏，导致养殖动物产生应激反应，免疫能力下降，直接危害养殖动物健康，出现缺氧浮头、发病、死亡等现象。造成养殖产量低、效益低。养殖环境恶化已经成为水产养殖业的主要制约因素之一。

　　为了使水产养殖业能够持续健康发展，广大养殖工作者积极努力，有针对性地探索养殖环境修复和生态调控技术，多种技术方法被开发应用和推广。经多年的试验和生产实践，汇总出养殖环境修复和生态调控的主要技术，包括养殖池塘底质活化改良技术；促进养殖池塘水体有机物降解技术；池塘增殖、移植饵料生物和饲料投喂技术；品种搭配及生态防病技术。介绍如下：

一、养殖池塘底质活化改良技术

　　1. 采用机械方法　　具体做法是：每年秋冬季节养殖结束后，排干池水后让池底自然日晒干燥、冻化。采取机械清淤、翻耕池底等措施，池底深耕 15 厘米左右、暴晒 20 天左右，池底经机耕暴晒后的直观表现是由原来的深黑色转变为土黄色，恶臭味消失，底质环境得到彻底改善。底质被强化干燥后增加通气，加速有机物分解，使底质环境得到明显改善。经深松后的池底土壤提高了透水性、透气性，改善了土壤团粒结构性状，提高了水、气、肥的储存量，增加了池塘的综合生产能力。池塘底部土壤是池塘生态系统的物质仓库，其土壤表层的化学反应和生物化学过程，对水质环境和养殖产量有十分重要的影响。池塘底质修复彻底解决了因养殖造成的"连作障碍"，是减少养殖病害、提高养殖产量，确保养殖成功的重要技术手段。

　　2. 使用药物　　使用生石灰 2 250～3 000 千克/公顷或含氯消毒剂（漂白粉）112.5 千克/公顷，分别对池底消毒。

3. 应用生物制剂——底质改良剂 7月中下旬至9月，每15～20天向池底施底质改良剂（又称生物底改）15～22.5千克/公顷，通过底质改良剂的作用，在池底产生大量氧气，对池底有害物质进行有氧分解使有害物质转化为浮游植物可利用的营养元素，有效保护和改善底质、水质环境。

二、促进养殖池塘水体有机物降解技术

1. 物理方法

（1）沉淀池沉降 为节约用水，养殖水多重复利用，上一年的旧水或地面自然水应在上一年养殖结束后，集中在较大的池塘中进行沉淀，经整个冬季的沉淀降解得到自然净化，能有效改善水质状况；集中连片的海水养殖区应配备专门的沉淀池。

（2）机械增氧 水体中溶解氧含量的提高，可分解有害物质，能提高养殖产量，池塘增氧使池水流动和上下水层交换，池塘水体氧含量应保持在5.0毫克/升以上。有氧环境能够促进水体内有机物的氧化分解和生物转化，从而改善养殖环境。池塘机械增氧法有增氧机和充气等方法。

增氧机增氧法：一般每0.2～0.35公顷池塘配备1.5千瓦增氧机1台，每0.4～0.7公顷池塘配备3.0千瓦增氧机1台。正常情况下，一般在4:00—8:00、14:00—16:00开机。阴雨天在23:00至黎明开机。

充气增氧法：是采用鼓风机将空气经过管道和散气装置压入水体中，充气增氧法增氧效果较好，过去一般多用于工厂化养殖生产，目前已逐步在养殖池塘推广应用，散气装置的孔径越小散出的气泡越小，气泡在水体中停留时间越长，增氧效果越好。目前，采用微孔增氧管孔径在20～30微米，产生的气泡直径介于0.5～3毫米。一口面积为3.67公顷的虾池安装一台7.5千瓦微孔曝气增氧机，7—9月开机共运行60天，平均每天6小时，每天耗电45千瓦·时，每0.34公顷安装1台3千瓦增氧机，每小时耗电3千瓦·时，按每天开机6小时全天耗电18千瓦·时，每公顷每天用电54千瓦·时，是曝气增氧的4倍多。

2. 化学方法 使用化学增氧剂。在无增氧机的池塘，备用应急化学增氧剂（如大粒氧、鱼虾水质增氧剂）。当连续阴雨、气压低导致池塘缺氧时，使用化学增氧剂可有效增加水体溶解氧，缓解养殖生物的浮头现象。但存在的问题是，不能彻底改变池塘状况，持续的有效时间短。

3. 生物方法 向池塘水域中投施有益微生物，能消除和转化养殖过程产生的代谢产物（残饵、粪便、尸体）沉积所产生的有毒有害物质，减轻水体富营养化，消减自身污染；抑制有害病原菌的繁殖生长；形成有益的生物有机颗粒（生物菌团），可作为对虾的补充饵料；肥水，既可繁殖基础生物饵料又可

对水质进行调节。在不同的养殖阶段，通过向池塘水体内投放芽孢杆菌、EM菌、光合细菌、乳酸菌以及底质改良剂等微生态制剂，改善池塘底质和水体生态环境。当前的微生态制剂多为定型产品，具体使用方法和用量按产品说明即可。

三、池塘增殖、移植饵料生物和饲料投喂技术

1. 池塘增殖、移植饵料生物 　向养殖水域中移植生物并保持适当的种群规模，使生物与生物、生物与环境之间形成共生共栖、相互依存的食物链关系与物质循环关系，既能作为鱼、虾、蟹养殖的天然生物饵料，又能对水质环境具有较大的调控作用，起到完善食物链关系和调节物质循环的双重作用。海水池塘中移植的品种有丰年虫等；淡水池塘可引入部分肥水。

（1）向池塘内人工投放丰年虫干卵，繁殖丰年虫幼体。投放量 7.5 千克/公顷，为放养的虾、蟹苗种提供良好的动物性物质营养。

（2）移植兰蛤幼体。5—6 月，当海洋中兰蛤幼体大量繁殖时，向虾蟹混养池塘移植活兰蛤 1 500～3 000 千克/公顷。兰蛤既可滤食净化水质，又可作为虾蟹的基础饵料。

（3）在养殖池塘中，早春季节放苗前，采取施肥和接种浮游植物较多的肥水，促进繁殖基础饵料生物。

2. 饲料合理投喂技术

（1）以繁殖基础生物饵料为主，能够使对虾在体长 3 厘米前不需人工投饵，延缓过早投饵对池塘环境造成的污染。

（2）饲料投喂坚持"欠食"性投喂技巧，使对虾达 8 分饱，有利于提高饲料转化率，减少残饵过剩的浪费和对环境的破坏。

（3）根据对虾体长确定投饵量。准确测量、估计对虾存池数量，观察对虾的胃饱满程度，准确掌握投饵量。不同体长的对虾饵料投喂量见表 1。

表 1　不同体长的对虾饵料投喂量

对虾体长 （厘米）	投饵率 （%）	对虾体长 （厘米）	投饵率 （%）	对虾体长 （厘米）	投饵率 （%）
1	66.7	6	6.08	11	2.69
2	17.39	7	4.945	12	2.40
3	10.51	8	4.13	13	2.15
4	7.40	9	3.53	14	1.95
5	7.76	10	3.06	15	1.78

注：投饵率为对虾体重的百分比。

四、品种搭配及生态防病技术

在同一个池塘水域内，开展多个品种的养殖，鱼、虾、蟹、贝混养，多品种混养能充分利用水体空间、饵料生物，形成相互依存、共生共栖关系、物质循环关系，对充分利用生物饵料，预防控制病害发生、调控生态环境发挥较大作用。

1. 虾蟹混养 对虾与梭子蟹混养是高产、高效的养殖模式，对于预防养殖风险具有一定的互补性。每 0.067 公顷放养日本对虾 10 000～20 000 尾，梭子蟹 2 000～3 000 只。

2. 虾参混养 自 2011 年开始试验。海参养殖需 2～3 年达商品规格，每 0.067 公顷池塘内可套养 10 000～20 000 尾对虾，提高池塘生产力。

3. 鱼虾混养 淡水池塘一般每 0.067 公顷投放南美白对虾 20 000 尾，搭配鲢 200 尾；海水池塘一般每 0.067 公顷投放南美白对虾 15 000 尾，搭配梭鱼 200 尾。

4. 投放肉食性鱼类防病 放养适量的肉食性鱼类，使其摄食病、弱、死虾，可防止病害传播。一般每 0.067 公顷放养对虾苗 20 000 尾，放养蟹苗 2 000～3 000 只，搭配 30～50 尾虾虎鱼或 1～2 尾鲈，具有较好的病害防控效果，使养殖虾蟹产量显著提高。试验池塘每 0.067 公顷产日本对虾 63 千克、梭子蟹 78 千克、回捕肉食性鱼 3 千克，产量显著高于同等条件下无肉食性鱼的池塘。

总结：通过实施上述各方面的技术，并开展相关内容的试验表明，采用科学理论的正确指导和技术，水产养殖池塘环境在生产过程中是可以进行修复和调控的。

采用物理、化学、生物综合技术，养殖池塘水质的各项理化指标在整个养殖期处在一个正常值范围。试验中对某一养殖区的水质进行对比检测，结果见表 2。

表 2　池塘增氧与微生态制剂调控、水质检测情况

池号	调控模式	氨氮（毫克/升）	亚硝酸盐（毫克/升）	硫化氢（毫克/升）
103	微生态制剂、增氧机	0.381	0.002	0.001
104	微生态制剂	0.495	0.017	0.000
106	微生态制剂	0.453	0.018	0.016
201	微生态制剂	0.532	0.005	0.121

（续）

池号	调控模式	氨氮（毫克/升）	亚硝酸盐（毫克/升）	硫化氢（毫克/升）
202	微生态制剂、增氧机	0.508	0.003	0.118
203	—	0.270	0.004	0.080
301	增氧机	0.900	0.004	0.140
302	增氧机	0.612	0.041	0.041
303	增氧机	0.484	0.023	0.130
304	微生态制剂、增氧机	0.433	0.068	0.082

试验还表明，采用物理、化学、生物综合技术，不仅水质指标达标而且养殖产量、效益较传统养殖方式均有明显提高：2011年虾蟹混养平均每0.067公顷产日本对虾63千克，产值4 410元；产三疣梭子蟹76千克，产值5 700元，合计0.067公顷产量139千克，总产值10 110元。0.067公顷产量，对虾较2010年增加15千克、梭子蟹增加16千克，产值增加3 186元，效益增加4 500多元。

渔业生态养殖与可持续发展

宋学章　　王凤敏

一、开展渔业生态养殖的背景、意义

水产养殖发展 30 多年来，已经到了两极发展的时候：一方面是集约化、设施化程度较高的单品种、高密度养殖；另一方面是生态的、多品种混合的中低密度养殖。集约化养殖是水产养殖的高级阶段，也是现代渔业发展的必然方向。发展集约化养殖，需要有较多的资金储备（周转和前期投入）、高标准的池塘条件、配套设施（池塘规格小、增氧频率高、排污彻底）。另外，还需要较高的管理水平（生产经验丰富、全面了解养殖过程各关键环节、能够及时调整技术方案、应急处理能力强）。因此，对于大多数养殖户来说，集约化养殖暂时较难实现。而从另一个角度看，发展生态化养殖要容易得多，简单得多，投入和风险也相对较少。集约化养殖和生态化养殖这两种方式各有千秋。选择哪种养殖模式，完全取决于业主的资金储备、基础设施、配套设施、管理水平等一系列约束条件。无论是集约化养殖还是生态化养殖，一个根本的关键就是调水，调水最根本的是及时排出或消解养殖废物，如粪便、残饵、有毒有害气体等。

现阶段，河北省海水集约化养殖发展还不完善，仅局限于鲆鲽类养殖。30 万亩海水池塘多采用对虾单养或对虾-梭子蟹混养模式，既不属于集约化养殖，又不完全是属于生态化养殖。20 世纪 80 年代，我们把这种对虾单养模式称作精养。通过高放苗密度、高投入、大换水的方式获得高产出，在当时水质条件和技术水平下，不失为一种好的模式。30 年来，我们一直延续这种模式。但现在这种模式屡屡失败，为什么？

从水域环境看，通过大排大灌来减少池塘有害物质的养殖模式已经不适宜。渤海湾每年承接 6 个省市（山东、山西、河北、天津、辽宁、北京）60 亿吨的污水入海，还有 1 300 多口油井、209 个油气生产平台、1 000 余千米海底输油管道，周边炼油厂、化工厂众多，目前河北省海域Ⅰ、Ⅱ类水质不足 60%，海洋生物资源比 20 年前减少近 50%。在这样的水域环境下进行养殖，对我们是一个很大的考验。

从池塘条件看，自建场至今，池龄有 20～30 年之久，池底淤积了大量有机物和有害微生物，随时有感染和暴发疾病的危险。况且，单池面积 30～60 亩，增氧设施缺乏，池底有害物质既不能及时排出塘外，又不能通过增氧进行氧化分解，使养殖动物产生很大的生存压力。

从养殖品种和技术模式看，品种太过单一化。池塘内投入的物质缺乏合理的流通、转化渠道，累积过剩，不适宜可持续发展。

最近，经对天津、江苏、浙江、福建等省市进行现场考察，笔者发现传统的大池塘单养模式（尤其是对虾单养）早已悄然退出，而生态化养殖正加快推进。其原因就是：生态化养殖符合当前的池塘条件，病害少、养殖风险小、收益稳定，是健康可持续发展的、科学的养殖模式。浙江梭子蟹养殖牙膏病以前较多，现在很少。江苏梭子蟹-脊尾白虾养殖也几乎没有病害，产量很稳定。对于河北省大多数养殖户来说，选择生态化养殖也是比较适宜的。

二、生态化养殖的概念、特点、内涵

什么是生态化养殖？水族箱就是一个生态化养殖案例。

生态化养殖：根据生物共生和物质循环原理，对养殖生物和养殖水体作为一个整体生态系统加以经营管理，提高整个系统的功能和效率，从而提高水体生产力和生产经济效益的养殖方式（据中国农业百科全书）。特点：投入少、成本低、风险小、收益稳定。生态养殖的水产品因其品质高、口感好而备受消费者欢迎。

生物共生：在生物界，存在着环环相扣的食物链关系（如鱼吃虾、虾吃虫），还也存在着相互依存、互惠互利的共生现象。把两种密切接触的不同生物之间形成的互利现象称为共生。有以下几种形式：①寄生。一种生物寄附于另一种生物，利用被寄附的生物的养分生存（黄嘴牛椋鸟以非洲水牛身上的寄生虫为食，但它们本身也是寄生生物，会啄食水牛伤口处的结痂，不让伤口愈合）。②共生（专性共生、偏利共生、偏害共生）。两种或两种以上生物各自不能独立生活，而必须结合在一起才能生存的交互现象，在它们之间互相依赖、各自都获得利益，在生物学上我们又将其称为专性共生。偏利共生，对其中一方生物体有益，却对另一方没有影响。偏害共生，对其中一方生物体有害，对其他共生的成员则没有影响（印度洋科科斯群岛的蝠鲼与鲫）。

在自然界中，生态系统是一个自然形成的、动态的平衡系统。在水产养殖中，由于投入品超过了池塘承载能力，需要人为干涉才能维持新的平衡系统。也就是说，通过人为干预，使水产动物（鱼、虾、蟹等）、非养殖生物（枝角类、藻类、细菌等）和水域环境（溶解氧、氨氮、有机物等）之间形成一个新的合理的物质循环、能量流动的通路，从而保持水域各生态要素达到相对平衡的同时，还能够获得较高的产出（图1）。

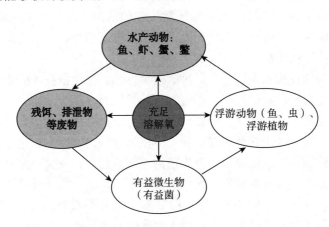

图1　养殖池塘物质循环流程

总之，进行生态化养殖，就是把鱼、虾、蟹、贝和池塘作为一个整体生态系统进行经营管理，并使这个生态系统保持平衡。核心是及时转化或消除养殖废物。

三、生态化养殖的方法、途径

相对于集约化养殖来说，生态化养殖更注重池塘环境的平衡和生态互补。因此，进行生态化养殖最重要的课题是维持生态平衡。如何才能维持生态平衡？首先要明确以下内容：

1. 要掌握本地的环境条件及所能提供的配套设施　如水质是否适合养殖？不同季节水体温度的变化情况、盐度、pH、肥瘦程度、重金属含量、风暴潮等。养殖池塘的大小、深浅、进排水系统情况、有无增氧条件等。

2. 了解拟养殖品种的生态习性、繁殖习性、生长发育特点等　如养殖品种适宜的生长温度、盐度、pH，以及养殖品种能够耐受的最低温度、最低盐度、最高温度、最高盐度，成熟繁育的适宜温度、盐度等。有的养殖品种对底质有所选择，如脊尾白虾，为近岸广盐广温广布种，对环境的适应性强，适宜温度2～35℃，适宜盐度4～30，在低盐度水中生长最快。对低氧的忍耐能力强于日本对虾（2毫克/升），在冬天低温时，有钻洞冬眠的习性。喜泥沙底，繁殖期为4—10月。3月、4月当水温达12～13℃时，成熟亲虾即蜕壳、交配、产卵，受精卵在水温25℃时经10～15天孵化成溞状幼体，通常幼体经3个月即可长成4～5厘米的成虾。脊尾白虾的食性杂而广，不论死、活、鲜、腐的动植物饲料，或有机碎屑均能摄食，因此小鱼、小虾、豆饼、菜籽饼、米糠等都可投喂。养殖池内脊尾白虾的繁殖盛期为 5—6 月和 8—9 月。

3. 选择适宜的生态养殖模式　如鱼-蟹-贝立体养殖、鱼-菜套养、虾-蟹混养等。在品种搭配上，应以 1～2 个主养品种为核心，按照生态原理，搭配 1～2 个辅助品种，辅助品种主要为主养品种服务。

生态混养模式中，并不是混养的种类越多越好，而是要突出主养种类，主养种类应选择效益好、销售好、易饲养的。辅助性种类应在饵料的摄食、栖息的水层、优化环境、防治病害等方面具有互补性。一般食性和栖息水层相同的种类不宜同池养殖。凶猛性种类也不太适宜作为混养种类。

举例：比较"梭子蟹-脊尾白虾""梭子蟹-日本对虾"混养模式的优劣。"梭子蟹-脊尾白虾"混养模式，优点是脊尾白虾个体小、食性杂、繁殖力强，可在养殖池塘中自然繁殖并随时可见大大小小的脊尾白虾，这些不同大小的脊尾白虾可以分别吃掉梭子蟹残留的大大小小的饵料，用于自身的生长或繁殖后代，从而优化了池塘的水质环境，确保了梭子蟹健康生长。缺点是个体小、售价低。"梭子蟹-日本对虾"混养模式，优点是日本对虾个体大、价格好、效益高。缺点是日本对虾耐低盐、耐低氧能力差，对底质环境要求高，与梭子蟹摄食相同的饵料（饵料颗粒稍小），对小颗粒状的残饵摄食不到位，容易造成后期池水过肥而倒藻，从而引发虾病或蟹病。因此，日本对虾与梭子蟹的互补性较差。

4. 具有科学配套的管理技术　如在饵料种类的选择、投喂方面，要有针对性，大致明白哪个品种吃主料、哪个品种吃下脚料，从而有计划地调整管理和技术方案，以便收到更好的养殖效果。

四、生态养殖成功案例

案例 1：江苏大丰"梭子蟹-脊尾白虾"混养模式，每亩投放抱卵蟹 1～2 只、抱卵虾（或成虾）1.5～2 千克。以杂鱼糜、小麦破碎料为食。增氧。亩产梭子蟹 25～40 千克，虾 100～200 千克，亩产值 6 000～10 000 元，亩效益 2 000 元以上。

案例 2：天津盐碱水养虾以虾为主的"南美白对虾-鱼"混养模式。10 亩以下是小池塘，每亩放虾苗 6 万～10 万尾、草鱼苗 600～1 000 尾（20～50 克）或草鱼种 60～70 尾（350～400 克），或淡水白鲳 100～200 尾（100～150 克）。亩产对虾 150～250 千克、鱼 100～150 千克。以鱼为主的"鱼—南美白对虾"混养模式，在常规养鱼基础上，鱼的密度降低 10%，每亩放虾苗 3 万尾。对虾亩产 50～100 千克。

海蜇人工育苗及养殖技术

曹洪泽　　王艳艳　　张爱华

海蜇是大型食用水母，经济价值很高，其营养成分独特之处是脂肪含量极低，蛋白质和无机盐类等含量丰富，深受国内外消费者的青睐。近几十年来海蜇作为大宗出口海产品，在出口创汇中占有重要地位。增养殖海蜇具有投入少、见效快、收益大等优点，已受到了我国沿海渔业科技工作者和养殖户的广泛关注。

一、海蜇的生物学

1. 海蜇的形态特征　海蜇水母体呈蘑菇状，分为伞体和口腕两部分，伞径一般 300～500 毫米，伞体部高，伞部形状为大半个球形或半球形，中胶层厚，伞顶表面平滑。伞缘具 8 个感觉器和 112～176 个缘瓣。内伞具有较发达的环状肌。内伞间辐位共 4 个半圆形生殖下穴，每穴外侧具 1 瘤状生殖乳突。伞体中央向下伸出圆柱形口柄（胃柱）。

胃腔大，椭圆形，向下延伸并向口腔和肩板分叉形成腕管，与吸口相通。生殖腺位于伞体腹面生殖下穴的上方，在胃丝的外侧，共 4 个，宽 5～10 毫米。生殖腺一端与胶质相连，另一端游离，与胶质膜之间形成生殖腔隙。无生殖管，性产物排放经由生殖腔隙通向胃腔，再经吸口排出体外。

体色多样，多数呈紫红色，也有乳白、浅蓝或金黄色个体。伞部和口柄部颜色通常相似，也有两部分颜色相异的个体。

2. 海蜇的生态习性　海蜇水母体在海洋中营浮游生活，栖息于近岸水域，尤其喜欢居于河口附近，分布区水深一般 5～20 米，有时也达 40 米。

海蜇主要靠内伞的环状肌有节奏地进行舒张和收缩运动。海蜇的运动昼夜不停，成体在静水中的游动速度为 4～5 米/分。海蜇具有发达的水管系统和灵敏的感觉器，能在不同水层做垂直运动，风平浪静的黎明和傍晚，多云的白天常游到水域上层；大风、暴雨、急流、烈日和夜晚多游到水域下层。

海蜇适应的水温为 15～32℃，适宜水温为 20～24℃；适应的盐度为 8～32，适宜盐度为 18～26。喜弱光环境。

3. 海蜇的生殖习性　海蜇的生殖方式包括营浮游生活的有性时代和营固

着生活的无性时代水螅型。两种生殖方式交替进行。

海蜇雌雄异体，秋季性成熟。产卵时间在零点以后，卵子（精子）分批成熟和排放。卵子为圆球形，成熟卵的卵径 80～100 微米。海蜇个体怀卵量与伞径大小成正比，一般个体怀卵量可达 3 000 万粒，高者可达 5 000 万粒以上。精子头部圆锥形，长约 3 微米，尾部细长约 49 微米。在海水中受精。受精卵卵径 95～120 微米，在水温 24℃以下，受精后 30 分钟开始卵裂，经 6～8 小时即发育为浮浪幼虫。浮浪幼虫长圆形，两端钝，前端比后端稍宽，长 95～150 微米，宽 60～90 微米，体表布满纤毛。经 1～4 天，多数浮浪幼虫变态为 4 触手螅状幼体，体长 200～300 微米。此后，陆续发育为 8 触手螅状幼体，体长 500～800 微米；具有 16 触手的螅状幼体，体长 1～3 毫米。

螅状幼体营固着生活，从秋季至翌年夏初的七八个月时间，螅状幼体能以足囊萌发出新的螅状幼体（无性生殖）。当水温上升到 13℃以上时，产生出有性世代的碟状幼体。初生碟状幼体长 2～4 毫米，营浮游生活。在自然海域经 2～3 个月生长后成为水母成体。

4. 海蜇的食性与生长　海蜇在浮浪幼虫阶段不摄食，至变态为 4 触手螅状幼体时才开始摄食，以触手捕食小型浮游动物。碟状幼体具有 1 个方形口，摄食小型浮游生物；随着生长发育口腕形成，大约发育到伞径 20 毫米时，中央口封闭，为幼蜇。幼蜇至成长为成体阶段的摄食，是以口腕和肩板上出现的许多吸口来摄食小型浮游生物。

海蜇不论螅状幼体阶段还是水母体阶段，均昼夜连续不断地捕食。尤其是水母体阶段食量很大，所以海蜇水母体生长异常迅速。当海蜇水母体生长到性成熟时为生长最大值；生殖开始之后其生长速度为负值，个体收缩，体重逐渐下降，直到死亡。

5. 主要食用海蜇的种类　我国主要食用海蜇的种类有 4 种。其中，海蜇、棒状海蜇、黄斑海蜇 3 种在我国均有分布。海蜇个体大，伞颈部隆起呈馒头状，直径最大为 1 米，为我国食用水母的主体。棒状海蜇个体较小，伞径为 40～100 毫米，中胶层薄，数量很少，仅分布于我国厦门一带的海区。黄斑海蜇主产于南海，伞径 250～350 毫米。在我国食用水母中，海蜇占 80％以上。

二、海蜇的人工育苗

（一）育苗设施
普通虾蟹育苗室都可以进行海蜇育苗，需准备附苗的波纹板。

（二）亲蜇采捕及暂养
自然海区海蜇生殖期为 8 月中旬至 10 月上旬，在一个繁殖季节内，性腺有 2～3 次排放高峰期。可在 8 月底至 9 月上旬采捕亲蜇。自然海区海蜇产量经常不稳定，也可在养殖池塘中选择伞径 30 厘米以上，性腺成熟度好的海蜇作亲蜇。

性成熟亲蜇的性腺均为乳白色，其雌雄从外形或性腺颜色上很难用肉眼准确鉴别，可用镊子从生殖下穴处取出 1 小块性腺，在 20～40 倍显微镜下区分。卵子为大小不等的球形颗粒，精囊为不规则肾形。亲蜇入池后，按雌雄比例（2～3）∶1暂养。

暂养期间，一般每天换水 2 次，早上换 100％，傍晚换 50％。亲蜇暂养密度大时，则应增加换水次数，不充气。采捕的同批亲蜇数量多时，若能在 1 周之内结束采苗，可不必投饵；否则，要投饵。

（三）产卵与孵化

1. 产卵 海蜇产卵排精时间一般在早晨。产卵前 1 天下午将产卵池清洗干净，注入新鲜过滤海水 100 厘米左右。每立方水体加入 4～6 毫克/升的EDTA，并充气待用。

5∶00 将亲蜇按雌雄比 3∶1 移入产卵池内，亲蜇数量少可不必按此比例。产卵亲蜇密度控制在 1～2 个/米^2 为佳。亲蜇移入产卵池约 1 小时后产卵。产卵后 3 小时左右，应将亲蜇从产卵池中移出。待池水静置 0.5 小时，用虹吸法将上层 65 厘米水排出，排水时尽量不搅动池水，以免受精卵大量流失，且在 1 小时内完成。之后，再添加等温过滤海水至原位，并补充 EDTA，微充气孵化。

2. 孵化 在水温 20～24℃下，受精卵经 0.5 小时开始卵裂，发育至囊胚腔时，便自池底逐渐上浮。受精卵经 6～8 小时发育为浮浪幼虫，此时使用体积法进行定量。孵化过程中每隔 30 分钟从池底取样在显微镜下观察胚胎发育情况。

（四）浮浪幼虫的管理

1. 适时投放附着基 浮浪幼虫在自然水温下培育，游泳能力差，左旋自转，多在池底活动，几小时后游泳能力增强。为利于幼虫分布，可微量充气培养。浮浪幼虫变态为螅状幼体的时间快者 24 小时，多数 2～3 天，所以当浮浪幼虫培育到 20 小时左右时，应及时投放附着基。附着基悬挂在池中，距池底30 厘米，上层以刚刚淹没在水面下为宜，投放量为 3 组/米^2。为使浮浪幼虫附着均匀，此时应停止充气，以后每隔 2～3 天添加适量海水，加至水面高出附着基25 厘米。附着变态时，浮浪幼虫前端附着形成足盘和柄部，后端形成口和触手，如变态时未遇到附着基，则在浮游状态下变态，柄部向上倒悬浮于水面。

2. 重复投放浮浪幼虫 若第 1 次获取的浮浪幼虫数量不足，可连续数次将新孵出的浮浪幼虫用 400 目的网箱收集入池内，这样既可增加附苗数量，又可作为已附着 4 触手螅状幼体的饵料。当平均附苗密度达到 1～1.5 个/厘米^2 时，不再收集浮浪幼虫，可开始换水和微量充气。

（五）螅状幼体的培养与越冬管理

1. 螅状幼体的培育 浮浪幼虫附着 1 天后发育为 4 触手螅状幼体，开始摄食。此时，个体很小，若投饵不及时或开口饵料不适均可引起大量死亡。海蜇浮浪幼虫是本阶段的最佳饵料，其次为贝类担轮幼虫。投喂时间应在投放附着基 3～4 天后开始，每天投喂 1 次，投饵量为附苗量的 5～6 倍。5～6 天后可发育至具有 8 触手螅状幼体，体长 0.5～0.8 毫米，此时开始喂卤虫无节幼体，每 2 天投饵 1 次，并在投喂和充气 2 小时后换水，换水量为全池的 1/3～1/2；再经过 8～10 天的培育，发育为具 16 触手螅状幼体，体长 1～3 毫米。

（1）控制光照度 用黑色塑料薄膜遮挡车间门窗，使白天车间光照度不超过 500 勒克斯，以防止杂藻等在附苗器大量滋生，从而提高螅状幼体成活率，也有利于足囊生殖。

（2）适时投饵 以卤虫无节幼体为饵料，投喂次数依据水温、幼体体色和残饵量而定。一般在 0～2℃时可不投饵或 2 周投喂 1 次，在 3～5℃时 1 周投喂 1 次，6～8℃时每周投喂 2 次。投喂量为螅状幼体数量的 8～10 倍。螅状幼体饱食后呈橘黄色，饥饿时呈苍白色，故投喂频次和投饵量可根据螅状幼体颜色深浅酌情增减。

（3）适时换水 换水量的多少取决于水温和投饵量，水温高，投饵量大，换水量就大；反之，则少。一般每次投喂后换水 1/3～1/2。换水前先吸出池底污物，再加入等量新鲜海水。

2. 螅状幼体的越冬管理 人工培养螅状幼体的时间为 9—10 月，培育幼体的时间是翌年 5—8 月，间隔 10 个月左右，并有一个越冬阶段。从降低生产成本考虑，以室外池塘越冬为宜。

一般在 11 月上旬水温降至 10℃时，将螅状幼体移至室外越冬池中。池塘水深 2.5 米，池塘中用竹竿搭成框架，以便悬吊附着基。冬季冰层最厚 30 厘米左右，附着基上部应距水面 50 厘米，下部距池底 50 厘米。附着基上方要覆盖蓝布遮光，以避免杂藻过量繁殖，附着在附着基上，妨碍螅状幼体生长。冬季结冰后，要注意及时清除冰面上的积雪保证冰层的透光度，防止越冬池缺氧。螅状幼体在移至越冬池塘前 1 周，投喂足量的饵料，使其为越冬积累充足的营养。

越冬期间要定期检查水深、pH、溶解氧、盐度等理化指标。水深需超过 2 米。如发现问题，可通过加水或换水等措施及时解决，确保螅状幼体安全越冬。

（六）螅状幼体的横裂生殖和碟状幼体的培育管理

1. 螅状幼体的横裂生殖 翌年 3 月中下旬水温升到 10℃ 时，室外越冬的螅状幼体应移入室内培育。水温回升，螅状幼体的生殖机能逐渐恢复，进入新的发育阶段。此时，应撤掉窗上黑色塑料薄膜，提高室内光照度，以提高横裂生殖发生率。

13℃ 左右螅状幼体开始横裂，即在螅状幼体触手下方托部出现自上而下的横缢而形成横裂体。裂节较深时，其状似一叠碟子，此时要倒池。为在短时间（一般 2 周左右）内培养出幼水母，可于倒池后每天升温 2℃ 左右。在此期间螅状幼体自上而下相继脱离亲体，产生自由游泳的碟状幼体。释放碟状幼体的数量与螅状幼体的大小成正比，而营养又是影响螅状幼体生长的主要因素，故螅状幼体越冬后，应特别重视饵料的充分供给。每个螅状幼体的首次横裂生殖产生的碟状幼体，最多可达 20 余个，最少 4 个，一般 5～10 个。最后一个碟状幼体脱离后，又恢复为螅状幼体状态，经一段时间的生长发育，可再次横裂生殖，但形成碟状幼体的数量逐渐减少，最终一次只释放 1～2 个。

2. 碟状幼体的培育管理 育苗池中碟状幼体数量达 2 万只/米³ 以上时，可将附着基移入空闲的育苗池，以便螅状幼体继续放散碟状幼体。初生的碟状幼体无色透明，直径 2～4 毫米。在 18～22℃ 条件下，经 7～10 天可生长为伞径达 10 毫米左右的稚蜇；经 15～20 天生长为伞径达 20 毫米左右的幼蜇。随着生长发育，耗氧量和排氨量急剧上升。因此，在海蜇水母体的培育过程中，保持水质新鲜至关重要，水体溶解氧下限为 2 毫克/升，氨氮上限为 1.5 毫克/升，pH 为 7.5～8.5。

投喂次数：碟状幼体 2～3 次/天，稚蜇 3～4 次/天，幼蜇 4～5 次/天。投喂量，每次的投喂量以卤虫无节幼体计算，碟状幼体 1：（10～20），稚蜇 1：（100～200），幼蜇 1：（500～1 000）。

保持水质新鲜至为重要，碟状幼体前期每天换水 1 次，每次 1/3～1/2；幼蜇时每天换水 2 次，每次 1/3～1/2。幼蜇的培养密度以 10 000 个/米³ 为宜，一般采取微量充气方法。

在人工控制条件下，碟状幼体至幼蜇阶段的成活率可达 70% 以上。

三、海蜇的池塘养殖技术

需重点掌握：海蜇养殖池塘的要求、放苗前的准备工作、放苗、养殖管理、收获。

（一）海蜇养殖池塘的要求

1. 池塘环境条件 池塘底质以沙底、泥沙底为宜，池底平坦无障碍物。海蜇凭感觉游动，主要向前方游动，转弯难度大，要求水域宽阔，障碍物少，减少碰撞伤害概率。海蜇对水质条件要求较高，摄食量大，生长迅速，代谢旺盛，伴随着生长分泌大量黏液，需要及时换水来改善水质条件。因此，养殖池塘要求离海边比较近，进排水方便，最好是依靠潮汐能自然换水。池塘的水深在 1 米以上，池塘的大小在 10 亩以上为宜，越大越好。

2. 池塘的进排水要求　池塘进水口有袖网、围网，防止杂鱼、杂虾等敌害生物进入。养殖初期，围网的网目在 40～60 目；养殖后期，随着海蜇长大，进水口网目可以增大到 0.5 厘米。池塘的排水口也设有围网，网目和入水口的网目相同，以防止排水时跑苗。换水量随着海蜇的生长而逐渐增大，排水时水流尽量缓一些，以防止海蜇苗黏在排水网上而引起溃烂、死亡。

水质条件要求，自然新鲜海水，水温在 18℃以上，盐度 15 以上，溶解氧 3 毫克/升以上即可。

3. 池塘的四周围网要求　池塘的岸边有一定的坡度，海蜇的游动习性导致海蜇容易抢滩死亡。池塘的岸边若有石头或其他杂物，海蜇游动碰上时容易受伤。应在岸边水深 0.5 米处加围网，以防海蜇游上岸边或碰伤引起死亡。池塘的四周围网的面积应该大一些，依据具体池塘大小而定，围网应是无结节网片，网目的大小为 0.5 厘米即可。

（二）放苗前的准备工作

1. 池塘建设　首先应对原有的池塘进行整理，对池坝、进排水口进行修理、加固，对养殖多年的池塘，要进行池底清淤和消毒。根据池塘的特点、进水的水深、进水后有无浅滩暴露于空气中、池壁的坡度等情况，对海蜇养殖区域进行围网防逃。

2. 饵料生物培养　海蜇幼体主要摄食浮游生物，以小型枝角类和桡足类较为适宜，池水中饵料丰富有助于提高苗种成活率，促进生长。进水培育生物饵料，其方法是在进水前通过消毒，如用生石灰、漂白粉等进行消毒，清池杀灭有害生物，然后选择时机进水施肥，使藻类和饵料生物繁殖生长。一般进水时间在 4 月底。清池后第 1 次进水深度为 20 厘米，每亩施有机肥 50 千克、氮肥 0.75 千克、磷肥 0.5 千克。10 天后，追施无机肥，施肥量为第 1 次的一半。第 1 次施肥 5 天后，逐渐进水，直至放苗时的 1 米水深。池刚进水时，水色透明，经过施肥水色逐渐变为浅黄褐色至黄色，透明度下降，藻类浓度增高，浮游生物和底栖动物繁殖。

放苗前对水质常规指标进行检测，主要是水温、盐度、pH 等，海蜇养殖的水温介于 16～32℃，适宜温度 20～26℃；盐度介于 8～32，适宜盐度为 14～20。一般要求水温 18℃以上即可放苗。放苗时水温与育苗水体相差不要超过 2℃，盐度介于 20～30 时放苗，放苗时盐度与育苗水体盐度相差不要超过 5，pH 要求为 7.5～8.5。

由于海蜇苗对水质环境非常敏感，水质条件不适时可以引起苗种全部死亡，导致养殖失败，对含有难以检测的水质因子和无条件检测的养殖户，最好是先取少量苗种试养几天，观察苗种能否正常生长，若不能正常生长则需要换水或调节水质。

（三）放苗

1. 苗种要求　要求伞径在 1 厘米以上。苗种规格整齐，无损伤。苗种发育变态完全，游动活泼、有力，伞径内无气泡或气泡很少。苗种颜色通常为白色、粉红色或红色。

2. 蜇苗运输　蜇苗运输容器要求内壁光滑。一般采用塑料袋充氧运输。气温高和路途远时，应适当加冰降温，遮光。

3. 放苗的密度　根据池塘条件，如大小、水深、水质情况等，池塘的换水能力，苗种的质量，确定放苗密度。亩产 100～250 千克的池塘，苗种的成活率为 10％～30％，可放苗 200～300 只/亩，条件特别好的池塘可每亩放苗 300～500 只，一般的池塘控制在 300 只/亩即可。

如果海蜇密度过大会造成水质败坏、发黏、缺氧、海蜇生长缓慢、长不大等现象，可导致养殖失败。

4. 放苗　放苗时间应选择在天气较好的早晨或傍晚，最好是无风、无阳光直射的天气。放苗时先把苗种倒进一个比较大的容器中，加一些池塘内的海水，让苗种适应一段时间（5～10 分钟）后再放入池塘中。放苗的位置选在池塘中间，用船运过去，均匀、缓慢地放入池内，操作要小心，避免苗种受伤损坏。

（四）养殖管理

要经常巡塘，注意观察水质、饵料生物状况及海蜇生长的情况等，并做好记录。视水质状况及时进行水质调节。视池内饵料生物情况及时肥水繁殖饵料。视海蜇生长情况及时捕大留小，在逐步降低饲养密度的同时，也获得一定的经济收入。

（五）收获

晴天海蜇上浮时，寻找规格适宜的海蜇用抄捞网捞取。注意捞取时应尽量将海蜇碰掉的海蜇口腕和棒状附器等残肢一并捞出，以防止其在水中腐烂败坏水质。

四、海蜇养殖的常见问题及解决方法

（一）放苗规格及时间

实践证明，伞径小于 1 厘米的稚蜇成活率普遍不高，而伞径达到 1.5～2 厘米的幼蜇对外界环境的适应能力相对增强，养殖成活率大幅度提高。在育苗场购买的伞径 0.7～1 厘米的出池稚蜇，可经过 7～10 天的暂养，当伞径达到 2 厘米左右时，再进行池塘放养。如果暂养时间过长，受水体限制，影响海蜇的生长速度，同时增加了养殖成本。暂养期间由于大量充气，其体内易产生气泡导致幼蜇死亡。由于海蜇的生长适温为 18～28℃，所以当池塘内水温持续稳定在 18℃以上时，即为最佳放苗时间。

（二）养殖密度

海蜇养殖以池塘小面积养殖或大面积荒塘养殖皆可。池塘养殖放养伞径 1.5～2 厘米的幼蜇，以 200～300 头/亩为宜，大面积荒塘养殖以 100～150 头/亩为宜。苗太少，影响养殖产量，而放苗太多则难以达到养成规格。如放养"鸡蛋苗"，每亩每茬 50 只为好。

（三）养殖用水

养殖用水应注意以下几个方面：

（1）海蜇喜欢清新爽洁水，不耐肥水。若水质过肥，受温度、雨水等外界因素影响，水质易败坏太快，致使海蜇发生病变导致死亡，特别是海蜇养殖早期尤为重要；若水质过瘦，池内浮游植物量少，导致浮游生物难以生存，影响海蜇的生长。

（2）海蜇的生长速度非常快，需要大量动物性饵料，而我们又不能大面积地人工投饵，所以换水量的大小，同时也决定其饵料的多少。因此，养殖过程中不换水或很少量的换水，是海蜇养殖成活率低的重要原因之一。

（3）放苗时养殖池与育苗池的水质条件相差太大，温度和盐度尤为重要。实践证明，盐度相差 10‰以上可造成海蜇苗大量死亡。

（4）海蜇养殖的适宜盐度为 12～35，养殖池水受干旱、高温、天气影响，或个别养殖池进、排水条件太差，盐度高达 40，在这种盐度条件下养殖，将会导致海蜇生长太慢甚至死亡，因此成功的可能性也很小。

（5）海蜇是捕食性腔肠动物，以桡足类、端足类及其他一些小型浮游甲壳类动物为摄食对象，因此饵料量的大小也就决定了海蜇生长速度的快慢和成活率的高低，饵料严重不足也会造成部分海蜇饥饿而死亡。

（四）人为因素

受大风浪影响，池塘养殖海蜇经常被推向池塘边，由于摩擦损伤，受细菌感染而死亡。因此，池边要加防护网或塑料纸铺边，也可将池边改造成光陡坡。池底要平整、无污染，防止海蜇伏底或受风浪影响，较长时间伏底感染疾病而死亡。

（五）品种及品质

由于海蜇养殖已持续多年，繁殖用海蜇多为池塘养殖，存在近亲繁殖的隐患，已出现生长速度减缓、抗病力下降、成活率低的趋势。江苏海蜇俗称"江苏红"，原产于江苏省近海。江苏海蜇具有体色发红、生长速度快、成活率高的特点，红体色的海蜇市场售价要高于其他海蜇 10%。因此，引进和推广海蜇良种非常必要。

(六) 饵料供应

海蜇的摄食量很大，即使接种一些生物饵料也是供不应求。如果饵料供应不足会造成成活率低、个体小，直接影响产量和效益。利用养虾池培养大量浮游生物，通过排水进入海蜇养殖池，达到生态平衡，供求平衡，使海蜇处于饵料较充足的环境之中。必要时，投喂一些鱼糜、轮虫等饵料进行补充。

(七) 海蜇各阶段养殖注意事项

幼蜇入池选择规格在 2 厘米左右，健康无畸形，活力好的幼蜇，在天气晴朗、无风，水温在 19℃ 左右时入池。这样幼体适应环境快，存活有保证。有些养殖户不具备识别海蜇苗种好坏的能力，所以在购苗、运输过程中要慎重。

15 天的海蜇形状似鸡蛋大小，伞径在 7～8 厘米，多在上风处聚集，在傍晚浮上水面。在水中游动时，触须伸展，伞动频率高、有力，不间断摄食小型浮游生物，食量很大，体重在 60 克左右。在放苗 15 天内，必须精心调节水质以保证水中生物饵料充足。

30 天的海蜇伞径在 15 厘米左右，基本上全池可见，此时是海蜇增重速度加快期，体重在 1 000 克以上，体色有白色、深红色、紫红色 3 种。适当添加辅助饵料，促进海蜇快速增长。这一阶段养殖户看到成果，往往会疏于管理，山东即墨一养殖户就因底质恶变而造成养殖失败。

45 天的海蜇伞径在 28 厘米以上，伞动频率舒缓，体重约 4 000 克，全池可见，上风处居多，惊动后快速下潜。这一阶段除满足前面的条件外，还应及时补充新鲜海水。管理人员巡池时，用长竿将触网的海蜇轻轻推离网边，以免海蜇磨伤伞头，影响销售。

60 天的海蜇伞径在 35 厘米以上，伞动频率缓慢，体重在 8 000 克以上。此时可根据市场需求及时收获。

(八) 海蜇养殖的思想误区

1. "人工养殖海蜇技术简单易行"之说不妥，容易误导养殖户 海蜇作为 1 年生命期的海洋软体动物，其生长过程并不复杂，但作为规模养殖就不那么简单了。从育苗角度看，亲蜇的培育、促熟，浮浪幼虫、螅状体、碟状体的培育是一个相对漫长的过程，也是技术性很强的工作，非专业育苗单位是不能胜任的。从人工养殖方面看，海蜇养殖成活率目前也只有 10%，由于它的成活率低，决定了海蜇养殖必须在有限的时间里苗种供应充足。海蜇的自我保护能力差，往往因恶劣天气和敌害造成减产，所以对养殖环境的要求比较严格。例如，利用虾池养海蜇，对虾池深度和面积的要求则是越深、越大越好，而现有虾池必须进行改造。因此，养殖海蜇要想获得良好的经济效益一定要有良好的场地条件，要在技术人员的悉心指导下完成整个养殖过程。

2. 关于"海蜇繁殖能力强，养殖时间短，不用防病害，收入可观等"说法也较片面 科学地说，海蜇对生产要求极其严格。繁殖能力是指螅状幼体横裂为碟状幼体，横裂比约为 1∶8 而言。养殖时间短是指碟状幼体养成商品蜇约为 60 天，也是指投苗后，诸多条件符合海蜇生长最佳条件，海蜇不断摄食增重而达到出池规格的时间。所说的不用防病害是因海蜇自身分泌的保护黏质对水体中各种危害海蜇生存因子的排斥，这也只是停留在表象上的一种说法。收入可观是指在完善养殖管理技术的情况下，可达到丰产。保证丰产的条件必须是低盐、适温、换水量充足、有丰富的生物饵料和严格的养殖技术操作等。

池塘精准养殖系统的建立暨
物联网在水产养殖中的应用

远全义　孙　炜

池塘精准养殖系统，就是通过物联网实现养殖管理智能化、精准化。物联网即"万物相连的互联网"，是在互联网基础上延伸和扩展的网络，将各种信息传感设备与网络结合起来而形成的一个巨大网络，实现任何时间、任何地点，人、机、物的互联互通。目前，物联网技术已广泛应用于安全、环保、交通、医疗、物流、生活等领域，随着水产养殖业结构的不断调整和养殖装备的不断提升，物联网技术逐步应用于水产养殖业，助推了水产养殖业生产管理智能化、精准化发展。同时，相关设备、技术也在应用过程中得到逐步改进和完善。

一、池塘精准养殖系统的组成

池塘精准养殖系统包括4个部分，即池塘养殖水环境监控系统、生产区域视频监控系统、远程监控系统、视频信息监控平台。

1. 池塘养殖水环境监控系统　利用智能感知技术，采用自识别、自补偿功能的传感器，通过无线传输和转换处理，将养殖环境状况显示在显示器、计算机或手机上，能够对池塘水质的水温、pH、溶解氧、溶氧饱和度、氧分压5个参数进行实时监测（每5秒采集1次）。系统具有在线数据处理、无线传输、异常报警等功能，可根据环境状况做出判断并及时采取必要的措施；还可根据设定的参数阈值，进行自动增氧、自动投饵和调水，通过智能控制系统实现节能减排、提质增效。

2. 生产区域视频监控系统　在养殖区域出入口及一些重要场所设置可360°旋转具有云台功能的球机和枪机摄像头，对养殖环境进行实时查看，对视频信息进行回看、传输和存储，全程监控水产养殖过程，防止偷盗、防止鱼类逃逸，确保生产安全。

3. 远程监控系统　通过GPRS远程接入点接收无线控制终端汇聚的数据信息，用户通过手机、计算机等信息终端，远程查询水质信息。同时，可通过数据的分析处理，做出控制决策，远程控制增氧、投饵等设备。

4. 视频信息监控平台　由服务器、计算机和显示器组成，利用互联网和相关软件，将养殖场的水质监测数据和养殖区域现场情况，利用计算机统一进行实时监控，及时掌握每个养殖场的基本情况，具有数据存储、查询、回放和异常报警功能。

二、系统的安装条件

养殖企业掌握一定的计算机应用技术。具有 380 伏/60 安、220 伏/25 安电力设施，光纤入场、网络带宽不低于 20 兆。池塘应规整，面积 2～20 亩为宜，平均水深 2 米以上，养殖品种、模式和生产方式不限，按有关标准和规范从事渔业生产、守法经营、对物联网应用有兴趣和意愿。

三、设备安装及作用

每个池塘安装 1 套溶解氧传感器、1 套 pH 传感器和 1 个枪机摄像头，同时选择合适位置安装一个 360°旋转具有云台功能的球机，实时监控养殖生产区域；配备 1 台计算机、1 个显示器、1 个硬盘录像机、1 个移动监控终端。智能控制系统可对多个池塘的增氧机、投饵机进行智能控制，设定池水的溶解氧阈值和投饵机的开启时间段。通过物联网将各个池塘监测到的水环境数据（水温、pH、溶解氧、溶氧饱和度、氧分压 5 个参数）和养殖现场情况同时显示在计算机和手机上，可通过计算机和手机客户端完成对数据和养殖现场的查看、数据存储分析、控制等。

四、系统的性能指标

目前常用的设备参数指标：寿命≥5 年；系统控制操作响应时间≤2 秒；数据浏览响应时间≤2 秒；一般数据查询响应时间≤4 秒；大数据分析处理时间≤1 分；统计输出时间≤5 秒；双机负载均衡/热备用切换时间≤25 秒。

五、物联网应用的优势

1. 提升渔业智能化、精准化水平　运用物联网、大数据、云计算等技术，引入了智能化水产养殖模式和智能化养殖管理模式，可根据水温、pH、溶解氧及溶氧饱和度等参数，进行科学、精准的投料，减少饵料的浪费，加快了渔业转型升级步伐，改变了水产养殖相对落后的生产状态，大幅提高了渔业智能化和精准化水平。

2. 节能减排、生态环保　初步分析可节省电力 40%，节约人力 70%，在虾蟹和大宗淡水鱼养殖池塘中亩增效益 20%以上。精准投喂的实现不仅避免了饵料浪费，而且还减少了水质败坏的因素。

3. 提高了渔业生产的安全性和稳定性 渔业生产管理实现了手机远程管理、智能控制，养殖现场实时监控追踪，避免了管理真空的出现，能真正实现养殖全过程无缝管理，提高了渔业生产的安全性和稳定性。

六、物联网使用中应注意的问题

（1）传感器探头需要及时清洗。根据养殖品种、放养密度、生产方式等情况的不同，一般7～10天擦洗传感器探头1次，维持传感器清洁，保证数据采集准确。

（2）养殖场要有掌握一些电脑基础知识、对物联网应用感兴趣的生产人员。能够根据养殖环境、养殖方式和季节等情况及时修正参数阈值，才能发挥系统智能管理作用。

（3）因电力、网络不稳定导致系统故障。受生产季节用电量大或雷雨大风等因素影响，会有限电停电、断网事件发生，造成功能中断，应及时维护。

经营管理

科技助力　乡村振兴

祁　婧　郑福禄

一、实施乡村振兴战略的意义和总要求

实施乡村振兴战略，要坚持农业农村优先发展，按照产业兴旺、生态宜居、乡风文明、治理有效、生活富裕的总要求，加快推进农业农村现代化，让农业成为有奔头的产业，让农民成为有吸引力的职业，让农村成为安居乐业的美丽家园。

实施乡村振兴战略的总要求是产业兴旺、生态宜居、乡风文明、治理有效、生活富裕。

二、当前科技农业发展的现状

近年来，河北省坚持把强化科技创新作为深化农业供给侧结构性改革、打赢脱贫攻坚战、推进农业高质量发展的关键举措，围绕发展壮大优势特色产业，提升农业产业化经营水平，搭建平台、组建团队、创新机制、破解瓶颈、打造品牌，着力增强科技对现代农业的支撑能力，农业科技进步贡献率达到 60％。

（一）河北省科技农业情况

农业科研机构 60 个，科研人员 4 380 人。农技推广机构 2 674 个，农技推广人员 16 486 人。重点实验室科学观测站 10 个，育种创新基地 6 个，改良中心 6 个。院士工作站 36 个，产业体系创新团队 19 个，农业创新驿站 160 个。

1. 科技成果　一是培育了一批叫得响的优良品种，主要农作物良种覆盖率达到 98％以上，良种对农业增产增收的贡献率超过了 43％。二是集成配套了一批共性关键技术，主推技术到位率达到 95％以上。三是研发了一批先进实用农机装备，主要农作物耕种收机械化率达到 78％，高于全国平均水平 8 个百分点。四是探索了一批行之有效的服务模式，全省农业科技进步贡献率达到 60％。

2. 科技支撑平台

（1）院士工作站　以瞄准和服务前沿性、全局性重大关键技术需求为着力

点，建立了 36 个院士工作站，吸收河北省内外 47 家科研院校，重点开展绿色防控、粪污处理、资源化利用、乳品加工等 186 项重大科技攻关和项目研发，培养了一大批高层次农业科技创新人才，着力将院士工作站打造成汇聚高端人才、致力服务创新发展的主阵地。

（2）重点实验室　建设了生物遗传育种、有害生物综合治理等 8 个农业重点实验室和科学观测站，同时加强重点实验室与其他科技平台的资源整合、共建共用，通过重点实验直接或间接承担项目 98 个，审定新品种 145 个，获得授权专利 58 个，制定技术标准 146 项。

（3）产业技术体系创新团队　以 7 大类 24 个优势特色农产品为重点，组建了小麦、蔬菜、奶牛等 19 个省级现代农业产业技术体系创新团队，基本覆盖河北省优势特色产业。在专家设置上，立足三产融合，针对薄弱环节，增加补充农产品加工、农机装备、质量控制等全产业链急需岗位，实现了产前产中产后全过程技术研发推广。创新团队按照"首席专家＋岗位专家＋综合试验推广站长"的组织架构，实行首席专家负责制，将河北省内 384 家农业科研、教学、推广单位和龙头企业的 1 536 名农业科技专家聚集在一起，围绕重大关键性难题和制约瓶颈进行集中攻关、试验示范和转化推广，打造了农科教、产学研深度融合的创新推广平台。

（4）农业创新驿站　按照"十个一"模式，每个驿站成立 10 人以上的全产业链专家团队，针对县域特色产业技术难题和制约瓶颈进行全产业链技术开发、引进、集成、熟化，建立专家团队服务新型农业经营主体和推动区域产业发展的长效机制，示范引领、辐射带动其他新型农业经营主体发展。截至 2021 年，已创建农业创新驿站 160 个，涉及 36 个产业、185 家企业，建成区面积超过 60 多万亩，100 多项新成果在驿站转化推广，示范引领 8 100 多个新型农业经营主体发展，辐射带动近 10 万农户增收致富，培育壮大了 160 多个农产品品牌，培养了一大批基层农技推广人才和高素质农民，科技贡献率达到 80％以上。

（二）当前科技农业存在的问题与差距

1. 存在问题

（1）常规技术多、高端成果少　各研发单位重复投入、重复研发、重复立项等问题依然存在，研发的无序性导致低水平科技成果较多，突破性新品种和新技术较少，有效供给不足。比如在品种培育上，高产品种多，专用品种、特色品种、高附加值品种少；在技术研发上，单项常规种养技术多，综合配套精深加工技术少；在农机装备上，主要农作物全程机械化水平高，设施农业、畜牧业、林果业、渔业、农产品初加工等机械化水平低。

（2）科技成果转化缓慢　一方面，科研与生产实际结合不够紧密，科技研发的针对性、实用性不强，成熟性不够，导致一些科技成果难以推广应用。另一方面，农村家庭承包经营仍占主体地位，大多为分散的生产方式和小规模的经营主体，获取技术的成本较高，农业比较效益低，因此新技术需求意愿不高，使农业不能有效吸纳现代科技要素。

（3）农业科技服务体系有待进一步健全　一方面，河北省在大力推进农业科技体制改革和建立健全科技人才评价激励、绩效考核、薪酬分配等方面出台了大量含金量高、具有长效机制的政策，但政策落实有待进一步加强，人才创新活力还有待进一步提升。另一方面，基层农技推广服务体系偏弱，县乡两级基层农技人员年龄偏大，40 岁以下人员较少，学历层次较低，知识陈旧、结构老化，还停留在传统种养环节服务上，一二三产业融合、全产业链技术人才短缺。同时多元化、社会化科技服务体系尚未有效建立，科技服务体系建设滞后高质量发展需求。

（4）科技协同创新体制机制尚未有效建立　虽然毗邻京津，但真正到河北开展前沿技术研发、成果转化的高精尖人才和创新团队仍然很少，承接京津优秀科技成果转移转化水平仍然较低，京津冀农业科技互补共享、协同创新格局尚未有效形成，环京津区位优势还未得到充分利用和发挥。

2. 差距　河北省科技农业取得了丰硕成果，但与先进省份相比仍存在不小差距。一是种业整体竞争力弱。比如玉米，河北省内品种仅占种植面积的 50% 左右，而河南、山东本地品种占到 70%～80%；河北省种业企业年销售收入为 40 多亿元，河南、山东达 70 亿～80 亿元。二是非粮产业机械化水平低。与主要农作物机械化水平相比，设施蔬菜、花卉机械化水平仅为 33%，畜牧为 36%，林果业为 21%，渔业为 19%，农产品初加工为 22%。三是高层次创新人才少。河北省没有农业领域的院士，山东有 3 个、河南有 2 个；河北省建立了 19 个产业技术创新团队，山东有 26 个，江苏有 20 个。四是部分重大科研成果转化难。多数龙头企业规模小、实力弱，难以承接重大科技成果转化。比如，畜禽养殖废弃物综合利用技术和设备，投入高、技术复杂，规模小的养殖企业没有能力用，也用不起。

三、发展科技农业的目标、对策及建议

（一）发展科技农业的目标

到 2022 年底，河北省农业科技进步贡献率达到 61.5%，主要农作物优良品种覆盖率保持在 98% 以上；主要农作物耕种收综合机械化水平达到 80%，智慧农机水平走在全国前列；肥料和农药利用率达到 40%；农田灌溉水有效利用系数达到 0.675；农业创新驿站达到 300 家；国家级重点实验室达到 10 家。

（二）对策及建议

1. 优化两个科技支撑平台

（1）优化产业技术体系创新团队平台

①成立共性问题综合协调组。在以纵向产业链为主线建立创新团队的基础上，根据全产业链服务需求，增加横向方面的协同，组建农产品加工、产销对接、品牌打造等综合协调小组，共同研究不同产业之间的重大共性问题，协同攻关、重点突破，制定综合性解决方案。

②加强有效衔接。一是要充分发挥各级农业行政部门推动作用，紧紧围绕农业农村发展大局，加强创新团队与农业农村主管部门的衔接，防止科技研发与生产实际脱节。二是要加强与国家产业体系的工作衔接。充分利用中央和地方两个资源，充分发挥国家和地方团队各自优势，有针对性开展重大、共性与关键技术研发、引进集成和示范，实现优势互补、利益共享。三是要推动不同团队间的协同，打造科技创新与推广精英队伍。

③实现重大技术突破。要围绕产业发展最急需、农民增收最迫切、成果转化最实用原则，加大关键共性技术的研发创新和示范推广，破解制约产业发展的瓶颈，推进农业实现高质量发展。

（2）优化农业创新驿站建设平台

①明确县域科技支撑定位，抓住三个关键。一是要加强全产业链专家团队组建。要围绕县域特色产业全产业链，组建、补充和调整驿站专家团队，要特别注重农产品加工、市场营销、品牌打造等产后环节支撑，通过延伸产业链提升价值链。二是要加强与基层农技推广体系对接。积极吸纳基层农技人员参与驿站建设，推动驿站先进技术成果向基层一线传播。三是要强化示范引领、辐射带动。作为县域科技支撑主体，驿站要在新技术、新品种、新机具、新模式等方面发挥示范引领作用，辐射带动其他新型农业经营主体发展。

②打造驿站精品，放大三个效应。一是放大驿站创建模式效应。到 2022 年，驿站数量达到 300 个。完善驿站考评体系，强化政策扶持，规范驿站管理，建立科技支撑长效机制。每个农业县至少建设 1 个创新驿站，每个市至少打造 10 个以上精品驿站。二是放大驿站科技创新效应。围绕生物育种、绿色农业、智慧农业、设施农业、农产品质量安全等重点领域，开展重大技术攻关，重点突破一批卡脖子技术，研发推广一批重大科技成果。三是放大驿站利益联结效应。加强"龙头企业＋合作社＋农户""股份合作"等利益联结分享模式探索，让农民分享驿站建设成果，增强驿站发展内生动力。

③用好绩效考评指挥棒，做好三线考评。一是对县级农业农村部门考评。重点考评组织领导情况、政策扶持情况。二是对首席专家考评。重点考评团队组建情况、全产业链科技支撑情况、技术创新和科技服务等情况。三是对驿站

创建主体考评。重点考评专家工作生活配套设施情况、基地建设情况、对周边经营主体辐射带动情况等。

④加强培训指导和典型示范，强化三个引领。一是加强培训引领。组织农业创新驿站首席专家和驿站创建主体负责人进行双线培训指导，重点围绕农业创新驿站推进工作，讲解有关政策，座谈研讨加强驿站创建的方式方法，探讨解决驿站建设中存在的问题和困难，提供操作性强的思路举措。二是加强示范引领。培训既要注重政策解读、座谈研讨，更要注重实地观摩引领，组织参训人员到发展潜力好、科技支撑强、辐射带动大、标准化程度高的典型驿站进行现场观摩，让这些驿站的专家和驿站负责人现身说法。三是加强典型引领。按照"选好一个、带动一片、致富一方"的原则，遴选示范作用好、辐射带动强的农业创新驿站，打造科技支撑乡村产业示范样板，增强农业科技示范展示能力。

2. 提升农业科技服务能力

（1）建立社会化农业科技服务体系　以市场需求为导向，围绕农户和各类生产主体科技需求，以社会化经营组织为运营主体，以托管、半托管或点对点为主要形式，通过政府购买服务、定向补贴等方式，集聚各类资源要素，为农业生产者提供准确、及时、高效的产前产中产后等全产业链各环节的农业科技服务，加快农业科技成果转化步伐，提高专业化、标准化、规模化和集约化水平。

（2）建立以基层需求为导向的农技人员知识更新培训体系　围绕7大类24个优势特色农产品发展需求，针对基层农技人员知识结构和学历层次，多渠道、多层次、多内容开展培训，三年时间实现全覆盖，全面提升基层农技人员科技素质、技能水平和实践动手能力。针对基层农技人员学历层次低、专业匹配度低等实际，实施基层农技人员学历提升行动，通过远程教育、研修深造，破解基层人才断层困境，使大专以上学历人员占比达到70％以上。

（3）继续实施农技人员特聘计划　在62个贫困县实施特聘计划的基础上，向非贫困地区推广，三年内实现全省农业大县全覆盖。

3. 加强人才队伍建设

（1）着力打造一支年龄结构合理、人才梯次科学、产业链条衔接紧密的农业科技创新队伍　以产业技术体系为平台，成立专家顾问组，建立"三农"专家库。建立健全以质量、创新能力和贡献为导向的评价体系，鼓励支持青年科技骨干以创新团队成员身份参加团队工作，实现"传、帮、带"，加快形成衔接有序、梯次配备的人才结构，培植好人才成长的沃土。

（2）着力培养一支懂政策、善推广、留得住、用得上的基层农技推广队伍　持之以恒地抓好农技推广体系建设，落实人员待遇，保障工作经费，改善服务条件，探索服务机制，实施农技人员技能提升工程，积极引导高校涉农专业毕业生到基层从事农技推广工作。要继续实施特聘农技员计划，遴选优秀涉农专业大学生、乡土专家、农业科研人员，为基层农技推广队伍注入新鲜血液。

（3）着力培育一批爱农业、懂技术、善经营的高素质农民队伍　以高素质农民培育项目为抓手，加强对本地专业大户、家庭农场、农民专业合作社等新型农业经营主体带头人的培训。要积极培养返乡创业人才，加强返乡创业大学生、中高职毕业生、退伍军人等返乡人员培训，让曾经走出去的成功人士走回来，把在城市里积累的经验、技术以及资金带回本土，造福乡梓。要创造高素质农民培育的沃土，积极创设含金量高的扶持政策，引导土地流转、产业扶持、人才奖励、金融保险等扶持政策向高素质农民倾斜，确保乡村本土人才回得来、留得住，为农业农村发展注入持久新动能。

（4）要营造良好的工作环境　农业科技工作者长期深入田间地头、生产一线，条件非常艰苦，需要给予更多的关心和关爱。要想办法提高他们的待遇，改善工作条件，解决后顾之忧，让他们心无旁骛地开展科技工作。要赋予科技人员科研管理和经费使用自主权，真正为他们"松绑"。要给予他们特别的支持和宽容，建立容错机制，尊重科研规律，允许科研失败，为人才创新创业营造良好的环境。

休闲农业促进乡村产业振兴

张　昕

　　休闲农业是利用乡村景观资源和农业生产资源，发展观光、休闲、旅游的一种新型农业生产经营形态。可以深度开发农业资源潜力，调整农业结构，改善乡村环境，盘活乡村资产，增加农民收入。游客不仅可以观光、采摘、体验农作、体验乡村生活、享受乡间情趣，而且可享受乡村的美食，在乡村休闲和度假。

一、政策支持

　　2021年中央1号文件提出：构建现代乡村产业体系。依托乡村特色优势资源，打造农业全产业链，把产业链主体留在县城，让农民更多分享产业增值收益。加快健全现代农业全产业链标准体系，推动新型农业经营主体按标生产，培育农业龙头企业标准"领跑者"。立足县域布局特色农产品产地初加工和精深加工，建设现代农业产业园、农业产业强镇、优势特色产业集群。推进公益性农产品市场和农产品流通骨干网络建设。开发休闲农业和乡村旅游精品线路，完善配套设施。推进农村一二三产业融合发展示范园和科技示范园区建设。把农业现代化示范区作为推进农业现代化的重要抓手，围绕提高农业产业体系、生产体系、经营体系现代化水平，建立指标体系，加强资源整合、政策集成，以县（市、区）为单位开展创建，到2025年创建500个左右示范区，形成梯次推进农业现代化的格局。创建现代林业产业示范区。组织开展"万企兴万村"行动。稳步推进反映全产业链价值的农业及相关产业统计核算。

　　省市层面出台了一系列相关政策，如北京市人民政府印发《关于落实农业农村优先发展扎实推进乡村振兴战略实施的工作方案》的通知，河北省委、省政府出台《关于坚持农业农村优先发展扎实推进乡村振兴战略实施的意见》，四川省委、省政府印发《关于坚持农业农村优先发展推动实施乡村振兴战略落地落实的意见》等。

二、案例分享

（一）前小桔创意农场——小橘子的大产业

前小桔创意农场是上海市首个以柑橘为主题的创意体验农场，坐落于上海市长兴岛郊野公园西入口处,拥有优良的水土条件和生态环境,占地 360 亩。前小桔创意农场定位于"真好吃,真好看,真好玩",借鉴国内外柑橘种植经验,建立柑橘种植科技样板段,引进新品种,开发衍生产品,打造上海柑橘品牌。该农场重视柑橘深加工,开发柑普茶系列、柑橘饮品系列、柑橘休闲食品系列等,打造柑橘主题美食餐饮"橘宴"。同时,该农场还围绕儿童开发出亲子乐园、配合采摘、农事体验、亲子教育等项目。其经营模式是以橘子单品集采摘、加工、销售为一体,同时嫁接美食餐饮和亲子教育等项目,延伸产业链。

(二)乌村——乡村游一价全包模式开创者

1. 案例简介 乌村位于杭州乌镇西栅历史街区北侧,是一个以田园风光为主题,以休闲度假村落的方法打造的新型、高端乡村休闲度假区。它颠覆中国乡村游的传统模式,采用一价全包套餐式体验,一键预订即可打包吃住行和 20 多项免费体验项目,为亲子游、情侣游、家庭出游提供新的选择。

乌村保留着传统村委会时期的建筑格局,村委会里有乌村唯一的超市,村委会的前台可以办理退房结算;有画室,可以安静地绘画;有咖啡吧和书吧,可以边看书边喝咖啡。

(1)打造主题民宿 以江南原有的农村风情为主题元素打造具有不同农村风情的民宿,共计 7 个主题风格,包括桃园、竹屋、渔家、米仓、磨坊、酒窖、知青年代等,共有客房 186 间。

(2)形成"一小时蔬菜"特色 乌村美食以中西餐自助形式为主,严格按照"当餐到达,当餐使用"的原则,形成"从采摘到上菜 1 小时"的特色,既美味又放心。

(3)设计特色体验项目 进入乌村,游客就成了"村民",可以免费体验 20 余项特色活动、重温儿时的文体活动及学习多种传统小手艺,如逛乌村市集、射箭、喂养小动物、垂钓、编织、烘焙、手工 DIY 等,还可在童乐馆进行乐高体验、室外攀岩、亲子阅读等活动。

乌村应用一价全包模式,是集吃、住、行、游、购、娱为一体的一站式服务的乡村休闲度假区,其官方网站上有乌村住宿套餐和乌村休闲套餐两种一价全包产品,只需一次付费,即可畅吃畅饮畅玩,免除旅游途中多次付费的困扰,实现不带钱包轻松畅游乌村,还原了以前走家串户的亲切感。

2. 案例总结 乌村是乡村旅游的典型代表,它打造了一种乡村田野间的美好生活方式。乌村给我们带来的启示主要体现在以下几个方面。

(1)像村子一样打造度假乌村 乌村是在西栅旁边的一个空心村,该村村民整体搬迁后,原来的宅基地都保留下来。乌村在打造乡村休闲度假区的过程中,没有破坏村庄原有的结构,该种地的地方种地,该是鱼塘的地方还是鱼塘，该是宅院的地方还是宅院，保留了田园耕作文化。

（2）乌村的盈利模式突破了传统乡村旅游的桎梏 乌村不是单纯地售卖门票，而是售卖时间。乌村首创地将"一价全包"的度假产品应用在乡村旅游上，可以让游客更深入和全面地体验乡村田园生活，更加适合家庭出游。

（3）乌村更关注儿童 乌村以亲子为驱动，设置了儿童喜欢的树屋、鸟窝等地。当孩子喜欢乌村的时候，家里的爷爷奶奶、外公外婆、爸爸妈妈也都会喜欢。乌村孩子可以在乌村学习烘焙、烹饪，参与各种活动，从而增加游客的消费。这样乌村就成了融洽家庭关系的重要场所。

（三）稻香南垣——依托生态水稻和谷酒文化打造生态乡村

姚慧锋，1981 年出生，2005 年毕业于西南林业大学。2011 年放弃城市里月薪上万元的工作回到家乡江西省宜丰县新庄镇南垣村，开发生态农业种植和文化旅游项目，依托生态水稻和谷酒文化打造生态乡村——稻香南垣。

姚慧锋带着梦想回到村里。2012 年第一次试种了 30 亩水稻，用菜枯饼做肥料，稻田养鸭，自制草药杀虫，稻谷通过一家 CSA 公益机构直送城市社区。通过生态种植、对接社区，实现 30 亩水稻纯收入近 6 万元，获得了比传统方法更高的利润。普通的大米每千克 4～6 元，而姚慧峰家的大米每千克能卖到 22 元。虽然产量稍低，每年只种一季，但是年收益仍然比传统水稻种植高出 1～2 倍。

从 2012 年的 30 亩到 2013 年成立合作社，种植面积增至 100 亩，再到 2014 年的 300 亩、2015 年的 600 亩、2016 年的近 1 000 亩，"姚社长"麾下的生态水稻种植面积不断扩大，全村 80％的农户加入合作社，实现年销售额 400 余万元。

姚慧锋在稻香南垣生态水稻种植合作社的基础上，注册了商标，还以"稻香南垣"为名开通了微信公众号和微博。他说，他想通过 CSA，将南垣村打造成"稻米文化生态村"，把全村 1 200 亩稻田做成"市民农田"，开辟农宿文化旅游，修建"稻香居"民宿，把水稻研学、大米酿酒、乡村康养和休闲旅游相结合。

（四）朵儿庄园——从赣南脐橙到乡村美学

据朵儿庄园创始人湛泾介绍，最初她的想法是像其他赣南脐橙人一样，以卖脐橙为主，于是便成立了"朵儿庄园"的品牌，但之后，她发现很多客户都喜欢乡村，便开始在老家建设"朵儿庄园"民宿，为脐橙的客户提供一个线下相聚的实体空间。

她依托脐橙的客户资源，建立了朵儿线上生活馆，售卖一些与生活相关的美食、美物，并与粉丝共同深度挖掘乡村文化，打造出朵儿民宿、杨雅蜂蜜基地、森林学院、香舍花园等一系列线下实体空间，实现了从赣南脐橙到乡村美学的"蝶变"。

三、乡村旅游开发之路

（一）评估开发价值

乡村项目是否具备开发价值，可以根据四大判断标准来衡量项目地是否更具发展优势。

1. 是否具备特色产业及发展优势　乡村项目打造成功的关键在于能够创造长足、健康的经济效益，因而具备一定特色产业的村镇，或具备优良的资源、管理、环境、人才、文化、技术等方面的优势的村镇，更加具备发展基础，能够相对容易地通过产业链整合、产业结构升级，形成具有本地区特色及核心市场竞争力的产业或产业集群。

2. 是否具备闲置土地及房屋资源　通常来看，"空心村"或新村搬迁之后的废弃旧村往往具备更便捷的开发条件，因为闲置的农宅、土地等资源更容易进行资产流转，这将大大减少项目前期的工作难度。而未来乡村项目的成功打造，将既有利于避免闲置资源的浪费，又能使得偏僻、废置、无人居住的村落焕发新生。

3. 是否具备有利的区位和交通条件　不论是农业产业规模化、结构化升级调整，还是农旅融合，都需要项目地具有优良的区位和交通条件，优良的区位和交通代表了良好的市场对接性和通达性，不仅有利于农副产品的贸易与流通，还有利于旅游市场的开拓与稳定发展。

4. 是否具备优良生态及村落风貌　乡村项目打造需要"三生空间优美"，三生即生产、生活、生态。生态环境优良、乡土风味浓郁、建筑风貌独特的村落，具备天然的、原生态的、保存良好的乡土气息、村落格局和建筑风格，能够成为"三生空间"打造的重要载体。

（二）选择开发模式

1. 生态依托型　生态依托型乡村旅游发展的关键是生态，在"人与自然和谐共生"的理念下，由过去的"卖资源"向"卖景观、卖生态、卖体验"转变。生态依托型乡村旅游最大的资本就是原生态的自然环境，包括青山、绿水、田园、树林、空气和这些环境所营造的宁静乡村、淳朴民风和自然的乡村气息。

2. 休闲度假型　乡村旅游作为城乡居民短时旅游消费的一种重要形式，已经受到越来越多旅游者的青睐。随着乡村旅游休闲化升级步伐的加快，乡村旅游产品也经历着从"观光"到"休闲"，从"农家乐"的简单模式到"休闲度假"的体验模式，从传统乡村旅游到现代乡村旅游的转变。

3. 产业依托型　产业依托型乡村旅游是依托村庄的特色农业产业，立足当地产业优势和品种优势，进行二、三产业的延伸，开发农旅项目，提升农业产业的附加值，促进乡村产业发展。可以通过特色餐饮、创意产品、手工体验、农事体验、科普研学、节庆活动等系列业态来呈现。

4. 文化依托型 文化依托型乡村旅游就是依托当地独特的文化属性，如民族文化、民俗文化、建筑文化、历史文化等，提取其中核心的文化要素，设置文化体验项目，发展该项目文化体验类主题产品，构建特色乡村品牌，吸引消费者。

5. 乡村项目六大备选方向

（1）产业带动式可做项目 三产融合产业园、农产品加工示范基地、设施农业种养殖及科普教育基地等项目。

（2）生态农业式可做项目 生态农庄、生态农业产业园、生态循环农业、生态农业观光等项目。

（3）高效农业式可做项目 农业质量品牌提升工程、智慧农业示范区、农业开放合作示范工程等项目。

（4）休闲农牧式可做项目 休闲农业综合体、现代牧场或养殖基地、农牧循环示范项目、综合性海洋或农牧文化休闲度假区等项目。

（5）城郊乡村式可做项目 会员制生活农场、劳动教育基地、新农业科技开发示范园、田园风情度假区等项目。

（6）文化旅游式可做项目 田园综合体、休闲度假村、休闲农庄、古村古镇、传统非遗体验、匠人村落保护等项目。

（三）落实开发项目

1. 确定开发主体

（1）村集体统一整合开发 村集体通过成立农民专业合作社，以自筹资金的形式，将村里闲置土地及房屋等资产统一集中流转，进行整合开发。

（2）村集体与专业旅游公司共同开发 村集体与专业的旅游开发公司合作，引入外来资金，对村里的闲置资产进行统一流转、整合开发与专业运营。

2. 盘活闲置资产 闲置资产包括土地、房屋等，闲置资产流转是获取乡村土地、房屋等的主要途径，是促进城乡要素流动的有效手段，也是乡村项目开发必须考虑的首要问题。农村闲置资产流转，有利于美丽乡村建设，有利于农村集体经济发展，有利于农户增收，能够唤醒沉睡的闲置资产，发挥资产价值，进而实现一定收益。

资产流转的形式主要有以下几种：①出租。承包期限一般由双方协商确定，最长不超过承包合同的剩余期限。承租方支付农户固定的收益。②入股。农户将全部或部分资产的使用权作价为股份，参与股份制或股份合作制经营，分红以入股的资产使用权为依据，按经营效益的高低确定分红数额。③转包。

土地承包方将全部或部分承包地的使用权包给第三方，转包期限由双方协商确定，但不得超过土地承包合同的剩余期限，且转包方与发包方的原承包关系不变。④出让。取得一定量的土地补偿后放弃土地承包经营权剩余期限，这种形式多是因公路、桥梁、公共设施、城镇建设、工商业发展等建设用地的需要，被政府征用部分土地。

3. 系统规划开发

（1）特色鲜明　保持地域、产业、生态、风貌特色：保持鲜明的地域特色，保持鲜明的产业特色，保持鲜明的生态特色。

（2）文脉鲜活　通过提炼文化元素、传承传统文化等方式保持乡土文化的原生性、鲜活性。

（3）三产融合　统筹区域产业规划保障发展动力，实现一二三产业融合，实现现有产业升级，调整产业结构。

（4）宜居宜游　通过挖掘旅游题材、打造配套设施等方式留住生产力，扩大消费吸引力。

（5）活力构筑　通过打造活力型街区、注重夜经济打造等方式聚集人气，防止空村出现。

4. 五大功能分区设计

一产区域包括农业生产区（常规基地、智能温室基地）和农业景观区（打造可参观景观化基地）。

二产区域指衍生产业区（农产品加工延长产业链）。

三产区域包括休闲度假区（可满足游客吃住玩娱购等需求）、科技教育区（可开展研学教育、行业培训）。

生活区指村民生活居住区，要注重基础设施建设提升。

综合管理区包括管理中心（统一生产管理和运营管理）和公共服务区（接待中心、卫生间、停车场等）。

5. 合理利益分配

（1）企业——经济、品牌、战略投资效益　乡村项目的成功开发建设，可以使企业获得相应的经济回报。同时，随着项目的投资、开发、运营管理及营销推广的系统化运作，会打造企业自身的品牌，进而在一定区域内逐渐形成品牌号召力，通过连锁运营模式获取更大的品牌效益。

（2）农民——租金、分红、工资等收入　乡村项目中，农民是最直接的受益者。其收入来源主要分为三部分，即租金收入、分红收入及工资收入。

（3）乡村——经济、社会、文化、生态效益　乡村项目的建设过程中，会同时推进乡村公共交通、供水供电、垃圾和污水处理、通信信息和劳动就业服务等体系的建设，推动乡村公共基础设施升级，使现代化的生活方式与农村田园牧歌式的传统生活方式有机融合，促进乡村可持续发展。

6. 休闲农业项目落地步骤

（1）开展深度调研　挖掘当地文化，发掘产业基础，梳理当地优势资源。

（2）多维度现状分析　对地形、交通、气候、特产、市场、土地、建筑、风俗等进行分析。

（3）制定发展战略　树立核心文化，确定主导产业，确定管理模式，确定开发次序和规模。

（4）规划设计　功能区域划分、基础设施设计、环境治理景观营造、产业结构规划、运营管理体系设计。

（5）项目落地　基础设施建设、主导产业升级、运营管理体系搭建、新媒体矩阵构建。

农民专业合作社会计核算基础

白　玥　昝立亚

一、农民专业合作社建账流程

(一) 农民专业合作社建账的原则

合作社建账要遵循以下原则。

(1) 与成员和非成员的交易应分别核算。

(2) 要建立财务管理制度，包括岗位责任制、财务审批权限和保管制度、稽核制度等。

(3) 应配备会计和出纳，由第三方代理记账。

(4) 按业务类型划分明细核算科目。

(二) 合作社建账的准备工作

合作社要认真学习财政部印发的《农民专业合作社财务会计制度（试行)》，按照该制度规定设立账户进行会计核算、填报报表等。

1. 合作社成员认定　按照合作社章程的规定，符合入社条件，能履行合作社成员义务，办理规定的手续加入合作社，同时享有合作社基本表决权和参与盈余分配权的，方可认定为成员。

2. 合作社资产认定　属于合作社的资产，是全体成员可受益、可以自行处置的资产。

3. 合作社的业务界定　尤其要把合作社的收入、费用界定清楚。哪些是合作社成员共同所有和承担的，哪些是需要最后给每个成员进行分配的，哪些是成员个人的。不要把成员个人的业务纳入合作社核算。

4. 基本资料　包括合作社章程、组织机构、工作人员名单及分工、营业执照、股东名册、税务登记证、银行开户许可证、其他协议合同等。

5. 出资情况　现金出资；实物出资；土地使用权、经营权等出资。

6. 确定主要账户金额　①库存现金；②银行存款；③在建工程；④固定资产；⑤客户名录、供应商名录；⑥农业资产清单；⑦产品劳务；⑧股金。

7. 其他注意事项　①常用单据填制要求，传递要求，外来凭证要求，不合规票据处理；②产品劳务工时记录，工资协议，工作人员的考勤、工资制度；③生产基地、主要产品目录；④销售渠道；⑤产品的采摘、验收、入库、出库管理登记；⑥日记账、产品物资账的设置与登记要求，流水记录；⑦涉税事项的考虑，免税、减税是有条件的，尽量争取符合免税、减税条件。

（三）成员账户

成员账户为合作社特有账户，成员账户主要记载以下事项：成员的出资额，成员公积金变化情况，接受国家财政直接补助和他人捐赠形成的财产（专项基金账户余额）平均量化到成员的份额，成员与本社的交易量（额），盈余返还情况等。

成员账户是成员出资及盈余分配的重要依据，合作社成员以其账户内记载的出资额和公积金份额为限对合作社承担责任，出资额或交易量（额）较大的成员按章程规定，可以享有附加表决权。成员账户是处理社员退社的财务依据，方便记录成员与合作社之间的其他经济往来。

合作社会计信息应定期、及时向本合作社成员公开，接受成员的监督。

二、会计核算基础知识

合作社的会计核算采用权责发生制。会计记账方法采用借贷记账法。

（一）权责发生制

权责发生制又称应收应付制原则，是指以应收应付作为确定本期收入和费用的标准，而不问货币资金是否在本期收到或付出。也就是说，一切要素的时间确认，特别是收入和费用的时间确认，均以权利已经形成或义务（责任）已经发生为标准。

（二）借贷记账法

遵循"有借必有贷，借贷必相等"规则，牢记以下公式：

资产＝负债＋所有者权益＋盈余

收入－费用＝盈余

资产＝负债＋所有者权益＋（收入－费用）

资产＋费用＝负债＋所有者权益＋收入

（三）会计科目

1. 资产类　资产类科目具体包括：库存现金、银行存款、应收款、成员往来、产品物资、委托加工物资、委托代销商品、受托代购商品、受托代销商品、对外投资、牲畜（禽）资产、林木资产、固定资产、长期待摊费用、在建工程、无形资产。

资产类科目金额增加时记入借方，金额减少时记入贷方。

2. 负债类　负债类科目具体包括：短期借款、应付款、应付工资、应付盈余返还、应付剩余盈余、长期借款、专项应付款。

负债类科目金额增加时记入贷方，金额减少时记入借方。

3. 所有者权益　所有者权益科目具体包括：股金、专项基金、资本公积、盈余公积、本年盈余、盈余分配等。

所有者权益科目金额增加时记入贷方，金额减少时记入借方。

4. 成本类　成本类科目金额增加时记入借方，金额减少时记入贷方。成本类科目只有生产成本。

5. 损益类　损益类科目具体包括：经营收入、其他收入、投资收益、经营支出、税金及附加、管理费用、其他支出、所得税费用。

损益类科目中，经营收入、其他收入、投资收益等科目金额增加时记入贷方，金额减少时记入借方。损益类科目中，经营支出、税金及附加、管理费用、所得税费用、其他支出等科目金额增加时记入借方，金额减少时记入贷方。

三、典型业务核算

（一）服务收入的核算

合作社为其成员提供农业生产资料购买服务，应收 1 万元，垫付货款 9 800 元。交货时收款，获得服务费收入 200 元。

借：成员往来——应收款项　　　　　　　10 000
　　贷：银行存款　　　　　　　　　　　　　　　9 800
　　　　经营收入　　　　　　　　　　　　　　　　200
借：银行存款　　　　　　　　　　　　　10 000
　　贷：成员往来——应收款项　　　　　　　　10 000

（二）自营业务的核算

合作社将自产蔬菜黄瓜销售给某超市，拿到收货凭证，价款 23 000 元尚未收到。账面上计算出该批黄瓜种植成本 20 000 元。

借：应收款——某超市　　　　　　　　　23 000
　　贷：经营收入　　　　　　　　　　　　　　23 000
借：经营支出　　　　　　　　　　　　　20 000
　　贷：产品物资——黄瓜　　　　　　　　　　20 000

（三）产品物资的核算

1. 数量核算　产品物资收、发、库存结余数量的核算，由保管人员负责；按产品物资的品种、规格、数量、单价等设置明细账。

2. 价值核算　由会计负责，并核对入库单、出库单。

示例：合作社向社员李某销售化肥 250 千克，价值 800 元，尚未结账。这些化肥购进总计 780 元。

```
借：成员往来——应收成员——李某          800
    贷：经营收入                              800
```

销售产品物资一定要同时结转它的成本。

```
借：经营支出                          780
    贷：产品物资——化肥                      780
```

为什么结转成本？因为购进化肥时是这样入账的。

```
借：产品物资——化肥                  780
    贷：银行存款                            780
```

实际操作会先记录每个社员领用的批次、数量，定期结算本期账款，统一结转成本。

（四）受托代购业务的核算

合作社受成员委托统购种子 2 500 千克，采购价 20 元/千克，销售给成员单价 22 元/千克。售完结账。

```
借：受托代购商品——种子              50 000
    贷：应付款——种子厂家                  50 000
借：现金                            55 000
    贷：受托代购商品——种子              50 000
        经营收入                          5 000
```

（五）受托代销业务的核算

合作社收到农户成员鸡蛋共计 20 万元，款暂欠，待售出后统一结算。

```
借：受托代销商品——鸡蛋            200 000
    贷：成员往来——应付成员——农户名     200 000
借：银行存款                        230 000
    贷：受托代销商品——鸡蛋            200 000
        经营收入                        30 000
借：成员往来——应付成员——农户名    200 000
    贷：银行存款                        200 000
```

（六）股金的核算

1. 合作社成立之初，某单位作为单位成员向合作社投入在用某型号大型拖拉机一台，双方确认拖拉机价值 100 000 元，同时确定以此价值作为股金价值。

```
借：固定资产——某型号拖拉机          100 000
    贷：股金——某单位                    100 000
```

2. 合作社成立 2 年后，吸收新成员张某股金 60 000 元，经成员大会讨论决定，股金溢价 5%。开具合作社收款收据，并注明其股金的数额。

借：银行存款　　　　　　　　　　　　　　　60 000

　　贷：股金——赵某　　　　　　　　　　　57 000

　　　　资本公积　　　　　　　　　　　　　3 000

3. 成员以家庭承包的土地经营权作价入股合作社，即：成员流转其土地经营权在一定期限内归合作社拥有，按照章程规定或成员大会决议确定经营权作价金额。

合作社经全体成员大会讨论通过：李某等 60 户以承包期限内的土地承包经营权作价入股合作社。一等地每亩 2 500 元，二等地每亩 1 800 元，三等地每亩 1 000 元，价格 3 年后重新评估。以李某一户为例，一等地 5 亩，二等地 3 亩，三等地 4 亩。总作价金额为 21 900 元。对李某入股进行账务处理。

借：无形资产——李某土地承包经营权　　　21 900

　　贷：股金——李某　　　　　　　　　　　21 900

（七）专项应付款和专项基金的核算

专项应付款是核算接受的所有财政补助资金及接受的捐赠资金的使用情况；专项基金记载财政补助资金和接受捐赠形成的财产的结转数。合作社在报账制度下使用财政补助资金的核算如下。

1. 合作社申报 2014 年省级财政支持合作社项目 15 万元，文件已于 2014 年 4 月批复并将项目款拨付县财政，合作社当年项目建设支出在县财政支付中心报账。5 月 5 日，合作社预付×公司建冷库的工程款 55 000 元，县财政报账。

借：在建工程——预付×公司×工程款　　　55 000

　　贷：银行存款　　　　　　　　　　　　55 000

工程结束后，实际工程用款 60 000 元。验收并支付余款。

借：固定资产——冷库　　　　　　　　　　60 000

　　贷：在建工程——预付×公司×工程款　　55 000

　　　　银行存款　　　　　　　　　　　　5 000

报账后：

借：银行存款　　　　　　　　　　　　　　60 000

　　贷：专项基金——财政专项补助——×合作社项目

　　　　　　　　　　　　　　　　　　　　60 000

2. 合作社购进项目文件批复的×专用仪器一台，计价 10 000 元，先以银行存款垫付，后报账。

借：固定资产——×专用仪器　　　　　　　10 000

　　贷：银行存款　　　　　　　　　　　　10 000

借：银行存款 10 000

    贷：专项基金——财政专项补助——×合作社项目

                                           10 000

3. 合作社按项目计划，带领技术人员赴外地学习新技术，垫付考察费、差旅费等共计 20 000 元。财政报账。

报账前：

    借：应收款——县财政报账中心 20 000

        贷：银行存款 20 000

报账后：

    借：银行存款 20 000

        贷：应收款——县财政报账中心 20 000

4. 合作社通过赊账方式购买果树苗价款共计 6 万元。报账后财政直接支付给树苗销售商。

报账前：

    借：林木资产 60 000

        贷：应付款——树苗销售商名称 60 000

报账后：

    借：应付款—树苗销售商名称 60 000

        贷：专项基金——财政专项补助 60 000

            ——×合作社项目

（八）本年盈余的核算

年末，合作社"经营收入"的余额为 1 770 000 元，"其他收入"的余额为 30 000 元，"经营支出"的余额为 1 280 000 元，"管理费用"的余额为 100 000 元，"其他支出"的余额为 20 000 元，"投资收益"的余额为 300 000 元。

    借：经营收入 1 770 000

        其他收入 30 000

        投资收益 300 000

        贷：本年盈余 2 100 000

    借：本年盈余 1 400 000

        贷：经营支出 1 280 000

        管理费用 100 000

        其他支出 20 000

具体见以下"T"型账户。

（借方）	《本年盈余》	（贷方）
"经营支出"的余额 1 280 000	"经营收入"的余额 1 770 000	
"管理费用"的余额 100 000	"其他收入"的余额 30 000	
"其他支出"的余额 20 000	"投资收益"的余额 300 000	
	余额 700 000	

借：本年盈余   700 000

    贷：盈余分配——未分配盈余   700 000

（九）盈余分配的核算

合作社当年的盈余在弥补亏损，提取盈余公积、公益金，风险基金后的剩余，称为合作社的可分配盈余。盈余分配方案应按章程规定或经成员（代表）大会讨论通过。盈余分配顺序：①弥补亏损；②提取盈余公积；③提取章程规定的其他基金；④盈余返还；⑤剩余盈余分配。

盈余返还按成员与合作社的交易量（额）比例返还，返还总额不得低于可分配盈余的 60%。

剩余盈余分配原则为：以成员账户中记载的出资额和公积金（即资本公积和盈余公积）份额，以及合作社接受国家财政直接补助和他人捐赠形成的财产（即专项基金账户余额）平均量化到成员的份额，按比例分配给社员。

甲合作社本年盈余弥补上年 30 000 元亏损后为 670 000 元，经成员大会批准，按以下方案进行分配：按 20% 提取盈余公积，剩余部分的 70% 按交易额返还给成员，20% 按成员账户记录的股金和公积金份额分配给成员，其余留存下年。

1. 提取盈余公积数   670 000×20%=134 000 元

    借：盈余分配——各项分配——提取盈余公积 134 000

        贷：盈余公积   134 000

2. 盈余数计算   应向成员返还盈余数为（670 000－134 000）×70%=375 200 元；应向成员分配剩余盈余数为（670 000－134 000）×20%=107 200 元。

    借：盈余分配——各项分配——盈余返还 375 200

                     ——剩余盈余分配 107 200

        贷：应付盈余返还   375 200

              应付剩余盈余   107 200

3. 剩余盈余分配份额的计算公式

（1）出资额计算   即成员个人账户上的出资总额。

（2）公积金份额计算   合作社公积金总额×成员个人的出资额占合作社公

积金总额的比例；或合作社公积金总额×个人交易额（量）占所有成员总交易额（量）的比例；或上述两个比例各占一部分。具体由章程或成员（代表）大会决定。

（3）专项基金份额计算　将本账户本年发生额按成员总数平均分配，每个成员占一份。

形成财产的财政补助总额＋形成财产的捐赠总额＝专项基金

（4）剩余盈余返还分配份额计算　剩余盈余分配份额＝（成员股金＋公积金量化份额＋国家补助财产量化份额＋他人捐赠财产量化份额)/(股金总额＋资本公积总额＋盈余公积总额＋形成财产的财政补助总额＋形成财产的捐赠总额）

农民专业合作社如何规范发展

殷文红　李　粲

一、农民专业合作社概念

《中华人民共和国农民专业合作社法》规定："本法所称农民专业合作社，是指在农村家庭承包经营基础上，农产品的生产经营者或者农业生产经营服务的提供者、利用者，自愿联合、民主管理的互助性经济组织。"

通俗来讲，就是大家联合起来（可基于产品、劳务、资产、土地经营权等），商量（民主管理，一人一票）共同做一些事（农业经营和服务）。创办并做好农民专业合作社要把握两个关键点：一是把服务社员作为基础；二是分红标准依据交易量或服务量。

二、农民专业合作社业务范围

农民专业合作社以其成员为主要服务对象，开展农业生产资料的购买、使用；农产品的生产、销售、加工、运输、贮藏及其他相关服务；农村民间工艺及制品、休闲农业和乡村旅游资源的开发经营等；与农业生产经营有关的技术、信息、设施建设运营等服务。

三、农民专业合作社的现状

农民专业合作社是广大农民群众在家庭承包经营基础上自愿联合、民主管理的互助性经济组织。改革开放以来，伴随波澜壮阔的农村改革发展大潮，合作社蓬勃发展。特别是党的十八大以来，合作社服务能力持续增强，合作内容不断丰富，发展质量进一步提高。目前，全国农民专业合作社总数超过 220 万家，合作社已成为引领农民参与国内外市场竞争的现代农业经营组织。

1. 农民专业合作社的作用　合作社在稳定农村家庭承包经营的基础上，为合作社成员提供农业生产经营服务，组织小农户"抱团"闯市场，帮助小农户克服分散经营等难题，统一农业经营主体，提高农业经营效率，赋予双层经营体制新的内涵，给农村基本经营制度注入更加旺盛的活力。

2. 单个农户参加合作社的好处

（1）享受合作社提供的服务　单个农户加入合作社后，可以享受合作社提供的多项服务，包括统一并优化品种、利用新技术创建优质农产品生产基地、打造品牌、开展加工、组织多渠道销售、实现集中储运、分享行业信息、开展电子商务等。

（2）共享国家支持农业的政策　单个农户加入合作社后，可以在多方面共享国家支持农业的政策。如：农业新技术推广；建设冷库、晾晒场、加工生产线；购置多种大型农机，实现农田管理机械化；路、沟、桥、渠、水、电等农业基础设施建设等。

以蛋鸡养殖农户加入养鸡合作社为例进行解析，单个农户加入合作社后可以在以下几个方面获益：①技术，如更新先进技术、改善疫病防疫防治和绿色养殖方式，提升品质技术和方法等；②销售，如拓宽并共享销售渠道，实现品牌化运营，共同抵御行情波动，解决单个农户在价格上没有话语权等问题；③自然风险，如通过风险保障机制抵御疫情、自然灾害影响等；④成本影响，如通过规模采购可以降低饲料价格、保障饲料质量等；⑤储存，加入合作社后可集中建设储存保鲜设施并提供优越的保鲜条件；⑥运输，如通过统筹货物进出库，单个农户可节省在该环节的投入等。

四、农民专业合作社主要运营形式

（一）服务为主

1. 主营业务　《农民专业合作社法》提出的任何一种或多种服务业务，可以涵盖产前产中产后各环节。

2. 农业服务组织主要模式　①农机服务合作社；②农业托管服务公司；③农地托管合作社；④农产品销售公司（包含电商）；⑤农业协会；⑥农业技术服务公司；⑦养殖防疫队。

3. 服务组织可以注册的经营主体形式　①家庭农场；②农民专业合作社；③农业公司。

（二）行业互助合作

1. 养殖合作社

（1）主营业务　统一进雏（统一品种）、统一饲料采购或加工、统一防疫、统一技术服务、统一销售、统一品牌、合作保险、资金互助、统一培训。合作社定期或不定期聘请养殖专家对社员进行技术培训，让社员掌握生产规划、饲养管理、禽病防治和选种育种等先进适用技术，全部实施标准化养殖。

（2）运营形式　公司或大户投资，农户进养殖场承包养殖；农户各自投资养殖设施，各自管理养殖棚舍，其他环节由合作社提供统一服务。

2. 设施蔬菜合作社（含食用菌）

（1）主营业务　统一进苗（育苗）、统一品种、统一物资采购、统一技术服务、统一销售、统一品牌、合作保险、资金互助、统一培训。合作社定期或不定期聘请蔬菜专家对社员进行技术培训，让社员掌握生产操作规程、温室管理、病害防治和选种育种等先进适用技术，全部实施标准化种植。

（2）运营形式　公司或大户投资，农户承包种植；农户各自投资温室大棚设施，各自管理，其他环节由合作社提供统一服务。

3. 规模种植合作社　依赖大规模土地的产业，包括粮、棉、油、瓜、果、蔬菜（露地）、中药材等。主要合作形式有以下几种。

（1）公司（包含大户）主导型（大股东投资）　常见问题是大规模流转土地的费用和大量工人劳务费增加了大股东的成本和风险。

破解探索：必须做好规模种植组织和组织内部的责任承包制度探索；研究好资金投资者和广大劳动者的利益结合形式，逐步实现投资者与劳动者合作经营，既可以减少投资者的负担，又可以提高劳动者的积极性和收入，实现利益共享。目前最好的形式为农户土地入股合作社。

（2）少量农户联合生产经营型　合作社要努力学习股份公司的合作模式进行管理和运营。

（3）多个小户的联合　必须是以服务为基础的合作，提供有偿服务，不以营利为目的。只有参与的人员多，才能保证合作社有足够的盈余以维持合作社的运营。

五、合作社规范化发展的基础条件

（一）成员真实

目前部分合作社成员虚高，还有的合作社在登记时因客观原因仅登记少量成员。首先农户要有加入合作社的申请，其次合作社要通过分析农户和合作社的关系，来确定农户是否能成为合作社成员。分析的依据主要有：向合作社出资入股，能直接利用合作社服务，与合作社有交易关系，能够获得合作社分红。合作社应向成员颁发社员证，到市场监管部门登记或备案，并建立起成员账户。

（二）章程务实

实践中部分合作社不重视章程的制定，或者不严格执行，逐渐失去了合作社的信誉。章程是合作社"小宪法"，应当依据《农民专业合作社法》，通过成员大会或成员代表大会把一切相关事项及处理办法写进章程，作为共同遵守和执行的规矩，严格执行。

（三）产权明晰

合作社的资产是由成员出资、公积金、国家财政直接补助等多项属于不同成员的资产组成的。实践中因为认识上的错误导致资产不清，主要表现在：有的合作社领办者将自己创办的实体与合作社一本账核算管理；有的合作社理事长在合作社的劳动报酬该拿不拿，当年盈余应分不分，财政补助资金形成的财产应量化不量化，收益形成的权属关系不清。合作社应明晰盈余分配办法，经全体成员同意，理事长该拿的报酬要拿，该分给成员的要分，分配结果记入成员账户。提取的公积金、财政补助资金形成的财产、捐赠财产等应依法量化到每个成员。

（四）制度健全

成员（代表）大会、民主议事制度、经营管理制度、生产操作规程等要健全。

（五）财务合规

按照农民专业合作社相关财务制度进行核算，票证齐全，账目完整。实践中如合作社没有专业会计人员，可考虑代理记账。

（六）接受指导

要重视政府相关部门的监管要求，接受业务指导，包括工商年报、报税、环保、财务审计等。

（七）持续发展

要符合市场经济规律要求的发展方向，尤其是注重科技农业、品牌农业、绿色农业、质量农业四个农业发展方向。

1. 科技支撑 要重视科研与科技应用，重视与科技专家的对接，积极建立科研基地，积极运用科技解决实际问题。

2. 打造品牌 积极打造自有品牌和区域品牌。

3. 绿色生产 种植业的绿色防控措施应用，应做到"一控两减三基本"（控制农业用水总量和农业水环境污染，化肥、农药减量使用，畜禽粪污、农膜、农作物秸秆基本得到资源化、综合循环再利用和无害化处理）。养殖业要严格按照国家法律法规，规范饲料、兽药使用，按要求处理粪污、病死畜禽等，注重开发循环生态农业；重视追溯、质量监控监测等手段，保证产品质量安全和优质。

六、合作社规范化制度建设

（一）成员管理

《农民专业合作社法》规定："农民专业合作社应当置备成员名册，并报登记机关。"

按照《农民专业合作社法》《中华人民共和国市场主体登记管理条例》的要求，农民专业合作社成员应依法取得营业执照，并在年度报告公示系统上填报成员信息。各级登记机关应加强对农民专业合作社申办者的宣传引导，按照法律法规对农民专业合作社所有成员予以备案。

1. 成员认定　按照合作社章程的规定，符合入社条件，能履行合作社成员义务，办理规定的手续加入合作社，同时享有合作社基本表决权和参与盈余分配权的，方可认定为成员。注意成员与员工的区别，成员与带动农户的区别，成员与租地农户的区别。

2. 建立成员账户　成员账户主要记载五项内容：成员的出资额，成员公积金变化情况，接受国家财政直接补助和他人捐赠形成的财产（专项基金账户余额）平均量化到成员的份额，成员与本社的交易量（额），盈余返还情况。

3. 为什么要建立成员账户　成员账户是成员出资及盈余分配的重要依据，合作社成员以其账户内记载的出资额和公积金份额为限对合作社承担责任，出资额或交易量（额）较大的成员按章程规定，可以享有附加表决权，成员账户是处理成员退社的财务依据，方便记录成员与合作社之间的其他经济往来。

4. 怎样让成员之间的利益联结更紧密　尽量采取每个成员都以资金、实物或承包经营权入股的利益联结形式。资金入股既可以解决合作社资金短缺难题，又可以减少大股东的风险，还可以让成员关心并加入合作社的管理，真心关注合作社的经营，符合国内外合作社运营规则。

（二）重视并完善章程

1. 如何制定章程　①要遵守法律法规；②章程的制定必须坚持民主（全体成员签字）；③章程的内容要力求完善；④章程的制定和修改必须按法定程序进行，即召开成员（代表）大会形成决议，且要有2/3以上成员通过。

2. 章程应当载明下列事项　①名称和住所；②业务范围；③成员资格及入社、退社和除名；④成员的权利和义务；⑤组织机构及其产生办法、职权、任期、议事规则；⑥成员的出资方式、出资额；⑦财务管理和盈余分配、亏损处理；⑧章程修改程序；⑨解散事由和清算办法；⑩公告事项及发布方式；⑪需要规定的其他事项。

（三）健全制度

1. 管理方面的制度　①"三会"召集制度；②财务管理制度；③社员登记管理制度；④社务公开制度；⑤文件资料和档案保管制度；⑥综合管理制度。

2. 经营方面的制度　根据实际经营管理需要制定。

(四) 健全组织机构

①成员大会；②成员代表大会；③理事会；④监事会；⑤生产经营机构；⑥日常管理工作机构。

(五) 实行民主管理

民主管理的核心是"一人一票"。一人一票制是指在合作社成员大会选举和表决时，每个成员都具有一票表示赞成或反对的权利。这是基本表决权，任何人不得限制和剥夺。

《农民专业合作社法》还设置了附加表决权。出资额或者与本社交易量（额）较大的成员在享有一人一票的基本表决权之外，依据本社章程的规定可额外享有投票权，但本社的附加表决权总票数，不得超过本社成员基本表决权总票数的20％。附加表决权不适用于理事会、监事会的表决。

(六) 风险保障机制

合作社生产自救资金短缺，抵御风险能力弱，无力承担不可抗力造成的重大损失。为解决这个难题，要逐步探索风险保障机制的建立，以团体的力量共同抵御风险，把损失以最大范围来进行分散，降低单个成员的种植养殖风险，方便农业保险业务集中承保、集中理赔。

合作社建立经营风险保障机制的模式主要有以下几种：①简易模式，合作社集体投保各类农业保险；②提取风险基金模式，按照章程的约定，在盈余中提取；③行业协会或联合社统一保险模式，扩大同类保险业务量，利于谈判商业保险赔付比例；④成立互助式农业保险机构模式，探索成立以农业保险为主营业务的合作社或专业组织，需要专门机构批准并由专业人员管理运营。

(七) 品牌建设

只要进行营销，就要有品牌，合作社也不例外。注册商标是产品的通行证，虽然有品牌的产品不等于有好价钱，但是有好价钱的产品一定有品牌。合作社运营初期，独立创建品牌有难度，可以尝试联系直供品牌采购商，这样既可以按采购商的标准进行标准化生产，又可以稳定产品品质和销路。

(八) 标准化生产

农业标准化就是通过制定和实施标准，把农业产前产中产后各个环节纳入标准化生产和标准化管理的轨道。通过把先进的科学技术和成熟的经验组装成农业标准，推广应用到农业生产和经营活动中。一句话概括就是把一套成熟的生产操作规程交给每个成员。实行标准化生产和标准化管理，是合作社必须努力的方向。

1. 实施标准化的意义　①从源头保障食品安全；②提升合作社应对大市场的能力；③合理使用农业资源；④参与对外贸易，提高外贸效益。

2. 合作社的标准化操作规程制订依据　①国家标准；②行业标准；③地

方标准；④企业标准。

（九）坚持工商系统年报和报税

按照《国家工商行政管理总局 农业部关于进一步做好农民专业合作社登记与相关管理工作的意见》（工商个字〔2013〕199号）要求，"农民专业合作社每年定期向登记机关报送农民专业合作社年度报告书，在登记机关指定网站上公示其年报的相关资料，并对公示年报信息的真实性负责。"年报时间为每年的1月1日至6月30日。未年报的合作社将被列入"经营异常名单"。

合作社要按规定进行报税，业务量小的合作社可按小规模纳税人进行季报。相关减免税按规定执行，零税合作社也要按规定报税。

（十）财务管理

根据财政部《农民专业合作社财务制度》（财农〔2022〕58号）建账核算，建立各种财务管理制度，设立专职或兼职的会计和出纳，或由会计机构代理记账，按照国家有关要求报送相关信息。

国家财政直接补助资金（项目资金）和接受捐赠的资金形成的财产，要按会计制度核算。项目资金形成的利益由合作社成员均享，这里的利益指的是财产利益，而不是财产本身，即并不是把国家补助形成的财产分掉，而是把这个财产形成的利益均分。这个量化份额仅仅作为分配剩余盈余时分配比例的计算依据。例如：某合作社成员70人。2021年合作社利用地方财政资金70万元建设冷库一座，冷库建成验收后形成固定资产冷库，原值70万元。年终量化资产，每个成员账户增加量化份额为1万元。这1万元并不是直接分配现金，而是增加了现有70个成员参加年终盈余分红的比例份额，冷库的使用及收益由全体成员均享。如果2022年新增加2个成员，那么这2个成员就没有这个份额，与老成员的盈余分配比例就会不同。

经济学理论知识解析

路　剑

学习市场经济知识，重要的并不是记住某项具体结论，而是要学会正确思考经济问题的思维方式和有效运用经济学知识。

一、蛛网理论

（一）蛛网理论的含义

蛛网理论指出，当供求决定价格、价格引导生产时，经济中往往会出现一种周期性波动。蛛网理论就是用供求原理解释某些生产周期长的商品，诸如农产品、畜牧品，在供求不平衡时所发生的价格和产量循环影响和变动的理论。由于这种理论所表现的价格、产量波动的图形，与蛛网相似，所以定名为"蛛网理论"。

古典经济学理论认为，如果产量和价格偏离均衡状态，那么经过竞争，均衡状态会自动恢复。蛛网理论却证明，按照古典经济学完全竞争的假设，均衡一旦被打破，经济系统不一定自动恢复均衡。

（二）蛛网理论的前提

（1）所研究的产品，从生产到上市都需要较长的生产周期；生产规模一旦确定，在生产过程未完成以前，不能中途改变；产品不易储存，必须当期销售。因此，市场价格的变动只能影响下一生产周期的产量。

（2）本期价格取决于本期的产量，本期的产量取决于上一期的价格。

（三）蛛网理论的三种模型

1. 发散型蛛网

特点：需求曲线斜率绝对值大于供给曲线斜率绝对值。

过程：因市场外在干扰偏离原来均衡状态，实际价格和实际产量不断波动，但偏离均衡价格和均衡产量的幅度变大，偏离原来均衡点越远。

2. 收敛型蛛网

特点：需求曲线斜率绝对值小于供给曲线斜率绝对值。

过程：因市场外在干扰偏离原来均衡状态，实际价格和实际产量围绕均衡价格和均衡产量上下波动，波动幅度变小，最终回到原来均衡状态。

3. 封闭型蛛网

特点：需求曲线斜率绝对值等于供给曲线斜率绝对值。

过程：因市场外在干扰偏离原来均衡状态，实际价格和实际产量按照相同幅度上下波动，但永远回不到原来的均衡状态。

发散型蛛网波动在农业中表现最为明显。一般来说，农产品的供给弹性要大于需求弹性，因为只要某种农产品的价格上升，农民们就会大幅度增加这种农产品的生产，而农产品的价格变动对其市场需求的影响较小，所以农产品的蛛网往往是发散的。

（四）"猪周期"

"猪周期"是指猪肉价格在供给波动的影响下，呈现出周期性涨跌的现象，即生猪价格出现一段时期高位运行后，再出现一段低谷徘徊的轮回时期。猪价的周期性涨跌本身是受市场机制调节的，一般情况下肉价上涨，母猪存栏量大增，生猪供应量增加，随后肉价下跌，养殖户大量淘汰母猪，生猪供应减少，最后再次导致肉价上涨。而"猪周期"屡屡出现的主要问题是周期内生猪产能出现过快增长或者快速下降导致的价格波动剧烈，解决此问题的根源是生产的稳定性。

1. 2021 上半年猪价超预期下跌的原因　①生猪产能恢复超预期，生猪存栏恢复到常年水平的 97.6%。②市场高估春节疫情影响，行业集中压栏使得生猪出栏活重明显偏高。③消费相对疲软，3—6 月是猪肉消费需求的淡季，对猪价支撑能力弱。④冻肉对市场带来一定冲击，春节前后新冠肺炎疫情导致进口冻肉积压严重。

2. "猪周期"的怪圈　"猪周期"的怪圈是指猪肉价格周期性大涨大跌。我国生猪养殖以中小养殖场户为主，养殖场户快进快出的特征会导致他们对整个行情的预判和整个行业的信息把握不准确，出现盲目地一哄而上和一哄而下，进而导致整个行业有很强的周期性波动，也使猪肉价格极易受到养殖场户行为的影响而出现大幅周期性涨跌，似乎陷入了绕不开的"猪周期"怪圈。价格在供给波动的影响下，呈现出周期性涨跌的现象，即生猪价格出现一段时期高位运行后，再出现一段低谷徘徊的轮回时期。

3. 如何破解"猪周期"的怪圈　①可以尝试从稳步提升规模化水平、引导养殖户理性科学决策等方面着手，实现养猪行业的转型升级。②建立透明高效的信息发布平台。③通过保险和低息贴息等金融工具降低市场风险，全面系统提升产业稳定机制。④尽快打通上下游环节，实现全产业链经营。⑤政府找准方向，在生物安全水平和生产效率提升、合理引导消费、适度进口猪肉、促进农牧结合等方面出台市场调控政策。

二、机会成本

一般地，生产一单位的某种商品的机会成本是指生产者所放弃的使用相同的生产要素在其他生产用途中所能得到的最高收入。换言之，将一种资源用于某种用途的机会成本就是人们所放弃的将相同资源用于其他用途所能获得的最高收入。

示例：假设某人拥有一所空房屋，可以出租出去用于居住，可以作为厂房生产产品，也可以作为店铺出售商品。如果出租房屋的年收入是 5 万元，用作厂房生产产品的年收入是 6 万元，而用作店铺从事商品买卖的年收入是 8 万元。那么房子出租的机会成本是 8 万元，作为店铺出售商品的机会成本是 6 万元。最优选择是作为店铺出售商品，因为机会成本最小。

机会成本不是实际发生、实际支出的成本，而是在选择资源用途时产生的观念上的成本，直接影响着人们对资源配置方向的选择。因此，当我们面临重大抉择时，都会变得非常理性，认真衡量，反复比较，最终会选择代价最小、所放弃最少的那一个，也就是机会成本最小的那一个。

三、沉没成本

在视频网站上花了 100 元看一个电影，看了 10 分钟，发觉这个电影十分无聊，这个时候你会选择继续看下去吗？如果继续，你会坚持多长时间？把场景稍微做些改动：在视频网站上免费看一个电影，看了 10 分钟，发觉这个电影十分无聊，这个时候你还会选择继续看下去吗？大量研究发现，通常在付费看电影的情况下，人们会选择继续看电影，而且花的钱越多，坚持的时间就越长；若是免费电影，就会直接关掉。同样是让人感到无聊的电影，人们为什么做出了不同的选择？付费的无聊电影，为什么会继续忍受？人们纠结的是什么？是付出的 100 元。而实际上，理性地想想就会意识到，付出的钱已是"覆水难收"，无法改变，这在经济学上就被称为"沉没成本"。

所谓沉没成本，是指由于过去的决策结果引起的，已经付出且无法回收的成本。沉没成本可以是金钱，也可以是时间、精力和感情投入。它会影响和左右人们后续的行为和决定，使人们做出不那么理性的决策，这种现象被称作"沉没成本效应"。人们放不下的往往不是感情，而是沉没成本。沉没的成本不能收回。

四、需求弹性

（一）需求弹性的含义

需求弹性，指的是需求价格弹性，表示在一定时期内一种商品需求量变动对其价格变动的反应程度。需求弹性反映了消费者对该种商品价格变动的敏感程度。消费者对价格较敏感，也即当商品价格变动一定比例时，消费者对该种商品需求数量的变动较大，则需求弹性较大；反之，消费者对价格不敏感，需求数量的变动受价格变动的影响较小，则需求弹性较小。各种物品的需求弹性是不一样的，一般分为两种。需求弹性大于1的，称为富有弹性；小于1的，称为缺乏弹性。一般情况下，奢侈品的需求弹性大，而日常生活必需品的需求弹性小。例如某高级化妆品价格下降10％，需求量上升20％，该种化妆品的需求弹性为2，富有弹性。如果食盐价格下降10％，需求量会上升20％吗？我们炒菜时是不是会加入原来放盐量的1.2倍呢？答案当然是否定的。反过来，当食盐价格上升时，我们炒菜也不可能就不放盐了。食盐的需求数量受价格的影响很小，属于缺乏弹性。

化妆品（高档耐用品）——富有弹性——价格敏感度高

食盐（生活必需品）——缺乏弹性——价格敏感度低

（二）需求弹性的影响

需求弹性对厂商的销售收入影响很大。例如，生产饮料的企业，对价格的调整就要非常谨慎。饮料属于富有弹性的商品，加之类似的替代品很多，如果贸然涨价，就会让顾客转而去购买其他品牌的替代品，销售量迅速减少，从而降低厂商的销售收入。如果需求缺乏弹性，厂商若提高价格，销售数量降低很少，收入不但不会减少，反而会增加。因此，厂商在调整价格的时候，必须考虑商品的需求弹性，富有弹性可以降价，而缺乏弹性可以提高价格。

（三）案例分析：博物馆门票是如何定价的

如果你是馆长，当博物馆想增加收入时，必须改变门票的价格，那么你是要提高门票价格，还是要降低门票价格呢？怎样才能使收入增加？这要取决于门票的需求弹性。若需求富有弹性，则降低价格。若需求缺乏弹性，则提高价格。那么，门票需求到底是缺乏弹性还是富有弹性呢？通过统计资料对需求弹性进行估算。以历史资料来研究门票的历史价格变化以及参观博物馆人数的逐年变动情况。以国内各种博物馆参观人数的资料来说明门票价格如何影响参观人数。

五、市场失灵

（一）市场失灵的含义

市场失灵，是指市场本身不能有效配置资源的情况，或者说市场机制的某种障碍造成配置失误或生产要素浪费性使用。

（二）市场失灵的表现

1929—1933年的资本主义世界经济危机是资本主义经济史上最持久、最深刻、最严重的周期性世界经济危机。首先爆发于美国。1929年10月24日，纽约股票市场价格在一天之内下跌 12.8%，大危机由此开始。紧接着就是银行倒闭、生产下降、工厂破产、工人失业。大危机从美国迅速蔓延到整个欧洲和除苏联以外的全世界。这场经济大危机宣告了古典经济学"市场神话"的终结，"市场失灵"这一经济术语自此开始在经济学界被广泛使用。

（三）导致市场失灵的因素

第一，市场垄断的存在，阻碍了生产要素的自由流动，降低了资源配置效率。第二，外部影响导致资源配置失当。第三，市场机制对组织与实现公共物品的供给无能为力。第四，信息不完全导致经济活动的不确定性。

（四）市场失灵的解决措施

市场失灵的解决措施是政府干预。从美国陷入次贷危机并引发更为严重的金融危机的过程来看，美国政府从来没有停止过政府干预行为。而且，与历次金融危机的应对手段相似，美国政府依然采取了以直接向金融市场注资为主的救市举措。注资是美国走出历次金融危机中不可或缺的一个环节。通过政府的引导和干预，市场开始逐步实现自身的修复功能，并最终度过危机。"看不见的手"市场调节与"看得见的手"政府干预相结合。

六、从价值悖论谈边际效用

亚当·斯密在《国富论》中提出一个悖论："水的用途最大，但我们不能以水购买任何物品，也不会拿任何物品与水交换。反之，钻石虽然几乎无使用价值可言，但须有大量其他货物才能与之交换。"钻石对于人类维持生存没有任何价值，然而其市场价值非常高。相反，水是人类生存的必需品，其市场价值却非常低。这个悖论被称为"价值悖论"，也称为价值之谜，指的是有些东西效用很大，但其价格很低，而有些东西效用很小，但价格却很高。

（一）边际效用解释价值悖论

我们用边际效用来解释这一现象。因为商品的需求价格由商品的边际效用决定。边际效用是指消费者在一定时期内增加一单位某种商品的消费所带来的总效用的增加量。消费者连续地增加对某种商品的消费，其最后一单位的边际效用会越来越小。

水：边际效用小

钻石：边际效用大

消费者倾向于选择单位货币带来边际效用较大的商品。

如果把价值悖论运用到我们的日常生活之中，那就是："只买对的，不买贵的。"

（二）价值悖论带来的启示

不要盲目追求时尚，适合自己的就是最好的。价值悖论告诉我们，廉价的商品未必就是次品，昂贵的商品也不一定就有相应的使用价值。因此消费者在购物时一定要把握一个原则："不买贵的，只买对的。"这样才能使我们手中的财富发挥最大化的效用。

七、"250 定律"

（一）"250 定律"的含义

"250 定律"是由世界著名的推销员乔·吉拉德提出来的，即在销售的过程中，在每名顾客的背后，都隐藏着约 250 名潜在的顾客。如果你赢得了一名顾客的好感，就意味着赢得了 250 个人的好感；反之，如果你得罪了一名顾客，也就意味着得罪了 250 名顾客。起初该定律流行于乔·吉拉德从事的汽车销售行业，随着社会经济的发展，目前在很多行业中都发现了这个恒久不变的原则，它的适用范围更加广阔。每名顾客背后的这 250 个人多是与他关系十分亲近的人，可能是工作上的同事，也可能是关系很好的邻居，还可能是他的亲戚和朋友。

顾客＝有意向购买的顾客＋潜在顾客＋实际顾客

（二）如何成功地销售产品

顾客的刁难会让你的销售过程阻碍重重，经验不足会让你错失销售的良机，缺乏自信又会让你备受打击。到底如何才能成功地销售出自己的产品呢？这就需要从现实生活中认真体会和领悟。不论是哪个行业，也不论推销哪种产品，想要更多地卖出产品，最有效的方法不是极力地推销，而是要和顾客成为朋友，获取顾客的信任，这也就是乔·吉拉德所推崇的心态和做法。他的做法是建立顾客档案，取得顾客信任进而顺利卖出自己的产品。通俗地讲，就是尽可能地去搜集顾客的相关资料，全方位地了解顾客的年龄、工作、学历、爱好、家庭背景等情况，充分了解顾客的方方面面。这些资料在推销过程中起着重要的作用，通过这些资料，推销人员在交流过程中能抓住重点，让顾客感受到诚意，把顾客的需求和相关的产品特性联系起来。推销人员应充分做好资料准备，认真地对客户进行了解和后期沟通，保持一种积极向上的心态和真诚的方式，不因为个人的喜好偏见而对顾客产生误解，甚至是不耐烦的负面情绪。推销人员对所有客户都要一视同仁，不能随意对任一客户置之不理。推销人员应该时刻铭记这样一个原则，即带给你收入的是顾客。无论什么时候，都要有礼貌，用严格的职业标准和高尚的职业道德去对待每一位顾客。如果因为你一个不屑的表情或一句愤怒的话而失去了一个客户，那么这个客户的交际圈内的所有人可能都不会来你这里买产品了，最终的后果就是你因为自己的情绪而损失了收入，这是"250 定律"反面的一个例证。

在销售过程中，任何一个推销员都不要害怕被顾客占便宜，因为偶尔吃一次亏可能会带来意想不到的收获。顾客占了便宜的同时，该推销员获得了一个非常优质的介绍人。这名顾客肯定会告诉周围的人他以非常低的价格购买到了高质量的商品，这就是在自动地帮助推销员介绍生意了。并且这种愉快的经历，会使得他在各种娱乐场所都不会忘记帮这位推销员介绍，即使是在娱乐和游玩的时候也会跟身边的人谈论起他买到的便宜产品。由此为这位推销员带来的收益会远远大于他因为这笔生意而亏损的钱财。

现在我们所讲的卖产品已经不是传统意义上的"我卖你买"了，现在的销售被赋予了更多的内涵。未来销售将会变得更加多元化，更加注重顾客的切身利益以及卖者角色的转换，而不只是卖产品，更像是顾问在深入了解顾客的需要之后提供相应的产品。重视任何一个客户，无论是实际客户还是潜在客户，让"250定律"发挥重大作用，形成一个巨大的客户群，这样对于成功销售将具有重要意义。

八、商品包装

（一）商品包装的含义

商品包装是指为了在流通过程中保护商品，方便储存，促进销售，按一定的技术方法而采用的容器、材料及辅助等的总体名称。商品包装按用途分类，分为运输包装（工业包装）、销售包装（商业包装）。

包装促销是通过对消费者进行心理激励而发挥作用的。人们常常通过眼睛获取外界的印象。

（二）包装如何影响消费者心理

1. 识别功能　消费者的记忆中保存着各种商品的常规现象，常常根据包装的固有造型购买商品。当商品的质量不容易从产品本身辨别的时候，人们往往会根据包装做出判断。包装是产品差异化的基础之一，它不仅可以说明产品的名称、品质和商标，介绍产品的特效和用途，还可以展现企业的特色。消费者通过包装可以在短时间内获得商品的有关信息。因此，恰当地针对目标顾客增加包装的信息量可以增强商品的吸引力。

2. 便利功能　包装划分出适当的分量，提供了可靠的保存手段，又便于携带和使用，还能够指导消费者如何使用。

3. 增值功能　成功的包装设计融艺术性、知识性、趣味性和时代感于一身，高质量的商品外观可以激发购买者的社会性需求，让他们在拥有商品的同时内心充满了愉悦（注重礼品功能）。

当然，消费者判断商品的优劣不仅仅以包装为基准，包装只是从属于商品，商品的质量、价格和知名度才是消费者权衡的主要因素，但是包装的"晕轮效应"能把消费者对包装的美好感觉转移到商品身上，达到促销的目的。

"晕轮效应"又称成见效应、光圈效应等，指人们在交往认知中，对方的某个特别突出的特点、品质会掩盖人们对对方的其他品质和特点的正确了解。这种错觉现象，心理学中称之为"晕轮效应"。

商品销售包装只有把握消费者的心理，迎合消费者的喜好，满足消费者的需求，激发和引导消费者的情感，才能够在激烈的商战中脱颖而出，稳操胜券。

九、注意力经济

（一）注意力经济的含义

注意力经济认为最重要的资源既不是传统意义上的货币资本，也不是信息本身，而是消费者的注意力，只有消费者注意了某种产品，消费者才有可能购买这种产品。因此品牌注意力营销就是最大限度吸引用户或消费者的注意，通过培养潜在的消费群体（局部群体，比如健康养生产品）以期获得最大的消费者注意力。从心理学角度分析，消费者对信息的注意代表着未来的商业利益。在特定时间内，消费者并不能感受到所有作用于他们的感觉的对象，他们所感受到的只是引起他们注意的那些少数对象。消费者注意反映的是主体对特定信息的投入程度，表现为对信息具有明显的选择性和局限性。

在网络经济中，大量的信息过剩使客户产生无所适从的感觉，而对品牌的选择是客户摆脱噪声风险的一种行之有效的方法。因为客户相信：品牌是厂商为了使消费者相信自己的产品与服务而进行了大量投资所产生的。经久不衰的品牌也是厂商对其产品与服务质量长期自我约束的结果。

心灵占有率是信息资产的重要组成部分，对厂商来说，它是一种随时可以兑现的无形资产，是一种潜在的市场；对消费者来说，它是一种预期消费，也是规避噪声风险的良方之一。

选择了著名的品牌，产品与服务的选择就得到了保证。因此，网络营销既要注重产品与服务质量，也要积累信息资产。

（二）品牌注意力营销的核心策略——吸引受众的眼球

无论商家还是网络与媒体，其广告和营销都要围绕着消费者注意力进行思考与策划，尽其所能地探索消费者注意力的焦点所在，并使广告与营销内容成为消费者注意力的焦点。

十、国际贸易

（一）贸易的含义

贸易是指社会经济活动中人们所从事的商品和劳务的交换活动，这些交换活动会发生交换客体所有权或使用权的有偿让渡和转移，可分为国内贸易和国际贸易。

（二）中国加入世界贸易组织所带来的贸易成就

2001 年 12 月 11 日，中国正式加入世界贸易组织。从之后中国及其贸易伙伴的实际情况来看，贸易使中国及其贸易伙伴走向了双赢之路。加入世界贸易组织后，中国的对外贸易，特别是出口贸易规模加速扩张。在之前的1991—2001 年，中国出口额从 719.10 亿美元上升至 2 660.98 亿美元，增长率为 270%，年均增长 14.0%；2001—2010 年，中国出口额从 2 660.98 亿美元上升至 15 777.89 亿美元，增长 493%，年均增长 21.9%。2011—2019 年，受世界经济低迷及中美贸易摩擦等影响，中国出口增速放缓，出口额从18 983.81 亿美元上升至 24 994.82 亿美元，增长 32%，年均增长 3.5%。

（三）贸易成果的意义

更大规模的出口和更高的出口增速，意味着出口为中国国民创造了更多的就业机会，中国产业赢得了更大的规模效益和更多的高成长机遇。中国进口规模也大幅度增加，进口增速同样领先世界。中国凭借强大进口能力带动贸易伙伴经济增长，共享中国经济成果。越来越多的贸易伙伴从中国旺盛的进口需求中受益。这样的贸易规模及增速，使中国在世界贸易体系中排名不断提升，增强了中国在国际市场上的地位，促进了全球经济和贸易健康稳定发展。

（四）贸易双赢是主题

在当今全球贸易体系新一轮重构和国内经济增速调整的双重挑战下，中国更加需要扩大对外开放。习近平总书记提出共建"丝绸之路经济带"和"21世纪海上丝绸之路"的重大倡议，成为我国在新时期优化开放格局、提升开放层次和拓宽合作领域的重要指针。2013 年 9 月和 10 月，习近平总书记分别提出"丝绸之路经济带"和"21 世纪海上丝绸之路"的合作倡议。"一带一路"沿线各国资源禀赋各异，经济互补性较强，彼此合作潜力和空间很大。重点加强政策沟通、设施联通、贸易畅通、资金融通、民心相通等"五通"方面的合作。"一带一路"是一条合作共赢之路，沿线各国人民共享"一带一路"共建成果。由此看来，无论是理论上还是实际中，成功的贸易可以使得参加方的经济状况变得更好，贸易是双赢的。

十一、囚徒困境

（一）囚徒困境现象

两个犯罪嫌疑人甲和乙作案后被警察抓住，警察知道两人有罪，但缺乏足够的证据。于是，将两人分别关在不同的屋子里进行审讯。在不能互通信息的情形下，也就是彼此不知道对方是坦白还是抵赖的前提下，每人都可以做出自己的选择：或者供出他的同伙，即与警察合作，从而背叛他的同伙；或者抵赖，与他的同伙合作。警察告诉每个人：如果两人都抵赖，各判刑 1 年；如果两人都坦白，各判刑 6 年；如果两人中一个坦白而另一个抵赖，则坦白的放出去，抵赖的判刑 10 年。这就是著名的"囚徒困境"的故事，1950 年由美国兰德公司提出。

这两人该怎么办呢？他们面临着两难的选择——坦白或抵赖。显然最好的策略是双方都选择抵赖，各判刑 1 年。但由于两人处于隔离的情况下无法串供，假设每一个人都是从利己的角度出发，坦白交代便成了他们最优的选择。如果对方抵赖，自己坦白交代，就能马上放出去；如果对方坦白而自己抵赖，那自己就得被判刑 10 年，这太不划算；即便两人都选择坦白，至多也只被判刑 6 年，总比被判刑 10 年要好。于是，两人理所当然地选择了坦白，每人服刑 6 年。

（二）囚徒困境的内涵

根据囚徒的选择，可以看到，在这个博弈中，每个人都从利己的角度出发，却没有得到最好的结果。相反，倘若两人都相信对方、相互合作，就能得到最佳的效果——各判 1 年。可惜的是，没有对彼此的信任，更别提在危难时刻的合作了，"大难临头各自飞"。囚徒困境博弈模型所体现的合作不稳定的特征及其后果，可以扩展运用到寡头市场上，以解释寡头市场上的共谋不确定性。

（三）囚徒困境带来的启示

囚徒困境说明个体最优选择并非团体最优选择，在这里体现的是个人理性和团体理性的冲突。在"个人利益至上"氛围的渲染下，人们似乎已经不再相信这样的思维——合作与"利他"将会带来更好的"利己"，于是人们反而成了被困住的囚徒。无论如何，希望更多的人慎重地思考，做出对自己真正有利的选择。

农产品地理标志登记申报
与使用工作解读

张　毅

一、农产品地理标志概论

（一）农产品地理标志的概念

2008年农业部发布的《农产品地理标志管理办法》规定："国家对农产品地理标志实行登记制度。经登记的农产品地理标志受法律保护。"

农产品地理标志是指标示农产品来源于特定地域，产品品质和相关特征主要取决于自然生态环境和历史人文因素，并以地域名称冠名的特有农产品标志。

农产品地理标志的核心要素：独特的自然生态环境、独特的生产方式、特定的品种、特定的品质、特定的人文历史。

这里的农产品是指来源于农业的初级产品。如蔬菜、果品、粮食、食用菌、油料、糖料、茶叶、香料、药材、花卉、烟草、棉麻蚕桑、热带作物、肉类产品、蛋类产品、奶制品、蜂类产品、水产动物、水生植物、水产初级加工品等。

这里的地理标志是一种重要的知识产权。农业是一个综合性的部门。农业知识产权涵盖了知识产权的所有类型，与其他行业知识产权不同，除了具有专利权、商标权、著作权等传统意义上的工业产权外，还包括植物新品种、农产品地理标志、生物遗传资源与传统知识等特殊的知识产权领域。

（二）农产品地理标志公共标识释义

农产品地理标志公共标识基本图案构成：农产品地理标志公共标识基本图案由中华人民共和国农业部中英文字样、农产品地理标志中英文字样、麦穗和日月等元素构成。

标识的核心元素：标识的核心元素是天体、星球、太阳、月亮相互辉映，麦穗代表生命与农产品，同时从整体上看是一个地球在宇宙中的运动状态，体现了农产品地理标志和地球、人类共存的内涵。

标识的颜色：标识的颜色由绿色和橙色组成，绿色象征农业和环保，橙色寓意丰收和成熟。

（三）农产品地理标志登记申报的意义

农产品地理标志，既是农产品产地标志，也是特色农产品品质和品牌标志。申报农产品地理标志，有利于保护农业优势资源，特色农耕文化；有利于整合优势资源，延伸产业链，增加产品附加值，推动区域经济发展；有利于提高农产品市场竞争力，提升地方特色农产品品牌价值；有利于规范农产品市场的竞争秩序，打击假冒伪劣产品，保证消费者权益；有利于促进农民增收；有助于保护自然资源和环境。

（四）我国农产品地理标志发展现状

1. 我国农产品地理标志法律制度体系　《农产品地理标志管理办法》依据《中华人民共和国农业法》和《中华人民共和国农产品质量安全法》相关规定制定；《农产品地理标志管理办法》中登记审查相关内容依据《农产品地理标志登记程序》相关规定，《农产品地理标志管理办法》中标志使用相关内容依据《农产品地理标志使用规范》相关规定。

2. 农产品地理标志有关的国际法　主要包括：《保护工业产权巴黎公约》《制止商品产地虚假或欺骗性标记马德里协定》《保护原产地名称及其国际注册里斯本协定》《与贸易有关的知识产权协定》。

3. 中欧开展地标保护互认　2009 年开始，历时 8 年，中欧经过 14 轮谈判，有 35 个农产品首批进入欧盟国家的对等保护产品名录。

法律依据：《中华人民共和国政府与欧洲联盟地理标志合作与保护协定》。

4. 全国历年农产品地理标志登记数量　截至 2017 年底，累计登记 2 242 个农产品地理标志（图 1）。

图 1　全国农产品地理标志登记数量图

二、农产品地理标志登记及申报程序

（一）农产品地理标志登记各部门职能

农产品地理标志登记各部门职能如图 2 所示。

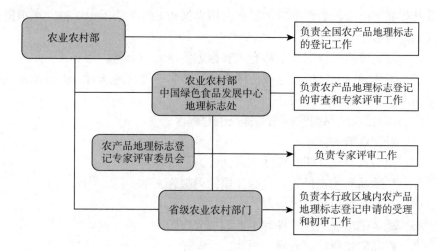

图 2　农产品地理标志登记各部门职能

（二）农产品地理标志登记流程

（1）登记申请人　提出登记申请。

（2）县级、市级工作机构　审核登记申请人资质，择优确认申请人以及生产地域范围。

（3）省级工作机构　初审，现场核查。

（4）中国绿色食品发展中心　审查评审，发布公示。

（5）农业农村部　发布公告，颁证。

（三）申报产品应符合的条件

（1）农产品：源于农业的初级产品，并属《农产品地理标志登记保护目录》所涵盖的产品。

（2）符合产品命名规则：由地理区域名称和农产品通用名称构成。

（3）产品品质有独特性或者特定的生产方式。

（4）产品品质特色与当地的自然生态环境和人文历史相关联。

（5）有明确的生产区域范围。

（6）产地环境、产品质量符合国家强制性技术规范要求，符合基本安全要求。

（四）对登记申请人的要求

（1）主体资格　申请人应为社会团体法人或者事业单位法人，不能为企业、政府和个人，农民专业合作社暂不作为登记申请人。

（2）政府授权　主体资格获得确认，由县级以上地方人民政府择优确定。

（3）能力验证　对 3 个能力进行现场检查验证（监督和管理农产品地理标

志及其产品的能力，为生产、加工、营销提供指导服务的能力，独立承担民事责任的能力）。

（4）权利分离　登记证书持有人和标志使用人应分离。

（5）集体动议　被所在地域范围内的产品生产经营者认可，提供拟授权标志使用人名录及集体动议文件。

（五）申报农产品地理标志需提交的材料

（1）登记申请书。

（2）申请人资质证明和集体动议文件。

（3）产品品质鉴定报告、产品品质检测报告。

（4）产品质量控制技术规范。

（5）地域范围确定性文件和生产地域分布图。

（6）产品实物样品或者样品图片。

（7）人文历史佐证材料。

（8）其他必要的说明性或者证明性材料。

（六）申报农产品地理标志注意事项

1. 在先权协调文件

（1）如果申请产品名称已被在先注册为普通商标，登记申请人应提供商标注册人的承诺文件，同意登记后证书持有人及相关标志使用人使用该名称，确保不产生法律纠纷（如北寨红杏，该产品名称"北寨"已被注册为普通商标，申报材料中所附声明文件应阐述清晰在先权问题）。

（2）如果申请产品名称已被在先注册为集体商标或证明商标（工商部门注册的地理标志），申请人应与商标注册人为同一主体。

2.《全国地域特色农产品普查备案名录》目录外产品　未列入《全国地域特色农产品普查备案名录》（2014 年版）的产品欲申请的，需提供申请请示及农业农村部农产品质量安全中心批复、专家审定报告及信息表等文件。

3. 申报产品品质检测问题（需填充相关内容）　外在感官特征显著，内在品质指标不显著的，可只提交鉴评报告；外在感官特征不显著，内在品质指标显著的，可只提交检测报告；外在感官特征和内在品质指标均显著的，同时提交鉴评报告和检测报告。

申报方需提供具有农业农村部资质委托的、CMA 认证的检测机构出具检测报告。

4. 农产品地理标志登记审查程序问题

（1）文件审查（材料受理、审核确认、文件审查）。

（2）现场核查（出具《农产品地理标志现场核查报告》）。

（3）专家评审（结果表决签字）。

（4）公示公告（中国绿色食品发展中心公示，进行异议受理；农业农村部发布公告）。

（5）颁证（农产品地理标志登记证书长期有效）。

三、农产品地理标志使用与监督

（一）农产品地理标志的申请使用

1. 标志使用人应具备的条件

（1）产品产自登记确定的地域范围。

（2）具备生产经营资质。

（3）按质量控制技术规范生产经营。

（4）具有市场开发经营能力。

2. 签订协议　证书持有人与标志使用人签订《标志使用协议》，协议期限为 3 年，到期后重新签订。协议中需要载明标志使用数量、范围、责任义务。

3. 登记证书持有人权责

（1）有权定期对标志使用人的农产品地理标志使用情况以及产品生产情况进行跟踪检查和动态管理。

（2）负责建立农产品地理标志使用和管理指南。

（3）向标志使用人提供标志使用及产品生产方面的技术咨询服务。

4. 标志使用人权责

（1）如实对标志使用情况进行记录，并及时进行归档。

（2）自觉接受登记证书持有人对农产品地理标志使用情况以及产品生产情况的跟踪检查。

（3）严格按照《农产品地理标志质量控制技术规范》组织生产和经营，保证农产品的品质和信誉。

（4）正确规范使用农产品地理标志（公共标识和产品专用名称）。

（二）农产品地理标志的加贴使用

可以在产品及其包装上使用农产品地理标志，可进行宣传和参加展览、展示及展销。例如在产品、包装、宣传海报、纪念品、名片、信封、信纸、袋子等物品上都可以加贴使用农产品地理标志。

（三）国家对农产品地理标志的监督管理

（1）县级以上地方人民政府农业农村行政主管部门应当加强农产品地理标志监督管理工作，定期对登记的农产品地理标志的地域范围、使用情况等进行监督检查。

（2）登记的农产品地理标志或登记证书持有人不符合相关规定的，由农业农村部注销其地理标志登记证书并对外公告。

（3）对于伪造、冒用农产品地理标志和登记证书的单位和个人，由县级以上地方人民政府农业农村行政主管部门依照《中华人民共和国农产品质量安全法》有关规定处罚。

（四）农产品地理标志的防伪溯源技术

运用防伪溯源技术，为农产品地理标志产品保驾护航。

地理标志产品可追溯查询服务信息系统运用防伪技术在地理标志产品保护中具有为企业或行政管理部门建立地理标志产品的"身份证明"，对生产产品的企业提供"保护与宣传"，保护产品追溯查询管理体系，对地理标志产品标识进行实时监控的作用和功能。运用地理标志产品可追溯查询服务信息系统有利于提升产品质量，实现优质产品优进优出；有利于保护国家非传统安全，在支持跨境电商等新兴业态发展的同时为质量标准把关；有利于维护消费者权益，提升质量意识与消费信心；有利于完善社会诚信体系，推动构建全民共建共享的社会治理格局。

地理标志保护产品的防伪编码查询，查询结果信息包括产品生产企业名称、国家地理标志保护产品信息以及产品的查询结果。该板块通过"点击购买"链接到企业网上营销平台，促成消费者二次或多次购买。

四、农产品地理标志与产业增收

培育发展地理标志产品是富农兴业的重要举措，地理标志产品改变了农产品"养在深闺人未识"的困境，地理标志产品所在的产业已成为促进农民增收致富的特色优势产业和多元富民产业。

例如陕西省宝鸡市"眉县猕猴桃"2010年获农产品地理标志证书。2010年眉县全县猕猴桃种植总面积为25万亩，产量32万吨，产值突破12亿元，农民人均产业收入达到4 400元。登记后截至2017年，眉县全县猕猴桃种植面积扩大为30万亩，总产量46万吨，直接产值超过30亿元；人均猕猴桃产业收入达5 000多元，占全县农民人均纯收入的64％以上。

再如2008年山东省济南市"章丘大葱"成功申报农产品地理标志。截至2017年，"章丘大葱"种植总面积达到12万亩，年产量达到60多万吨，实现年产值近20亿元，从业人员达到了10万人以上，品牌价值为140.44亿元。

目前，沧州市已经将培育地理标志产品列入经济社会发展总体规划，大力推动地理标志的发展。迄今为止，河北省已有34个产品获得农产品地理标志登记证书。2017年，"黄骅梭子蟹"成功申报农产品地理标志。

沧州市是农业大市，农业生产历史悠久，农业资源和农产品丰富多样，例如渤海对虾、黄骅面花、青县羊角脆、泊头鸭梨、金丝小枣、黄骅冬枣等。农产品生产具有多方面的优势，发展潜力巨大。

高素质农民培训线上学习使用教程

刘子健

一、线上培训的政策背景

1.《农业部关于印发〈"十三五"全国新型职业农民培育发展规划〉的通知》（农科教发〔2017〕2号）指出："完善在线教育平台，开展线上培训的课程不少于总培训课程的30%；开展线上跟踪服务。"

2.《农业农村部办公厅关于做好2021年高素质农民培育工作的通知》（农科办〔2021〕11号）明确要求："根据培育对象和培训内容制定差异化的培训计划，综合采用课堂教学、学习实践、线上培训等多种培训形式"，"依托全国农业科教云平台等在线学习平台，开展线上线下混合式教学和考核，鼓励农民自主学习。"

3.《2021年河北省高素质农民培育实施方案》（冀农发〔2021〕83号）对线上培训进一步细化："依托全国农业科教云平台等在线学习平台，开展线上和线下混合式教学和考核。""推进经营管理型高素质农民'11天＋32线上学时'线上线下融合培训，鼓励探索专业生产型和技能服务型高素质农民培育'6天＋8线上学时'或'5天＋16线上学时'试点。"

4. 按照《2021年沧州市高素质农民培育实施方案》（沧农字〔2021〕75号）要求，沧州市农广校承担100人的经营管理型中的返乡下乡创新创业者的任务。

二、线上培训的优势

1. 政府工作人员管理考核更精准　线上培训能够对每一位学员的学习进度进行实时跟踪和记录。管理部门对学员学习考核评价情况掌握更加精准，并且支持统计数据的永久保存和下载，极大地增大了政府工作人员的工作效率，减轻了工作压力。

2. 农民学员随时随地学习　线上培训克服了线下教育的主要缺点，即受时间、空间和教育环境的限制，学员能够随时随地按需学习，自由地调整学习内容，更加贴近农业生产生活需求。

3. 成本节省，更多用于线下培训服务　部分学时由传统的线下培训转变成线上培训。线上培训节省学员吃住费用，只承担较少的线上培育服务费，成本同比节省超过 50%，节省的成本可更好地用于实训参观、跟踪服务等培训环节。

4. 学习资源共享共建　与传统教育相比，在线教育最显著的优势之一就是资源共享。云平台支持课程、课件的上传和下载，实现了优质资源的共享和传播。

三、线上培训操作流程

1. 云上智农概况　云上智农是全国农业科教云平台的重要组成部分，由农业农村部科技教育司牵头，中央农广校承办，隆平高科独家建设和运营。云上智农基于大数据、云计算和移动互联技术，聚集各类农业科技教育资源，为用户提供在线学习、直播讲堂、农业资讯、农技问答、农业培训、农业社区等综合农业服务。高素质农民培训，需要全程使用云上智农（云上智农官方网站：https：//www.yszn.net.cn）。

2. 云上智农下载方式

（1）扫码下载（图 1）

图 1　云上智农二维码

（2）关注公众号下载　云上智农公众号如图 2 所示。

（3）应用商店搜索下载

3. 登录

（1）手机号验证码登录　①输入手机号；②点击"发送验证码"；③输入验证码；④点击"登录"。

（2）手机号密码登录

（3）身份证登录

（4）本机号码一键登录　报名手机号与本机号码一致推荐使用本机号码一键登录。此登录方式只能登录本手机的号码，如果要登录其他账号需要用其他三种登录方式。

图 2　云上智农微信公众号示意图

4. 学习

（1）手机端　第一步点击"我的"，第二步点击"班级"，第三步点击"目录"，即可点开想要学习的课程进行学习，并且在学习过程中可随时观看学习时长。

（2）电脑端　登陆云上智农官网，点击"我的培训班"，开始学习即可。

5. 考试　学员通过在线学习课程后，可以通过随堂考试，来检验知识的掌握情况。

6. 注意事项

（1）学时计算规则：1 学时等于 45 分钟。

（2）班级学员只有学习班级内选定的课程才算学时，指定培训课程包括公共课和河北省特色产业课程。

（3）每个班级都有考试要求，有多次考试机会，取多次考试的最高分为最终分。

（4）每门课程学习时长达到 80％并且考试合格，此门课程方算合格，才可计算学时。如果课程没有考试题，则学习时长达到 80％后，即可计算学时。

（5）如学员参加班级前学习了某门课程，若该课程选为班级培训课程，那系统学习时长会从该课程加入班级时刻算起。

（6）如线上班级超过了结业时间，学员继续学习班级内课程，可以继续计算在线学习的学时。

（7）同一门课程不允许重复计算学时，假如一个课程时长是 10 分钟，学员看了两遍课程，那学习时长为 10 分钟。

（8）快进观看，拖动观看均不计算有效学时。

7. 智农豆兑换流程　用户看新闻、看视频、签到、评论、转发等都有智农豆奖励。2020 年，河北省农广校针对沧州市高素质农民培训班完成线上学习任务的学员每人发放了 10 000 智农豆（10 000 智农豆＝100 元话费）。

智农豆兑换话费流程：第一步点击"我的"选择"智农豆"，第二步点击"智农商城"，第三步点击"话费充值兑换"或其他兑换内容。

四、线上评价操作流程

《2021 年河北省高素质农民培育实施方案》以及《2021 年沧州市高素质农民培育实施方案》要求："参与在线评价的学员比例不低于 85％"。因此，我们要求学员在完成培训后，要在云上智农进行线上评价。

手机端操作流程：第一步点击"我的"选择"班级评价"；第二步点击"去评价"；第三步给全部课程完成打分后选择提交；第四步发送手机验证码，填写四位数验证码后即可完成评价。

电脑端操作流程：打开云上智农官网，点击"我的培训班"，选择去评价。之后和手机端操作流程相同。

农产品质量安全监管与执法

李亚楠　张书林

民以食为天，食以安为先。习近平总书记指出：食品安全源头在农产品，基础在农业，必须正本清源，首先把农产品质量抓好。要把农产品质量安全作为转变农业发展方式、加快现代农业建设的关键环节，用最严谨的标准、最严格的监管、最严厉的处罚、最严肃的问责，确保广大人民群众"舌尖上的安全"。随着城乡居民生活水平的不断提高，群众对食品安全和农产品质量安全的关注度越来越高。农业农村部门的主要任务也由原来千方百计提高农产品产量、保障供应安全，转变为加强行业监管、确保农产品质量安全。

一、当前农产品质量安全形势

（一）农产品概念及监管部门

农产品，指来源于农业的初级产品，即在农业活动中获得的植物、动物、微生物及其产品。"农业活动"既包括传统的种植、养殖、采摘、捕捞等农业活动，也包括设施农业、生物工程等现代农业活动。"植物、动物、微生物及其产品"是指在农业活动中直接获得的以及经过分拣、去皮、剥壳、粉碎、清洗、切割、冷冻、打蜡、分级、包装等加工，但未改变其基本自然性状和化学性质的产品。比如：蔬菜、水果、蘑菇，猪、牛、羊及猪肉、牛肉、羊肉、蛋、生鲜乳等。

农产品经过加工就变成了食品，如：面粉、面包、烧鸡等。

监管部门主要有两个：农业农村部门和食品药品监管部门。农业农村部门负责食用农产品从种植、养殖环节到进入批发、零售市场或生产加工企业前的质量安全监督管理，负责兽药、饲料、饲料添加剂和职责范围内的农药、肥料等其他农业投入品质量及使用的监督管理，负责畜禽屠宰环节和生鲜乳收购环节的质量安全监督管理。食用农产品进入批发、零售市场或生产加工企业后的质量安全监管职责由食品药品监管部门依法履行。

《农业部　食品药品监管总局关于进一步加强畜禽屠宰检验检疫和畜禽产品进入市场或者生产加工企业后监管工作的意见》（农医发〔2015〕18号）就加强畜禽屠宰检验检疫和畜禽产品进入市场或者生产加工企业后的监督管理工作

做出明确规定：地方各级畜牧兽医部门负责动物疫病防控和畜禽屠宰环节的质量安全监督管理。地方各级动物卫生监督机构负责对屠宰畜禽实施检疫，依法出具检疫证明，加施检疫标志；督促屠宰企业按照规定依法出具肉品品质检验合格证明。地方各级食品药品监管部门负责监督食品生产经营者在肉及肉制品生产经营活动中查验动物检疫合格证明和猪肉肉品品质检验合格证明，严禁食品生产经营者采购、销售、加工不合格的畜禽产品。

（二）食品安全和农产品质量安全成为百姓关注的头等大事

近年来，农产品质量安全事件不断曝光，如 2008 年三鹿奶粉事件，2010 年海南豇豆事件，2011 年河南"瘦肉精"事件，2013 年"毒生姜""毒大葱"事件，还有甲醛白菜、红心咸鸭蛋、多宝鱼等，这些事件引起社会广泛关注。

1. "毒豇豆"事件 2010 年 2 月 22 日，武汉《楚天都市报》报道海南豇豆抽检中连续 3 次检出限用农药水胺硫磷，销毁问题豇豆 3 600 千克，禁止海南豇豆在武汉市场销售 3 个月，通报海南省。23 日中央主流媒体及一些其他媒体进行了深度报道。当地主管部门相关人员被追责。

2. 2011 年河南"瘦肉精"事件 2011 年"3·15"晚会报道《"健美猪"真相》。河南省孟州市等地的养猪场采用违禁动物药品"瘦肉精"饲养生猪，有毒猪肉流入济源双汇食品有限公司。4 月 12 日，公安部召开新闻发布会透露，已将河南"瘦肉精"猪肉生产窝点、销售渠道等捣毁，共抓获犯罪嫌疑人96 名。至 10 月 31 日，河南全省法院共受理并全部审结"瘦肉精"案件59 起、114 人，其中，检察院撤回起诉 1 案 1 人，58 案 113 人均作出判决。共计判处生产、销售"瘦肉精"猪肉的犯罪分子 60 人，失职、渎职的国家工作人员 17 人，生猪养殖户 36 人。其中刘某被判死刑，缓期二年执行。

3. 山东"毒生姜"事件 2013 年 5 月 4 日，《焦点访谈》曝光山东潍坊峡山区的生姜种植户明目张胆地滥用一种名为"神农丹"的剧毒农药，严重危害食用者的身体健康。2014 年 3 月 31 日，对"毒生姜"案作出一审判决，以周某某等四人犯非法经营罪、生产销售有毒有害食品罪，分别判处六个月至一年不等的有期徒刑，并处 5 000 元至 20 000 元人民币罚金。

（三）政府高度重视农产品质量安全

食品安全社会关注度高，舆论燃点低，一旦出问题，很容易引起公众恐慌，甚至酿成群体性事件。再加上有的事件被舆论过度炒作，不仅重创一个产业，而且使老百姓怀疑食品安全。能不能在食品安全上给老百姓一个满意的交代，是对我们执政能力的重大考验。所以，食品安全问题必须引起高度关注，下最大气力抓好。食品安全源头在农产品，基础在农业，必须正本清源，首先把农产品质量抓好。用最严谨的标准、最严格的监管、最严厉的处罚、最严肃的问责，确保广大人民群众"舌尖上的安全"。

李克强总理对食品安全工作也多次作出批示："坚定实施食品安全战略，加快健全从中央到地方直至基层的权威监管体系，落实最严格的全程监管制度，严把从农田到餐桌的每一道防线，对违法违规行为零容忍、出快手、下重拳，切实保障人民群众身体健康和生命安全。"

时任河北省委书记王东峰同志要求，要依法强化农产品质量监管，尽快健全线上线下相结合的从农田到餐桌的农产品和食品安全追溯机制，确保食品安全和农产品质量安全万无一失。

（四）加大农产品质量安全监管力度

1. 出台了一系列文件和制度 党中央、国务院以及河北省、沧州市相继出台一系列文件加强农产品质量安全监管。如：《中共中央 国务院关于深化改革加强食品安全工作的意见》，中共中央办公厅、国务院办公厅印发的《地方党政领导干部食品安全责任制规定》，《国务院办公厅关于加强农产品质量安全监管工作的通知》（国办发〔2013〕106号），《河北省人民政府办公厅关于加强农产品质量安全监管工作的意见》（冀政办〔2014〕11号），《中共河北省委办公厅 河北省人民政府办公厅关于落实食品安全党政同责的意见》，《中共沧州市委办公室 沧州市人民政府办公室印发〈关于落实食品安全党政同责的意见〉的通知》。

《中共中央 国务院关于深化改革加强食品安全工作的意见》明确要求：严把农业投入品生产使用关。严禁使用国家明令禁止的农业投入品，严格落实定点经营和实名购买制度。落实农业生产经营记录制度、农业投入品使用记录制度，指导农户严格执行农药安全间隔期、兽药休药期有关规定，防范农药兽药残留超标。

《地方党政领导干部食品安全责任制规定》强调，坚持党政同责、一岗双责，权责一致、齐抓共管，失职追责、尽职免责；坚持谋发展必须谋安全，管行业必须管安全，保民生必须保安全；坚持综合运用考核、奖励、惩戒等措施，督促地方党政领导干部履行食品安全工作职责，确保党中央、国务院关于食品安全工作的决策部署贯彻落实。

2. 加大食品安全刑事追责力度 全国人大常务委员会对刑法进行了修正，加大了食品安全案件的处罚力度，最高可判处死刑。《中华人民共和国刑法》规定："生产、销售不符合食品安全标准的食品，足以造成严重食物中毒事故或者其他严重食源性疾病的，处三年以下有期徒刑或者拘役，并处罚金；对人体健康造成严重危害或者有其他严重情节的，处三年以上七年以下有期徒刑，并处罚金；后果特别严重的，处七年以上有期徒刑或者无期徒刑，并处罚金或者没收财产。""在生产、销售的食品中掺入有毒、有害的非食品原料的，或者销售明知掺有有毒、有害的非食品原料的食品的，处五年以下有期徒刑，并处罚金；对人体健康造成严重危害或者有其他严重情节的，处五年以上十年以下有期徒刑，并处罚金；致人死亡或者有其他特别严重情节的，依照本法第一百四十一条的规定处罚。"

《最高人民法院 最高人民检察院关于办理危害食品安全刑事案件适用法律若干问题的解释》明确强调："在食用农产品种植、养殖、销售、运输、贮存等过程中，违反食品安全标准，超限量或者超范围滥用添加剂、农药、兽药等，足以造成严重食物中毒事故或者其他严重食源性疾病的，适用前款的规定定罪处罚。""在食用农产品种植、养殖、销售、运输、贮存等过程中，使用禁用农药、食品动物中禁止使用的药品及其他化合物等有毒、有害的非食品原料，适用前款的规定定罪处罚。""违反国家规定，私设生猪屠宰厂（场），从事生猪屠宰、销售等经营活动，情节严重的，依照刑法第二百二十五条的规定以非法经营罪定罪处罚。""犯生产、销售不符合安全标准的食品罪，生产、销售有毒、有害食品罪，一般应当依法判处生产、销售金额二倍以上的罚金。"

河北省宣判两起生产有毒、有害食品罪。2019 年 3 月 18 日，秦皇岛市昌黎县法院对两起在韭菜种植过程中使用甲拌磷灌根的犯罪案件进行公开宣判，犯罪嫌疑人刘某某、吕某某以生产有毒、有害食品罪分别被判处有期徒刑八个月和六个月，分别并处罚金 8 000 元和 6 000 元。

3. 对农产品质量安全监管机制进行改革　2013 年以前，农产品质量安全由农业、林业、商务、工商、质量监管、食品药品监管、海关等部门监管。2013年以后，由农业、林业、食品药品监管等部门监管。2018 年以后，由农业农村、林业、市场监管等部门监管。《农业部 食品药品监管总局关于加强食用农产品质量安全监督管理工作的意见》（农质发〔2014〕14 号）和《农业部 食品药品监管总局关于进一步加强畜禽屠宰检验检疫和畜禽产品进入市场或者生产加工企业后监管工作的意见》（农医发〔2015〕18 号）明确了相关部门职责。

4. 农业农村部门积极开展行动　农业农村部门积极作为，强化农产品质量安全整治，建立健全监管体系，推进质量安全追溯，提升质量安全水平。一是开展系列行动。2001 年农业部启动无公害食品行动计划。2009 年以来，农业部门连续实施整治计划，开展了农药及农药使用、"瘦肉精"、生鲜乳违禁物质、兽用抗菌药、畜禽屠宰、水产品禁用药物和有毒有害物质、农资打假 7 个专项整治行动。二是各级农业农村部门建立监管体系。建立了农产品质量安全监管队伍，落实管行业、管安全要求，实现了网络化管理；将农产品质量安全纳入综合执法范围，加大了执法力度；建立健全了农产品质量安全检测体系，沧州市检测机构成为河北省检测机构分中心，269 个参数通过"双认证"，14个县（市、区）建立了县级农产品质检机构，10 个通过"双认证"。四是开展质量追溯。农业农村部、河北省建立了农产品质量安全追溯监管平台，试行发放食用农产品承诺达标合格证制度。五是开展农产品质量安全县创建活动。2021年沧州市省级农产品质量安全县实现全覆盖，任丘市被认定为第二批国家农产品质量安全县，青县正在创建第三批国家农产品质量安全县。六是标准化生产水平不断提高。制定市级地方标准151项，标准化覆盖率达到72%以上。打造出旱碱麦、精品蔬菜、高端乳品、优质肉鸭、特色水产等15个优势特色产业集群。绿色食品达到68个，农产品地理标志登记产品2个，6家企业的8个产品10次获中国绿色食品博览会金奖。

5. 农产品质量安全形势向好　经过各方努力，全国农产品质量安全水平整体向好。2021年农产品例行监测合格率为97.6%，全国农产品质量安全状况总体保持稳定。

（1）就问题而言，2001年因农药、"瘦肉精"造成的急性中毒事件611起，共有19 781人中毒，而近年来相应的中毒事件鲜有报道。

（2）就安全水平而言，2001年监测合格率在60%左右，近年已上升到97%以上，提高了30多个百分点。

（3）监管体系从零起步，监管能力不断提高。全国所有省、88%的地市、75%的县、97%的乡镇建立了农产品监管机构，落实监管人员11.7万人。国家投资130亿元，建设了部、省、市、县质检机构2 770个，检测人员达3.2万人，基本实现全覆盖，检测能力迅速提升。

（4）三聚氰胺连续10年监测全部合格。

（5）基本切断"瘦肉精"地下生产销售链条，生猪"瘦肉精"合格率达99.8%，为历史最好水平。

（6）取消一批剧毒、高毒农药的登记，六六六、DDT、一六○五、甲胺磷等农药已基本禁绝。

二、农产品质量安全问题隐患

当前，由于农产品生产主体点多、面广，标准化生产水平参差不齐，加上个别主体意识不强、各地监管力量不平衡等原因，农产品质量安全仍存在一些问题和隐患。

（一）种植业

（1）在蔬菜水果上使用国家明令禁止使用的高毒农药。2019年11月29日，农业农村部网站公布了禁止（停止）使用的农药46种，在部分范围禁止使用的农药20种。

（2）超量、超范围、超次数使用允许使用的农药。

（3）使用农药后不到安全间隔期就采收。

（4）使用的农药中含有其他农药成分，某些农药可代谢转化为更高毒性的其他农药。

（5）环境污染引起的问题，如周围农田使用农药后产生的药液漂移、上茬作物使用后的农药残留等。

（二）养殖业

（1）养殖密度大、环境卫生不符合条件，养殖户往往过量使用抗菌药。

（2）使用兽药原料药，降低生产成本。

（3）使用人用药品。

（4）使用假劣兽药。

（5）使用泌乳期、产蛋期禁用兽药。

值得注意的是，鸡蛋不合格问题应引起重视。2018 年，国家市场监管总局抽检鲜禽蛋 2 012 批次，82 批次不合格，不合格率 4.08%，比 2017 年增加 0.93 个百分点。不合格样品主要是氟苯尼考、恩诺沙星和氧氟沙星。

2017 年 7 月 5 日，南阳市畜牧局开展了兽药、饲料、畜产品质量安全抽检活动，抽检中，在城乡一体化示范区新店乡李某养鸡场当日生产的鸡蛋中发现多西环素，在宛城区茶庵乡张某养鸡场当日生产的鸡蛋中发现氟苯尼考，根据相关规定，这两种药物均为不得检出。随后，南阳市畜牧局将所查获的两起案件移送给公安机关。经法院审理，以生产、销售有毒、有害食品罪，判处李某有期徒刑一年、缓刑一年六个月、并处罚金 8 000 元，判处张某拘役六个月、并处罚金 5 000 元。

2020 年 08 月 21 日《贵州日报》报道，遵义市播州区人民法院判决了贵州省首例鸡蛋被查出氟苯尼考案，遵义市播州区一养殖场负责人邓某犯生产、销售有毒、有害食品罪，被判处有期徒刑一年，缓期二年执行，并处罚金 3 000 元。

（三）私屠滥宰

（1）非法收购、屠宰、加工、销售病死畜禽，屡禁不绝，私屠滥宰的黑窝点仍然存在。

（2）畜禽肉水分含量偏高　国家市场监督管理总局制定的 GB 18394—2020 规定，每 100 克猪肉中水分含量不超过 76 克算合格，每 100 克牛肉中水分标准不超过 77 克算合格，每 100 克羊肉中水分标准不超过 78 克算合格。

（3）生猪屠宰前注射肾上腺素，灌水增重，含水率不超标，逃避监管。

（四）产地环境污染

2012 年 6 月《经济参考报》报道，我国农药使用量达 130 万吨，是世界平均水平的 2.5 倍。目前农药和化肥的实际利用率不到 30%，其余 70% 以上都污染了环境。农药仅有 0.1% 左右可以作用于目标病虫，99.9% 的农药则进入生态系统。我国部分区域的土壤还出现了有毒化工和重金属污染，个别地区益生菌、蚯蚓大量减少。土壤养分失衡加剧，耕层越来越浅，板结严重。

（五）假劣农资

一是制假售假"黑窝点"，假种子、假农药、假化肥、假兽药、假饲料给农业生产和农产品安全带来严重危害。二是农兽药生产过程中添加隐性成分。一些农兽药生产企业为了追求卖点，在农兽药生产中添加隐性成分。种养殖户在不知情的情况下购买使用后导致农兽药的残留。三是销售环节中网络销售方式的兴起，缺乏有效的监管措施，使"黑窝点"泛滥，隐蔽性强，存在点对点销售现象。

（六）致病微生物与生物毒素

（1）霉菌毒素

（2）贝类毒素

（3）病原微生物等风险因子开始凸显　应少吃烧烤，接触牛羊要做好防护措施，不买散装奶。

（4）病死动物　如黄浦江"死猪"事件。2013 年 3 月 10 日，上海市农委及松江区相关部门介绍了最新进展：已打捞的死猪数量超过了 13 000 头。这些死猪的主要来源地是嘉兴地区。据了解，主要原因是村民养猪数量太多、密度太高，导致死猪太多。民众最为担忧的，不仅是持续上涨的死猪数量、部分死猪身上检测出的猪圆环病毒，更是死猪打捞地黄浦江上游正是上海市饮用水的水源所在。

三、有关规定

（一）法律和行政法规

农产品质量安全涉及的法律主要有：《农产品质量安全法》《食品安全法》《农业法》《畜牧法》《渔业法》《动物防疫法》《种子法》。行政法规主要有：《兽药管理条例》《农药管理条例》《饲料和饲料添加剂管理条例》《乳品质量安全监督管理条例》等。

（二）河北省"瘦肉精"监管规定

河北省"瘦肉精"监管有关规定主要有：《河北省人民政府办公厅关于进一步加强"瘦肉精"监管工作的通知》（冀办字〔2011〕79 号）、《河北省农业农村厅等六厅局关于进一步健全"瘦肉精"监管长效机制的通知》（冀农发〔2021〕143 号）、《河北省畜牧兽医局关于印发〈"瘦肉精"检验合格证管理办法（试行）〉的通知》（冀牧医（质）〔2011〕24 号）、《河北省畜牧兽医局关于印发〈动物养殖场"瘦肉精"自检实施方案（试行）〉的通知》（冀牧医（质）〔2011〕25 号）、《河北省农业厅　河北省商务厅关于印发〈动物屠宰企业"瘦肉精"自检实施方案（试行）〉的通知》（冀农牧发〔2011〕27 号）、《河北省畜牧兽医局关于印发〈动物检疫与"瘦肉精"检测同步实施方案（试行）〉的通知》（冀牧医（质）〔2011〕23号）。

1. 《河北省农业农村厅等六厅局关于进一步健全"瘦肉精"监管长效机制的通知》（冀农发〔2021〕143号）相关规定

（1）养殖环节　落实好动物出栏前"瘦肉精"批批自检和承诺制度，做好《动物"瘦肉精"自检合格报告书》或《未添加使用"瘦肉精"保证书》（"两书"以下统称"溯源单"）的填写和"瘦肉精"自检记录。

（2）出栏环节　在产地检疫环节，动物卫生监督机构要查验"溯源单"，按规定进行检疫；对调运出省的动物，动物卫生监督机构要按照各市农业农村部门确定的抽检比例进行"瘦肉精"快速抽检。在检疫和检测的同时，要回收"溯源单"第二联，并填写《河北省出栏环节动物检疫和"瘦肉精"检测情况登记表》。无"溯源单"的动物不得出栏，动物收购贩运企业和个人不得收购、贩运和买卖，屠宰企业不得屠宰。

（3）收购贩运环节　农业农村部门要加强对从事活畜收购贩运人员的管理，督促其完善收购贩运牲畜交易记录，严格执行"溯源单"与《动物检疫合格证明》一同流通制度。省际公路动物卫生监督检查站要加强过往活畜的监督检查，对省内出栏动物无"溯源单"的，通知活畜调出地农业农村部门，督促货主将活畜运回原产地。

（4）屠宰环节　农业农村部门要督促定点屠宰企业严格落实《动物屠宰企业"瘦肉精"自检实施方案（试行）》有关规定，查验并回收保存"溯源单"，定点屠宰企业按批次实施每批动物3％的"瘦肉精"自检，做好"瘦肉精"自检记录。动物卫生监督机构要对屠宰中的动物按照各市农业农村部门确定的抽检比例进行"瘦肉精"快速抽检，抽检合格的，严格实施检疫；检疫合格的，出具《动物产品检疫合格证明》，加施检疫标志，并填写《河北省屠宰场（厂）动物检疫和"瘦肉精"检测情况登记表》。

（5）完善"瘦肉精"案件查办机制　农业农村、市场监督管理、海关等相关部门，发现"瘦肉精"阳性的，要按照各自职责立即采取控制措施，严格按照法律规定和程序要求查处，并一律通报当地公安机关，报告当地政府，依法给予法定范围的最高限处罚；对涉嫌犯罪的，一律移交公安机关，坚决杜绝以罚代刑，降格处理。"瘦肉精"阳性动物由所在地政府组织进行扑杀和无害化处理。

2. 《河北省"瘦肉精"涉案线索移送与案件督办工作机制》（冀农牧发〔2012〕2号）相关规定　各承担检测任务的单位和开展检验的生产经营企业，在承担行政机关下达的检验任务中，发现样品含有"瘦肉精"的，应当24小时内向任务下达机关报告或通报；在承担普通委托检验、企业自检等其他检验任务中，发现样品含有"瘦肉精"的，应当24小时内向样品委托单位归属地的主管部门报告或通报。

各有关部门接到有关单位检出"瘦肉精"的报告或通报，或在检查中发现有生产、销售、使用"瘦肉精"的情况，或接到群众有关"瘦肉精"的举报并经初步核实，涉嫌犯罪的应立即以书面形式将线索移送公安机关，同时将有关情况通报"瘦肉精"牵头监管部门，并报告当地政府。

公安机关收到线索后应立即进行核查，对涉嫌犯罪的要迅速依法立案侦查；对不构成犯罪的，应当在接到线索之日起2日内移送主管部门处理并通知移送部门，有必要采取紧急措施的，应当先采取紧急措施。

各有关部门移送线索后，应积极配合公安机关开展源头追查，同时在行政职责范围内继续对线索开展调查处理，并随时向公安机关提供对于追查源头有价值的进展情况。

四、农产品生产主体要守法生产

（一）为什么要守法生产

农产品生产者是质量安全第一责任人。《食品安全法》规定："食品生产经营者应当依照法律、法规和食品安全标准从事生产经营活动，保证食品安全，诚信自律，对社会和公众负责，接受社会监督，承担社会责任。"《农药管理条例》第五条规定："农药生产企业、农药经营者应当对其生产、经营的农药的安全性、有效性负责，自觉接受政府监管和社会监督。农药生产企业、农药经营者应当加强行业自律，规范生产、经营行为。"

（二）生产什么样的农产品

《农产品质量安全法》规定："有下列情形之一的农产品，不得销售：①含有国家禁止使用的农药、兽药或者其他化学物质的；②农药、兽药等化学物质残留或者含有的重金属等有毒有害物质不符合农产品质量安全标准的；③含有的致病性寄生虫、微生物或者生物毒素不符合农产品质量安全标准的；④使用的保鲜剂、防腐剂、添加剂等材料不符合国家有关强制性的技术规范的；⑤其他不符合农产品质量安全标准的。"

（三）实行标准化生产

习近平总书记强调，食品安全，首先是"产"出来的，要把住生产环境安全关，治地治水，净化农产品产地环境，切断污染物进入农田的链条。食品安全，也是"管"出来的，要形成覆盖从田间到餐桌全过程的监管制度，建立更为严格的食品安全监管责任制和责任追究制度，使权力和责任紧密挂钩。要大力培育食品品牌，用品牌保证人们对产品质量的信心。

《国务院办公厅关于加强农产品质量安全监管工作的通知》（国办发〔2013〕106号）指出，要坚持绿色生产理念，加快制订保障农产品质量安全的生产规范和标准，加大质量控制技术的推广力度，推进标准化生产。

河北省农业农村厅编制的《河北省农业标准化生产手册（2018 年）》，已印发河北省各县（市、区），各主体要结合实际，按有关标准生产。

（四）合理使用农业投入品

（1）严禁使用国家严令禁止在蔬菜上使用的农药、肥料和添加剂。

（2）严禁使用国家禁止使用的兽药，严禁使用人用药（利巴韦林、金刚烷胺等）。

（3）不要单纯为了更好地售卖农产品而随意添加不清楚危害的物品。

（4）严格执行农兽药间隔期和休药期，不能喂含药饲料。农业农村部公告194 号规定，自 2020 年 7 月 1 日起，饲料生产企业停止生产含有促生长类药物饲料添加剂（中药类除外）的商品饲料。此前已生产的商品饲料可流通使用至 2020 年 12 月 31 日。

（5）执行"瘦肉精"批批自检和承诺制度。

（五）做好生产记录

《农产品质量安全法》第二十四条规定："农产品生产企业和农民专业合作经济组织应当建立农产品生产记录，如实记载下列事项：①使用农业投入品的名称、来源、用法、用量和使用、停用的日期；②动物疫病、植物病虫草害的发生和防治情况；③收获、屠宰或者捕捞的日期。农产品生产记录应当保存二年。禁止伪造农产品生产记录。国家鼓励其他农产品生产者建立农产品生产记录。"

（六）搞好产品自测

《农产品质量安全法》第二十六条规定："农产品生产企业和农民专业合作经济组织，应当自行或者委托检测机构对农产品质量安全状况进行检测；经检测不符合农产品质量安全标准的农产品，不得销售。"《国务院办公厅关于加强农产品质量安全监管工作的通知》（国办发〔2013〕106 号）提出，"要督促农产品生产经营者落实主体责任，建立健全产地环境管理、生产过程管控、包装标识、准入准出等制度。"《国务院关于加强食品安全工作的决定》（国发〔2012〕20 号）提出，"建立健全农产品产地准出、市场准入制度和农产品质量安全追溯体系"。

（七）积极发展"两品一标"

"两品一标"，即绿色食品、有机农产品，农产品地理标志。在此重点讲一下绿色食品有关知识。

1. 绿色食品概念、标志　绿色食品是指产自优良生态环境、按照绿色食品标准生产、实行全程质量控制并获得绿色食品标志使用权的安全、优质食用农产品及相关产品。

按照特定生产方式生产，经专门机构认定，许可使用绿色食品标志商标。

2. 绿色食品农药使用准则 NY/T 393—2020　一是以保持和优化农业生态系统为基础。建立有利于各类天敌繁衍和不利于病虫草害滋生的环境条件，提高生物多样性，维持农业生态系统的平衡。二是优先采用农业措施。如选用抗病虫品种、实施种子种苗检疫、培育壮苗、加强栽培管理、中耕除草、耕翻晒垡、清洁田园、轮作倒茬、间作套种等。三是尽量利用物理和生物措施。如温汤浸种控制种传病虫害，机械捕捉害虫，机械或人工除草，用灯光、色板、性诱剂和食物诱杀害虫，释放害虫天敌和稻田养鸭控制害虫等。四是必要时合理使用低风险农药。

3. 绿色食品肥料使用准则　一是土壤健康原则。坚持有机与无机养分相结合、提高土壤有机质含量和肥力的原则，逐渐提高作物秸秆、畜禽粪便循环利用比例。二是化肥减量原则。无机氮素用量不得高于当季作物需求量的一半，根据有机肥磷钾投入量相应减少无机磷钾肥施用量。

4. 认证费用　认证费由中国绿色食品发展中心收取。

①绿色食品认证审核费收费标准。每个产品 6 400 元；同类的（57 小类）系列初级产品，超过两个的部分，每个产品 800 元；主要原料相同和工艺相近的系列加工产品，超过两个的部分，每个产品 1 600 元；其他系列产品，超过两个的部分，每个产品 2 400 元。

系列产品为同一企业申报并被同时核准的同类（57 小类）产品中超过两个的部分。

非系列产品为同一企业申报并被同时核准的同类别（57 小类）产品两个以下（含两个）的产品。

②标志年度使用费收费标准。非系列产品：一般产品（初级产品、初加工产品、深加工产品）800～2 400 元；酒类产品 6 000～1 0000 元。系列产品：一般产品 80～800 元；酒类产品 2 000～3 200 元。

如鲜蔬菜、食用菌年度使用费为 800 元，蔬菜、食用菌加工品年度使用费分别为 1 440 元、2 000 元。

申报"苹果"，基地面积 500 亩的费用：基地环境监测费（灌溉水、土）约 5 000 元左右；产品检测费约 2 000 元左右；认证费为 6 400 元；标志使用费为每年 800 元，3 年共 2 400 元。三年共 15 800 元。

如认证"番茄、黄瓜、茄子"系列初级产品：番茄和黄瓜认证费为 6 400 元，茄子认证费为 800 元；番茄和黄瓜标志使用费为 800 元/年，茄子标志使用费为 80 元/年；该系列产品三年共花费 29 640 元（5 000＋2 000×3＋6 400×2＋800×1＋800×3×2＋80×3×1＝29 640 元）。

如果申报加工产品番茄酱，标志使用费为 2 000 元/年，其他费用与"苹果"相同，三年费用共计 19 400 元（5 000＋2 000＋6 400＋2 000×3＝19 400 元）。

以上费用仅供参考，实际费用以绿色食品中心规定为准。

五、农产品质量安全追溯

近年来，农产品质量安全追溯工作逐步推进，河北省成为全国最先试行食用农产品合格证的六个省之一。目前，全国已全面试行农产品合格证制度，河北省出台了一系列文件，加大追溯力度，推进食品农产品合格证制度。主要文件有《河北省农业农村厅印发〈关于农产品质量安全追溯与农业农村重大创建认定等工作挂钩的意见〉的通知》（冀农办发〔2020〕279 号）、《河北省农业农村厅关于印发〈河北省试行食用农产品合格证制度实施方案〉的通知》（冀农发〔2020〕22 号）、《河北省农业农村厅 河北省市场监督管理局关于强化产地准出市场准入管理完善食用农产品全程追溯机制的意见》（冀农发〔2020〕114 号）。

（一）"追溯"六挂钩

《河北省农业农村厅印发〈关于农产品质量安全追溯与农业农村重大创建认定等工作挂钩的意见〉的通知》（冀农办发〔2020〕279 号）作出如下规定。

1. 与农业农村重大创建认定挂钩　认定国家级和省级农产品质量安全县时，将 80％以上的生产经营主体实现追溯作为前置条件。依托省级农产品质量安全监管追溯平台电子追溯不少于 30 个，省级不少于 10 个。

推荐和申报国家现代农业示范区、国家农业可持续发展试验示范区（农业绿色发展先行区）、国家现代农业产业园，批准省级现代农业园区、省级现代农业精品园区时，将区域内 80％以上的生产经营主体及其产品实行追溯管理作为前置条件，其中依托省平台实现电子追溯的生产经营主体及其产品的比例不低于 20％。批准省级特色农产品优势区时，将实现上述追溯管理作为优先条件。

2. 与农业品牌推选挂钩　农产品区域公用品牌前置条件。

3. 与农产品认证挂钩　绿色食品、有机农产品、地理标志农产品时，前置条件。

4. 与农业展会挂钩　省部级前置条件；其他优先条件。

5. 与龙头企业认定挂钩　前置条件。

6. 与合作社示范社挂钩　国家级前置条件。认定省级示范家庭农场优先条件。

追溯形式包括电子追溯、标签说明、食用农产品合格证、检疫合格证明、肉品品质检验合格证、生鲜乳交接单等。

追溯产品为蔬菜（含食用菌）、园林水果、活畜禽、畜禽产品、水产品等食用农产品。

（二）食用农产品合格证

《河北省农业农村厅关于印发〈河北省试行食用农产品合格证制度实施方案〉的通知》（冀农发〔2020〕22 号）作出如下规定。

1. 推行主体 食用农产品生产企业、农民专业合作社、家庭农场、种养大户列入试行范围，其农产品上市时要出具合格证。鼓励小农户参与试行。

2. 推行品类 蔬菜、水果、活禽、禽蛋、养殖水产品。生猪（肉牛、肉羊）已有"瘦肉精"溯源单，不再出具食用农产品合格证。

3. 基本样式 ①开具方式。种植、养殖生产者自行开具，一式两联。②开具单元。有包装的食用农产品应以包装为单元开具。散装食用农产品应以运输车辆或收购批次为单元，实行一车一证或一批一证，随附同车或同批次使用。

4. 承诺内容 种植、养殖生产者承诺不使用禁、限用农药兽药及非法添加物，遵守农药安全间隔期、兽药休药期规定，销售的食用农产品符合农药兽药残留食品安全国家强制性标准。

（三）产地准出和市场准入

《河北省农业农村厅 河北省市场监督管理局关于强化产地准出市场准入管理完善食用农产品全程追溯机制的意见》（冀农发〔2020〕114 号）作出如下规定。

1. 坚持原则 一是严格准出，分类推进。"纸质追溯＋电子追溯"。二是强化准入，无缝衔接。建立进货查验记录制度，把好准入追溯管理关。三是上下联动，分级负责。市场监管部门负责督促食用农产品集中交易市场开办者（含批发市场、农贸市场）、商场、超市、便利店等严格执行市场准入有关要求。四是互联互通，智慧监管。完成河北省农产品质量安全监管追溯平台与各类平台互联互通。

2. 追溯主体 一是食用农产品生产企业（含屠宰厂、场）、农民专业合作社、家庭农场、种养大户、小农户。二是食用农产品集中交易市场开办者（含批发市场、农贸市场）、商场、超市、便利店和食用农产品销售者。

3. 追溯产品 蔬菜、水果、活畜禽、畜禽肉类、禽蛋、水产品等食用农产品。

4. 追溯形式 一是蔬菜、水果、活禽、禽蛋、养殖水产品上市时出具食用农产品合格证，鼓励规模生产主体依托各类农产品追溯平台出具电子合格证。二是生猪、肉牛、肉羊出栏时出具"瘦肉精"溯源单，猪（牛、羊、鸡）

定点屠宰企业出具肉品品质检验合格标志（含证、章、环）。三是活畜禽、畜禽肉类上市前由官方兽医出具检疫合格证明，分割、包装的产品加施检疫合格标志。

总而言之，农产品是"产出来的"，也是"管出来的"。农业农村部门要树立大质量的观念，一手抓"产出来"，一手抓"管出来"，尽职履责，让百姓吃得安全，吃得放心。

农产品电商营销

秦立杰　贾　宁

一、农产品价格的决定因素

（一）市场的供求关系

近年来，每隔几年就出现一次农产品"卖难"现象，如内蒙古和山东等地的大白菜、马铃薯等农产品遭遇的价格"跳水"现象。屡次上演的价格"过山车"行情已超出合理范围，较严重地扰乱了农民的正常生产经营决策。

导致"卖难"现象的根本原因是小生产和大市场下的信息不对称。也就是说农村与农民属于信息和实力上的弱势群体，总是滞后于市场的需求，并且没有市场定价权。在目前难以从根本改变我国农业经济现状的基础上，通过电商的信息平台将小生产与大市场对接，无疑为"卖难"现象提出了一个新的解决思路。无论是农民自身还是电商企业都有机会从中获利。

那么，对于消费者呢？近年农产品价格涨幅还是十分可观的。除了宏观经济影响之外，还有一个很重要的因素就是流通渠道过长、环节过多，层层推高了价格。而这就是"买贵"的问题。现有的农产品流通环节十分复杂，每个环节均涉及货款的支付和设施、设备费用的支付，当中间商个体户规模小、垫资能力弱的时候，就需要更多数量的中间商和更多层级的流通环节。农民赚不到钱，农产品损失率居高不下，而出售给消费者的农产品价格却越来越高。针对此问题，电商模式通过信息化的平台，可以实现产销直售，减少流通环节，降低物流成本。

（二）农产品的价值

目前更多的商机出现在利润丰厚的有机食品、绿色食品以及土特产或进口产品上。一方面，这些产品成本高，菜市场不会进货，菜农也不愿意种。另一方面，质量高的土特产或进口产品的购买渠道比较少。然而，随着人们生活水平的提高，人们对生活质量的要求也越来越高，特别是现在 80 后、90 后为主的人群，在为家庭购买食品时会更注重健康、品质和多样化。在这个时机之下，电商利用网络平台的低成本、多渠道优势能适时满足消费者的需求。当然，还有电商平台自身的固有优势——方便快捷实惠。

二、农产品电商的几种模式

（一）B2C：商家到消费者模式

目前的农产品电商大多是这种模式，这也正是很多人批评农产品电商是最新版"二手贩子"的原因。种植户没有赚到钱、做农产品电商的没有赚到钱、消费者没有省钱，钱到哪里去了？有人说可能是平台赚了，因为商家入驻是要交钱的。个人觉得，这种模式不太适合长久的农产品电商发展。

（二）O2O：线上线下相整合的模式

线上线下，说起来容易，做起来特别难！考验的不仅仅是资金储备，还有运营能力。其实我们完全可以偷换一下概念。线下，我们以大宗交易为主。线上，我们以零售为主。像草莓、蓝莓、橙子等一些价格较高的农产品，基本上都可以采用这种模式。因为农产品交易始终要以大宗交易为主，只有大宗交易才能完成"量"的需求。而线上零售，可以做品牌，打响知名度。

（三）B2B：商家到商家模式

在所有的农产品销售渠道中，70%以上的畜禽肉、水产品、蔬菜、水果均通过农贸市场、批发市场进入市场流通（2020年7月份国家市场监管总局新闻发布会数据）。2019年，农业农村部与中央网信办联合发布的《数字农业农村发展规划（2019—2025年）》提出，到2025年，农产品网络零售额占农产品总交易额的比重达到15%。农产品的大宗批发到2025年依然会有85%的市场份额。这种大宗农产品的B2B电商模式依然是非常有潜力的。我们可以简单地理解成：一个拥有几十亩地的农户，自己没有能力销售冬枣，更没有能力去做品牌。于是，只有把这些冬枣交给平台采购商，让他们去完成品牌运作和冬枣销售。

三、农产品电商面临的挑战

农产品电商的确是一块大蛋糕，但绝对是一块最难啃的蛋糕。之所以难啃，一部分是因为自身的定位有偏差，另一部分是因为这个行业固有的钳制。

（一）企业自身的问题

（1）一部分电商平台认为他们要做的是一个线上B2C平台，所以就用传统B2C的思维去做，这样是绝对不行的。顾客买的不仅仅是产品，更是健康生活。农产品电商需要从商品背后的故事、种植基地、采摘体验、物流体验、可追溯、供应链可视化等维度全程展现。

（2）农产品电商如何产生流量是大家都关注的问题。从需求上讲，这个市场还属于培育期，而且目标人群多以都市女性白领为主，这些人群有追求健康生活和互联网购物的需求。其实，这并不是让所有电商企业都把眼光局限在某类群体身上，而是提醒电商企业去思考，所卖的这类产品究竟最适合哪些人，这样才能实现目标客户的精准营销。

（3）"基地整合＋营销＋流量＋交易＋供应链服务＋口碑营销"模式让农产品交易畅通无阻，可以缩短交易的过程。当前一些农产品电商企业存在重大的经营管理误区，认为重心在"营销＋流量＋交易"三项，仅仅重视"电"而忽视了"商"。其实真正要实现盈利，关键在商。格力董明珠说："我今天告诉大家，营销做得再好，如果背离了你的支撑点——技术、质量以及诚信，你的营销就是一个忽悠，你就是一个骗子。"同理，农产品电商后端的服务角色没有做好，前端的营销、流量都是噱头，当然最终肯定是亏损。

（二）农产品电商这个行业本身的一些钳制因素

（1）成本主要存在于仓储和配送上。先拿仓储来说，存储大米干果，存储蔬菜水果，存储肉和存储海鲜所要求的温度是不一样的，无论是建仓成本还是储藏成本都是一笔十分庞大的费用。而在配送上，很多农产品要求冷链配送，这样一来运输成本往往比农产品本身的价值还要更高。

（2）农产品的品种类别较多且复杂多样，因此，相应的标准不统一，难以统一定价。再加上绿色农产品、无公害农产品、有机农产品难以确定，导致货真价实的农产品难有市场。

（3）农产品具有周期性、价格波动性，农产品订单农业难以形成，畅销农产品不受订单限制，滞销农产品过多地依赖订单农业，导致市场波动性较大，生产者、经营者、消费者利益均不稳定，难以形成一种协同关系。

（4）当前农产品电商市场是"寡头市场"，除了阿里系、京东系、拼多多外，其他农产品零售电商主要受三大电商平台影响，"优质优价"农产品电商优势难以发挥，特别是"小众特色"电商难以得到正常发育。

四、做好农产品电商的关键步骤

在做农产品电商前，还要想清楚5个问题来帮助我们合理的定位。即：卖什么，卖给谁，怎么卖，在哪儿卖，卖到什么程度。

（一）抓好选品环节——卖什么

农产品总体可以划分为干货和生鲜两大类型。干货，如红枣、杂粮、菌类、茶叶、核桃等，可以快捷地上网交易，与一般淘宝店卖的东西并无明显差异，但缺陷是同类品种太多，容易陷入低价营销的误区。生鲜，如水果、蔬菜、生肉、禽蛋等，上网交易有三大难点：一是物流成本高，一上网反而更贵了；二是损耗居高不下，不比卖了多少，要看损耗了多少；三是标准控制很难，一批与一批的东西可能不一样，客户反响不好。简而言之，干货网上交易容易，盈利快，易饱和；生鲜网上交易不容易，初期成本高，但发展前景良好。

(二) 落实客户定位——卖给谁

这就是目标客户的确定。一方面，在选取目标顾客时应该依据之前所确定的主要销售品类；另一方面，又可以根据所定的目标人群来进一步对所卖产品进行细分。

举个简单的例子：比如你打算发展一个本地化的生鲜平台，你可以选择的目标人群基本就锁定在周边地区对生鲜类农产品有需求的人上，比如 80 后的妇女、老一辈的爷爷奶奶，甚至当地餐馆、学校食堂都可以。假设你最终选择的是追求生活品质的收入较高的白领，那么，就必须对生鲜类产品进行筛选，一方面，要尽可能地满足目标顾客的各种需求，提高满意度，保障足够多的客源；另一方面，也要适当放弃那些产值不高的商品。这是一个比较复杂的权衡问题。

(三) 踏实做好运营——怎么卖

这里面有很多内容可以钻研，比如说选择什么样的电商模式、什么样的物流支持体系、什么样的营销推广策略等。

在进行电商模式的选择时，重要的依据就是你所卖的产品和对象，不同的模式会有各自的优势和局限。比如你要做大宗农产品网上交易市场的话，B2B 平台无疑是更好的选择，在这里各个企业间信息实时发布交换，价格走势也一目了然。但是真正要落实到千家万户的话，B2B 自然就显得无能为力，这时可以考虑 B2C、O2O 模式。当然，也可以在原有模式的基础上改进或结合，甚至彻底突破，创造出更适合你的电商模式。比如："家庭会员宅配模式"，客户只需储值成为会员，就可坐享新鲜蔬菜送货上门服务；"订单农业"模式，实现农产品的私人订制等，客户可以和其他地区多个人一起在网上认养一只小羊羔，待羊羔长大加工以后，客户可以收到打包邮寄的鲜羊肉。

(四) 搭建电商渠道——在哪儿卖

这个问题当然也是之前问题的延伸。它主要探究的是，当我们决定了要卖什么产品，要卖给哪一类人，要通过什么方式卖之后，还要想想我们要把这个买卖的平台搭建在哪儿——究竟是借助已有电商巨头的便捷道，还是自己独辟蹊径呢？

当然在发展初期往往希望能"抱大腿"。这就出现了一种"大哥带小弟"的优势模式，比如京东、阿里巴巴、拼多多等。

(五) 定位问题以及长期的发展战略——卖到什么程度

术业有专攻，没有一家公司能将蛋糕一口全吞掉。明晰公司的定位，将有限的资源合理投资在点上，才能实现效益最大化。

打开现在的农产品电商网站，会发现同质化现象十分严重。没有特点，就没有优势，就会被淘汰。既要看准市场，又要准确地预估自身。

五、农产品电商的成功案例

（一）传统电商——"三只松鼠"

在众多农产品类目中，最先成功的就是以坚果为代表的干货类产品。传统坚果行业毛利在45%～50%，线上毛利也有30%。2012年成立的品牌"三只松鼠"无疑给我们很好的启发。上线65天便跃居天猫坚果类目销售第一名，2012年首次参加"双十一"活动日销售额就达到776万元，并且连续三年在天猫平台"双十一"上创造纪录。

"三只松鼠"第一次在零食这个类目开始加入试吃包、湿巾、封口夹、垃圾袋以及开口器，作为在零食类目"第一个吃螃蟹的人"自然会有一些优待，赢得了很多客户的赞誉。

"亲"是淘宝的，"主人"才是三只松鼠的。三只松鼠的客服或者新媒体在顾客互动时一律称消费者（不管是已购买的或者是潜在消费者）为"主人"，以纯个性化的服务方式打破客服与顾客间单纯的买卖关系。消费者眼前一亮，乐了，顺手就分享了，也达到了口碑传播的效果。

"三只松鼠"有专门的团队负责客户体验管理。松鼠家自己的包装箱上有一个方便开箱的小工具，不用去找剪刀之类，顺利打开之后，里面每一包的包装都很精美，每一包坚果里面都附含一个封口夹，替顾客考虑到了坚果受潮怎么办的问题。并且每袋夏威夷果里面都有开口器，随产品还附赠坚果壳纸袋、用来擦手的湿巾，还有大麦茶、花茶和试吃产品等。

（二）微信销售农产品

越来越多的人开始在微信上做生意，其实，有时候想赚到钱只需手指滑动一下就行了，"鸡蛋哥""水果哥""大米哥"就是这样做的。

1. 微信直销草鸡蛋，线上交易线下送达　在办公室做了4年文员的尤达，2013年毅然辞职回到老家承包一片山地，养起草鸡。此前，尤达的姐姐一直从事草鸡蛋销售工作，通过农业合作社收购养殖户的鸡蛋，再卖给消费者。但"二传手"不仅增加了鸡蛋销售成本，而且没有稳定的蛋源供应，于是尤达和姐姐共同投资建起养殖场。一方面姐姐负责老渠道销售，另一方面尤达负责微信、微博直销的新渠道开发。

通过线上直销，尤达的账户"互粉"了很多好友，在线养殖场、饲养过程的展示吸引了不少消费者线上订购，尤达收到订单后，直接配送上门。2014年，尤达已经积累了2 000多名稳定粉丝。

尤达卖的鸡蛋定价15元一个，线上交易9个月，先后卖了3万只草鸡蛋，实现了他最初给自己预设的目标。

2. "水果哥"凭借微信月入 4 万元　许熠是石家庄经济学院的一名大学生。2014 年，他和他的微信水果店"优鲜果妮"在学校火了一把。作为一名大学生，许熠的创业灵感是学校共有学生 1.7 万名，其中女生 6 000 多名。许熠认为，女生几乎每天都要吃水果，如果按每个女生一个月消费 50 元来估算，微信卖水果大有赚头。

开业之初，许熠的"优鲜果妮"生意并不好做，常常等上一天才有一笔几元的订单。正如本文上面提到的，微信营销的基本条件之一是有足够多的好友。许熠和他的同学采用"扫楼"的方式来增加好友：将印制的市场宣传单、广告册发到学校的教学楼、食堂、宿舍楼，利用课间 10 分钟在各个教室播放"优鲜果妮"宣传短片……三个月时间的"扫楼"，优鲜果妮关注人数达到 4 920 个，这些用户多为许熠的同学。针对这点，许熠经常推出个性产品，各类水果组成的"考研套餐""情侣套餐""土豪套餐"频频吸引同学眼球。此外，许熠的微信公众平台还会不时推送天气预报或失物招领信息，以便吸引粉丝。

2014 年时，"水果哥"就已经实现了 4 万元/月的收入。

3. 微信卖大米，3 个月进账 200 万元　2013 年 12 月 1 日，上海国际马拉松现场一只"愤怒的小鸟"吸引了众多眼球。这只"小鸟"的真身是在微信上卖大米卖火了的富军。富军在 2013 年和老婆开玩笑说要卖米，之后开始向微信好友赠送大米，为他的大米营销创造基础口碑。

任何微信营销，都需要两个基础条件，一个是足够多的好友数量，另一个则是与微信好友之间拥有较为紧密的关系。富军通过各种活动，增加自己的微信好友数量。为了与这些好友保持紧密关系，富军平均每周在朋友圈更新 6 条消息，并策划效果不错的线下活动。

尽管没有策划过品牌营销，但富军很了解互联网的属性，一次事件营销会带来爆炸式的效应，于是背着米袋子、贴满二维码的"愤怒小鸟"在上海马拉松上闪亮登场了。

富军的微信营销是成功的。截至 2013 年 11 月底，全年订户共计 200 个，进账 200 万元，而这些，都源自他的微信好友。

(三) 短视频进行农产品营销

农产品在互联网上的销售主要通过图文这种方式展现，而文字的创作需要很高的文化门槛，比如公众号的后台编辑，既需要基本的技术运用能力，又需要电脑的支持。因此，对于普通农民来说，大多数人无法运用微信公众号为自己的农产品营销。直播的出现则很大程度上降低了这种门槛，只需一部手机，注册一个账号，架起手机就可以拍摄和发布内容，而视频的受众又比较喜欢看到真实的一面，普通人由于技术有限往往只能做到随手记录，反而歪打正着迎合了视频受众的观看心理。因此在直播平台和短视频平台会出现如此多的"草根网红"，也涌现出一批通过这两类平台大获成功的营销者。一是肃宁县梁村镇的梁小涛与爱人开辟了"河北肃宁嘟姐精选"直播号，吸引了约70万名粉丝的关注。在直播最火的时候，每场直播在线人数可达2万人（次），累计观看人数达10万人（次）。二是河北省肃宁县河北村村民李海潮坐拥20多万名粉丝，仅用2年时间他就成为年入百万的"播主"，现在他最主要的工作就是直播售卖鱼竿渔具。2021年国庆期间，他更是一天就卖出了超4万元的货。直播间同时在线观看人数最高达2 000余人。三是东方甄选的董宇辉，其个人粉丝接近700万名，东方甄选销售额高达6.81亿元，成为抖音平台2022年6月唯一一个破6亿元的直播间。

截至2021年，我国网民规模达10.32亿，而短视频用户为9.34亿人，短视频渗透率为90％，随着5G时代的到来，视频加载速度还将进一步提高，人们观看视频变得更便捷，阅读习惯也将继续往视频方向发展。而农村的当务之急，就是抓住视频这个传播风口进行农产品营销。虽然短视频这个媒介具有强大的带货能力，但并不是每个人都能成功，这其中有运气成分，但也有套路和技巧可以学习。

理性认识农业转基因

祁 婧

一、农业转基因技术发展与应用

(一) 农业发展史是农业科技发展史

18世纪第一次工业革命，催生和促进了机械化农业的发展，极大地提高了农业劳动生产率。19世纪中后期，化肥和农药等农用化学品被大量使用，化学农业或石油农业的兴起极大地提高了作物产量。20世纪，遗传理论的突破，实现了基因资源的种内转移，以矮秆、杂种优势利用为代表的作物育种技术掀起了一场绿色革命，粮食大幅度增产。21世纪，正在推动着分子生物学、基因组学、合成生物学等新一轮农业科技革命。

(二) 农业育种史是基因筛选史

普通野生稻"易落粒、结实少、长芒、分蘖散生"。普通栽培稻"不易落粒、结实多、无芒、株型紧凑"。野生水稻经过上百年的杂交选育形成现代栽培稻，水稻基因经过了同近缘种间大量的交换重组。

玉米起源于墨西哥假蜀黍。玉米和假蜀黍全基因组分析证明假蜀黍通过少数遗传突变成玉米（A-B）。远古的墨西哥人通过对假蜀黍一代代的优选（A-B-C-D），培育出栽培玉米（E），因此被称作"远古的转基因作物"。

(三) 传统育种难以满足现代农业的需求

常规育种、杂交育种、诱变育种等技术都涉及基因的交换或变异，但基因局限为本物种的基因。如果品种本身不具备抗病虫等基因，很难培育出优良的抗性品种，无法满足现代农业发展需求。

(四) 转基因育种技术

基因是含有特定遗传信息的DNA（脱氧核糖核酸）序列，是决定生物特性的最小功能单位。转基因育种技术是指从一个生物体中提取结构明确、功能清楚的基因，转移到另一个生物体，以期获得新的性状、培育新品种。转基因技术与传统育种技术一脉相承，是传统育种技术的延伸、拓展和提高。常规育种、杂交育种与转基因育种本质都是基因的交换，但前者是无规律的、不可控的、本物种内的，而转基因技术更精准，可以跨物种转移基因。

转基因技术是农业育种史上的技术突破，是在更广阔的领域寻找变异，在更广阔的领域聚合变异。以转基因作物为例：目的基因筛选→转入受体植物并培养完整植株→受体植物获得特定性状。

（五）农业转基因技术应用发展迅猛

2019 年，全球转基因作物种植面积超过 1.904 亿公顷，是 1996 年的 112 倍以上，约占全球 15 亿公顷耕地的 12%。

（六）世界农业转基因技术市场格局

美国一直是转基因作物最早和最大的种植与消费国家，2019 年，美国转基因作物种植总面积为 10.7 亿亩，占可耕地面积的 40% 以上，种植的 92% 的玉米、96% 的棉花、94% 的大豆、99% 的甜菜都是转基因品种，市场上 75% 以上的加工食品都含有转基因成分。

（七）转基因产业发展迅速

1996 年，全球转基因作物种子市值为 1.5 亿美元，2000 年为 30 亿美元，2005 年为 38 亿美元，2009 年为 105 亿美元，2015 年为 153 亿美元，2017 年为 172 亿美元（占全球商业种子市值的 30%），2019 年为 278.52 亿美元。转基因产业推动了农业生产，减少农药 37%，增加产量 22%，农民增收 68%。

二、农业转基因生物安全与管理

（一）转基因技术有利有弊

农业转基因技术本身是中性的，既可能造福人类也可能产生风险，关键在于如何使用。要进行严格的安全评价和有效监管，趋利避害，防范风险。并需要正视潜在风险，进行安全管理。

（二）怎样看待转基因安全性

传统食品的安全性，是依靠长期食用经验发现的规律。如有人对牛奶、花生过敏；吃未炒熟的豆角、毒蘑菇、发芽马铃薯会中毒；吃油炸食品、腌制食品，酗酒会致癌。

转基因食品的安全性，要开展科学评估、设计试验检测等，以确定其不安全因素。如开展致敏性试验、毒性试验、致癌性试验等。

（三）安全评价内容

1. 食用安全评价内容 包括致敏性、毒性、营养学成分等。采用医药、生命科学和食品领域国际公认、通用、权威、标准的食用安全评价方法及动物模型。

2. 环境安全评价内容 包括基因漂移、遗传稳定性评价、生存竞争力等。基因漂移分析转基因植物中外源基因向栽培作物与野生近缘植物漂移的风险。生存竞争力评价分析转基因植物演化成杂草的风险。生物多样性影响分析转基因植物影响农田生物群落的种群结构和多样性的风险。

3. 为什么用大鼠开展 90 天试验　国际通行做法是，国际食品、毒理学评价均采用大鼠为模式试验动物，大鼠作为试验动物的优势量、剂量效应、易繁殖、哺乳动物、与人类的科学关系等明确。

生命周期：以大鼠 2 年的生命周期来计算，90 天的评估周期相当于大鼠 1/8 的生命周期，相当于人类的 10 年。

安全系数：将动物毒性试验结果外推到人时，鉴于动物、人的种属和个体之间的生物学差异，安全系数通常为 100。

4. 为什么不做人体试验　具体如表 1 所示。

表 1　动物试验与人体试验的比较

项　　目	动物试验	人体试验
伦理问题	可解决	难解决
严格控制试验条件，排除影响因素［遗传背景、健康状况、饲养（生活）条件等］	可能	难
按需要进行组织器官样品的收集，可以对受试物在体内的代谢途径、作用的靶器官、作用的机理和剂量反应关系进行系统深入的研究	可能	不可能
按需要进行不同的毒理学试验	可能	不可能
种属差异	有（可弥补）	无
有利于获得可重复性试验结果（评价试验结果具有科学性的重要特征）	可能	难
各国食品安全和转基因食品安全评价	采用	无要求
制定化学物每日容许摄入量（TDI）依据	绝大多数	个别

（四）世界各组织对转基因安全性的论述

转基因大规模商业化 20 多年，全世界 20 多个国家累计种植了 400 亿亩转基因作物，全球 70 多个国家和地区的几十亿人吃过转基因食品，未发生一例被科学证实的安全问题。世界卫生组织（WHO）2005 年认为："目前尚未显示转基因食品批准国的广大民众食用转基因食品后对人体健康产生了任何影响。"经济合作与发展组织（OECD）联合世界卫生组织（WHO）、联合国粮食及农业组织（FAO）2002 年召开专家研讨会，得出"目前上市的所有转基因食品都是安全的"结论。2010 年欧盟委员会（EC）发布转基因研究报告，称"历时逾 25 年、500 多个独立科研团体参与的 130 多个科研项目工作（耗资逾 3 亿欧元）得出的主要结论是生物技术，特别是转基因技术与传统作物育种技术安全性相当。"由英国、美国、巴西、印度、墨西哥等多国科学院联合研究结论是"可以利用转基因技术生产食品，这些食品更有营养、储存更稳定且原则上更能够促进健康——给工业化和发展中国家的消费者都带来惠益。"2016 年 5 月，英国皇家学会出版报告：与传统农作物相比，转基因农作物不会对环境造成危害，食用转基因农作物是安全的。

（五）我国转基因生物安全管理

1. 我国转基因安全管理相关法规体系　国务院《农业转基因生物安全管理条例》、农业部《农业转基因生物安全评价管理办法》《农业转基因生物进口安全管理办法》《农业转基因生物标识管理办法》《农业转基因生物加工审批办法》以及相关公告、技术指南、标准和规范。国家质检总局《进出境转基因产品检验检疫管理办法》。

2. 法规补充

（1）农业部公告　农业部 989 号公告：抗虫棉。农业部 822 号公告：南繁。农业部 736 号公告：续申请。

（2）农业农村部农业转基因生物安全管理办公室指南　《转基因植物安全评价指南》《动物用转基因微生物安全评价指南》。

3. 管理范围

（1）对象　利用基因工程技术改变基因组构成，用于农业生产或者农产品加工的动物、植物、微生物及其产品，主要包括转基因动植物（含种子、种畜禽、水产苗种）和微生物，转基因产品，直接加工品，含有转基因成分的产品。

（2）范围　研究、试验、生产、加工、经营、进口、出口。

（3）目标　保障人体健康，保障动植物、微生物安全，保护生态环境；促进农业转基因生物技术研究。

4. 安全评价　试验许可制度、种子生产经营制度、加工许可制度、进出口审批制度、标识管理制度。

生产经营转基因植物种子、种畜禽、水产苗种，应当取得农业农村部颁发的生产经营许可证。

申请条件：取得安全证书并通过品种审定；在指定的区域种植或者养殖；有相应的安全管理、防范措施；农业农村部规定的其他条件。

5. 进口管理　①研发商申请；②安委会首次评审，确定检测指标；③材料入境（含阳性样品）；④检测（分子环境食用）；⑤检测报告；⑥综合评价报告；⑦安委会再次评审；⑧研发商安全证书（农业农村部）；⑨贸易商安全证书（农业农村部）。

6. 加工许可制度　在中国境内从事具有活性的转基因生物为原料生产加工活动的单位，应当取得省级人民政府农业农村行政主管部门颁发的《农业转基因生物加工许可证》。

7. 标识制度

（1）我国标识制度特点　标识目录、强制标识、定性标识。

（2）标识目录　由农业农村部商国务院有关部门制定、调整和公布。第一批标识目录（2002 年发布实施）有：大豆种子、大豆、大豆粉、大豆油、豆粕、玉米种子、玉米、玉米油、玉米粉、油菜种子、油菜籽、油菜籽油、油菜籽粕、棉花种子、番茄种子、鲜番茄、番茄酱。

（3）标识制度

定性按目录强制标识：凡是列入目录的产品，只要含有转基因成分或者是转基因作为加工而成的必须标识。如中国。

定量全面强制标识：对所有产品，只要转基因成分含量超过阈值就必须标识。如欧盟（0.9％）。

定量部分强制标识：对特定类别产品，只要其转基因成分超过阈值就必须标识。如日本（5％）。

强制标识：对所有产品，只要含有转基因成分超过阈值就以适当方式标识。如美国（5％）。

8. 技术支撑

（1）国家转基因生物安全委员会　依据《农业转基因生物安全管理条例》，国家农业转基因生物安全委员会负责转基因生物安全评价和开展转基因安全咨询工作。目前履行职能的第六届安委会委员共有 76 名，由国务院各有关部门推荐，来自农业、食品、卫生、医药、环境保护、检测检验等相关领域，具有广泛的专业代表性和权威性，其中院士 16 名，长江学者 2 名。

（2）全国农业转基因生物安全管理标准化技术委员会　组建了由 37 位专家组成的全国农业转基因生物安全管理标准化技术委员会，发布 220 项转基因生物安全标准。

（3）农业转基因生物安全技术检测机构开展第三方复核验证　通过国家认证认可的 42 个转基因检测机构，开展第三方复核验证，确保评价数据真实、可靠。

9. 我国转基因安全管理体系　农业农村部成立农业转基因生物安全管理领导小组，设立农业转基因生物安全管理办公室，负责全国监督管理工作。县级以上地方农业农村行政主管部门负责本行政区域内监督管理工作。

（六）落实两个责任，狠抓五个环节

1. 主体责任

研发单位：要成立法人代表负责的农业转基因生物安全小组，建立管理制度，强化安全控制和措施落实，建立操作规范。试验记录要有档案。

种子生产经营单位：要依法持证经营，转基因成分检测和生产经营要有档案。

2. 管理责任

（1）属地化管理 科教管理机构承担转基因作物研究试验阶段的监督管理工作。种子管理机构承担转基因作物品种试验审定和种子生产经营监督管理工作。其他有关机构在各自职责范围内开展监管工作。各部门分工负责、综合协调，依法监管、严格执法。

（2）督查 按农业部延伸绩效考核（农科教发〔2016〕3号）、信息报送机制（农办科〔2016〕18号）执行。

（3）责任追究 约谈制度（农科教发〔2016〕3号）。问责机制。

3. 监管环节 监管研发试验、品种审定（南繁基地）、制种基地、种子生产经营、进口加工农产品五个环节。

（1）研发试验监管

检查内容：安全（审批）证书规定的安全控制措施。

播种期：试验材料的保存地点与方式、出入库交接手续、试验地点、试验面积、安全控制措施落实情况、剩余试验材料的处置情况等。

开花前：试验作物环境安全试验记录（试验方案、田间调查记录、试验报告等）、隔离措施设置（隔离带、花期去雄、去花、套袋、花期不遇等）情况、试验面积等。

收获期：监督试验材料的收获、保管、处置及残留物灭活处理情况。

试验结束后：自生苗的去除措施及残留情况。

检查方式：属地农业农村部门与试验单位签订安全责任书；试验单位安全自查，填写自查记录；属地农业农村执法部门监督检查，填写检查工作表；若发现问题及时督促整改，重要问题及时报告省级农业农村部门；省级农业农村部门监督抽查。

安全控制标准：农业部第2406号公告。《农业转基因生物安全管理通用要求 实验室》《农业转基因生物安全管理通用要求 温室》《农业转基因生物安全管理通用要求 试验基地》。

（2）品种审定监管 对申请参加区域试验的玉米、水稻、大豆、小麦等品种，申请单位要进行转基因成分检测，试验组织单位要进行转基因成分复检，发现非法含有转基因成分的要立即终止试验。未获得转基因生物安全生产应用证书的品种一律不得进行区域试验和品种审定。

（3）制种基地

排查：严查亲本来源、防止转基因种子下地。

转基因检测：查早查小，查处问题（苗期抽检）例行监测、重点地区抽检。

（4）种子生产经营监管　开展种子加工和销售环节转基因成分抽检，严防转基因种子冒充非转基因种子生产经营。从农户倒查源头。

（5）进口加工农产品监管　建立追溯体系，严防改变用途。加工环节要强化档案和安全控制措施检查（生产线、仓储设备、废弃物处理、与非转基因产品生产线转换控制以及安全管理制度）。

检查对象：以具有活性的转基因生物为加工原料的企业（目前仅指以进口转基因大豆、转基因菜籽、转基因玉米、转基因棉花种子为原料的加工企业）。

检查内容：自采购原料到岸开始到产品加工整个生产过程中的安全控制措施。

检查目的：保证具有活性的转基因生物不流失到自然环境中。

三、转基因之争——谣言与真相

（一）虫子吃了会死，会不会对人体也有毒害

抗虫转基因作物产生的 Bt 蛋白是高度专一性的杀虫蛋白，只能与靶标害虫肠道上皮细胞的特异性受体结合，引起害虫肠道麻痹而死，而人类肠道细胞没有该蛋白的结合位点，因此是安全的。这也是抗虫作物研发人员设计的巧妙之处。Bt 制剂作为生物杀虫剂的安全使用已有 80 年，大规模种植和应用 Bt 抗虫作物已超过 20 多年。没有 Bt 蛋白对高等动物有毒性的科学报道。一些转基因致癌的报道，在后续均被证明有误，结论并不成立。

（二）转基因安全性一定要长期多代人验证吗

转基因表达的目标物质主要是蛋白质（一些是 RNA），只要这种蛋白质不是致敏物和毒素，它就和一般食物中的蛋白质一样，可以被人体消化、吸收，不会在体内累积，不会因长期食用出问题，RNA 也是一样。蛋白质在胃肠道内能降解为各种氨基酸，变成人体所需要的营养成分，这些氨基酸大部分被小肠吸收，进而被人体组织吸收利用。农药、重金属的代谢途径与蛋白不同，有机毒物及所有重金属一般无法被完全分解和代谢，在体内有一定程度的残留与累积。部分摄入的农药经氧化、还原、水解等酶促反应，变成初级产物，随后转变成水溶性化合物等次级产物或结合物，随尿排出体外；部分农药不易降解，容易在体内累积。重金属进入人体后，一般不能被生物降解，与体内蛋白质及酶等发生作用使之失活；进入血液的重金属在血液循环过程中往往结合到靶器官上，并在器官中累积，造成慢性中毒。

（三）人吃转基因食品会不会被转基因

食用的肉类、粮食等与转基因食品一样，都含有基因和蛋白质。DNA 片段继续水解为核苷酸、磷酸、碱基等，蛋白质在胃肠道内降解为各种氨基酸，变成人体所需要的营养成分，这些核苷酸和氨基酸大部分被小肠吸收，进而被

人体组织吸收利用。

（四）转基因玉米会致老鼠减少和母猪流产吗

2010年9月21日，《国际先驱报》报道称，山西、吉林等地种植"先玉335"玉米导致老鼠减少、母猪流产等异常现象。科技部、农业部分别组织多部门不同专业的专家调查组进行实地考察。据调查，"先玉335"不是转基因品种，山西、吉林等地没有种植转基因玉米，老鼠减少、母猪流产等现象与转基因无关联。《国际先驱报》的这篇报道被《新京报》评为"2010年十大科学谣言"。

（五）为什么要进口转基因大豆

进口转基因大豆是市场需求。2015年大豆进口8 169万吨，这一进口量意味着我国要拿出6.7亿亩耕地来生产大豆才能满足需求。2020年进口大豆10 032.7万吨。由于转基因大豆具有比较优势和明显效益，全球种植的大豆83％是转基因大豆，国际贸易中的大豆95％是转基因的。进口时需要在输出国家和地区获得安全证书，由我国农业农村部委托的技术检测机构进行安全性检测，经国家农业转基因生物安全委员会安全性评价合格并批准后，才能获得进口用作加工原料的安全证书。

四、我国农业转基因技术发展战略

（一）我国农业转基因发展状况

我国是最早开展转基因作物研究的国家之一，主要农作物都进行了转基因研究。1986年以来，国家相继启动"863"和"973"计划支持转基因研发。1999年，启动了植物转基因专项。2008年，启动国家转基因生物新品种培育重大专项，是民口10个国家科技重大专项中唯一的农业科技项目。

（二）转基因产业化应用稳步推进

获得安全证书的转基因生物有7种，我国商业化种植的仅有棉花和番木瓜。

（三）批准进口的转基因农产品

2022年批准进口用作加工原料的转基因农产品是大豆、玉米、油菜、棉花、甜菜、番木瓜6种。

（四）技术研究取得重大进展

克隆一批自主基因，创造一批自主技术，创制一批重大产品。

（五）指导思想

研究上大胆，坚持自主创新；推广上慎重，做到确保安全；管理上严格，坚持依法监管；尊重科学、严格监管，有序推进生物育种产业化应用。

（六）加强研发

针对我国干旱、盐碱、病虫害多发、气候变化等农业发展重大问题，实施抢占制高点战略、技术储备战略、产业应用战略。优先攻克抗旱、抗虫及耐除草剂等性状在主要农作物应用上的技术难关，培育转基因优质棉、抗虫及抗旱玉米、耐除草剂大豆等重大品种，带动现代种业发展。

（七）强化监管

强化主体责任和监管责任。严把"三关"，防止违规种植扩散。加强督查，开展转基因成分例行监测和重点地区抽检。强化部门协同，实施分段监管。加强标识管理，保障公众知情权和选择权。

（八）科普宣传

《中央宣传部办公厅 农业部办公厅关于加强农业转基因宣传引导工作的意见》（中宣办发〔2017〕34 号）明确了农业转基因宣传工作四个重点，对农业转基因宣传工作作出六项安排，对农业转基因宣传工作提出三点要求。三点要求如下：一是宣传队伍懂技术、会科普、接地气，二是宣传平台为传统媒体和新媒体，三是覆盖面为学校、社区、公共场所。